办公大师丛书

U0387219

Microsoft Excel 365
学习手册
(第 11 版) (下册)

[美]　迈克尔·亚历山大(Michael Alexander)　　　著
　　　迪克·库斯莱卡(Dick Kusleika)

　　　赵利通　王　敏　　　　　　　　　　　　　译

清华大学出版社
北　京

北京市版权局著作权合同登记号 图字：01-2023-2919

Michael Alexander, Dick Kusleika

Microsoft Excel 365 Bible

EISBN：978-1-119-83510-3

图书在版编目(CIP)数据

Microsoft Excel 365 学习手册：第 11 版 / (美) 迈克尔 • 亚历山大 (Michael Alexander)，(美) 迪克 • 库斯莱卡 (Dick Kusleika) 著；赵利通，王敏译. —北京：清华大学出版社，2024.2

(办公大师丛书)

书名原文：Microsoft Excel 365 Bible

ISBN 978-7-302-65575-6

I. ①M… II. ①迈… ②迪… ③赵… ④王… III. ①表处理软件 IV. ①TP391.13

中国国家版本馆 CIP 数据核字(2024)第 036294 号

责任编辑：王 军 韩宏志
装帧设计：孔祥峰
责任校对：成凤进
责任印制：沈 露

出版发行：清华大学出版社
　　网　　址：https://www.tup.com.cn，https://www.wqxuetang.com
　　地　　址：北京清华大学学研大厦 A 座　　　　　邮　编：100084
　　社 总 机：010-83470000　　　　　　　　　　　邮　购：010-62786544
　　投稿与读者服务：010-62776969，c-service@tup.tsinghua.edu.cn
　　质 量 反 馈：010-62772015，zhiliang@tup.tsinghua.edu.cn
印 装 者：定州启航印刷有限公司
经　　销：全国新华书店
开　　本：170mm×240mm　　　　印　张：47.75　　　字　数：1216 千字
版　　次：2024 年 3 月第 1 版　　　印　次：2024 年 3 月第 1 次印刷
定　　价：168.00 元(全二册)

产品编号：099237-01

第 **IV** 部分

管理和分析数据

如果你知道如何提取真正需要的信息，那么 Excel 是一个很好的数据分析工具。本部分将介绍如何在 Excel 中获得、清理和分析数据。你将看到，Excel 中的许多数据分析功能非常强大且易用。

本部分内容

第22章

导入和清理数据

本章要点

- 向 Excel 导入数据
- 处理和清理数据
- 使用"快速填充"功能提取和连接数据
- 用于数据清理的检查列表
- 将数据导出为其他格式

数据无处不在。例如，如果你运行一个网站，则会不断收集数据，而你甚至不知道发生了此操作。用户每次访问你的网站时都将生成信息，存储在服务器上的一个文件中。如果花时间去查看此文件，会发现其中包含很多有用的信息。

这只是一个关于数据收集的例子。几乎每个自动化系统都会收集并存储数据。大部分情况下，还将为收集数据的系统配备用于验证和分析数据的工具，但并不总是这样。当然，数据也可手工收集，人工进行的电话调查就是一个示例。

Excel 是一个用于分析数据的极佳工具，并且它经常用于汇总信息，并以表格和图表形式显示这些信息。但通常情况下，所收集的数据并不完美。出于种种原因，需要首先对数据进行清理，然后才能进行分析。

Excel 的一个常见用途是作为数据清理的工具。数据清理过程包括将原始数据获取到工作表中，然后处理原始数据以使其符合各种要求。在这个过程中，数据将变得一致，从而使你可以正确地对其进行分析。

本章介绍各种用于将数据获取到工作表的方法，并提供了一些提示以帮助清理数据。

22.1 导入数据

首先，必须将数据获取到工作表中，然后才能使用数据。Excel 可导入大多数常见的文本文件格式，也可从网站上获取数据。

22.1.1 从文件导入

本节介绍 Excel 可使用"文件"|"打开"命令直接打开的文件类型。 图 22-1 列出了可

以在"打开"对话框中指定的文件筛选器选项。

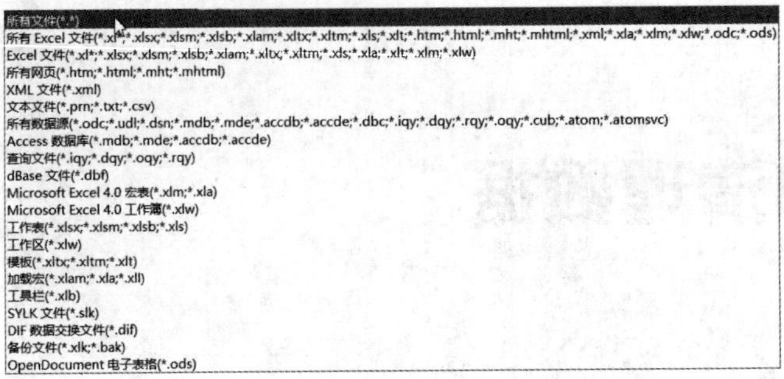

图 22-1　在"打开"对话框中按文件扩展名进行筛选

1. 电子表格文件格式

除了当前文件格式(XLSX、XLSM、XLSB、XLTX、XLTM 和 XLAM)外，Excel 还可以打开在所有以前 Excel 版本中创建的工作簿文件。

- **XLS**：使用 Excel 4、Excel 95、Excel 97、Excel 2000、Excel 2002 和 Excel 2003 创建的二进制文件。
- **XLM**：包含 Excel 4 宏的二进制文件(无数据)。
- **XLT**：用于 Excel 模板的二进制文件。
- **XLA**：用于 Excel 加载宏的二进制文件。

Excel 还可以打开其他电子表格产品创建的文件格式：ODS，即 OpenDocument 电子表格格式。ODS 文件是由各种"开放式"软件(包括 Google Sheets、Apache OpenOffice、LibreOffice 和其他多个软件)生成的文件。

2. 数据库文件格式

Excel 可以打开下列数据库文件格式。

- **Access 文件**：这些文件具有不同的扩展名，包括.mdb 和.accdb。
- **dBase 文件**：通过 dBase III 和 dBase IV 生成的文件，其文件扩展名为.dbf。Excel 不支持 dBase II 文件。

当使用"文件"|"打开"命令打开数据库文件时，Excel 并没有实际打开文件。相反，它会创建与所选数据库中的表的外部数据连接。Excel 支持各种类型的数据库连接，允许你有选择地访问数据。例如，不必"打开"数据库并选择一个表，而是可以对表执行查询，只检索所需记录(而不是整个表)。

3. 文本文件格式

文本文件中包含原始字符，其没有格式。Excel 可以打开大多数类型的文本文件。

- **CSV**：逗号分隔值。列以逗号分隔，行以回车符分隔。
- **TXT**：列以制表符分隔，行以回车符分隔。
- **PRN**：列以多个空格字符分隔，行以回车符分隔。Excel 会将此类型的文件导入一列中。
- **DIF**：最初由 VisiCalc 电子表格使用的文件格式，DIF 代表 Data Interchange Format(数据交换格式)。很少使用。

- SYLK：最初由 Multiplan 使用的文件格式，SYLK 代表 Symbolic Link(符号链接)，这种文件的扩展名为.slk。很少使用。

这些文本文件类型中的大多数类型具有各种变化形式。例如，在 Mac 上生成的文本文件具有不同的行尾字符。Excel 通常可以处理各种变化形式。

当尝试在 Excel 中打开文本文件时，"文本导入向导"可以帮助指定如何检索数据。

> **提示**
> 要绕过"文本导入向导"，请在"打开"对话框中单击"打开"按钮时按下 Shift 键。

> **当 Excel 无法打开文件时**
> 如果 Excel 不支持特定的文件格式，请不要过快放弃。可能其他人也与你具有同样的问题。请尝试在 Web 上搜索相应文件扩展名+Excel。很可能有可用的文件转换器，或者也许有人给出了如何使用中间程序打开文件并将其导出为 Excel 可识别格式的过程。

4. 导入 HTML 文件

Excel 可以打开大部分 HTML 文件(这些文件可存储在本地驱动器或 Web 服务器上)。HTML 代码在 Excel 中的显示方式有很大的差别。有时，HTML 文件可能看起来与其在浏览器中完全相同，其他时候，显示形式可能没有什么相似之处，尤其是当 HTML 文件使用层叠样式表(CSS)布局时更是如此。

在某些情况下，可使用 Power Query 功能来访问 Web 上的数据。第 V 部分将讨论此主题。

5. 导入 XML 文件

XML(可扩展标记语言)是适用于结构化数据的文本文件格式。数据将包含在标签中，这些标签也描述了数据。

Excel 可以打开 XML 文件，并且可以轻松地显示简单的文件。但是，对于复杂 XML 文件，将需要做一些工作。此话题的讨论超出了本书的范围。可以从 Excel 帮助系统和在线资源中发现有关如何从 XML 文件获取数据的信息。

22.1.2　对比导入与打开操作

当使用"文件"|"打开"命令打开一个文件，但是该文件不是传统的 Excel 格式时，取决于该文件的类型，你可能是在打开该文件，也可能是在导入该文件。如前所述，不能打开数据库文件，而是会导入数据库文件中的一个表。

XML 文件是另一个不能直接打开的文件格式的例子。当打开一个 XML 文件时，可以选择将其作为一个只读工作簿打开，或将其导入一个表格中。

文本文件是可以直接打开的。Excel 能够识别 CSV 文件，所以在打开 CSV 文件时，Excel 不会提出任何疑问。对于制表符分隔或者固定宽度的文件，"文本导入向导"将引导你识别数据的开始和结束位置。

当直接打开一个文件时，Excel 的标题栏将显示该文件的名称。图 22-2 显示了打开文件 reunion.txt 后 Excel 的标题栏。当"文件"|"打开"命令实际导入数据时，将把数据导入一个新的工作簿中。此时，标题栏将显示一般性的新工作簿名称，如"工作簿 1"。

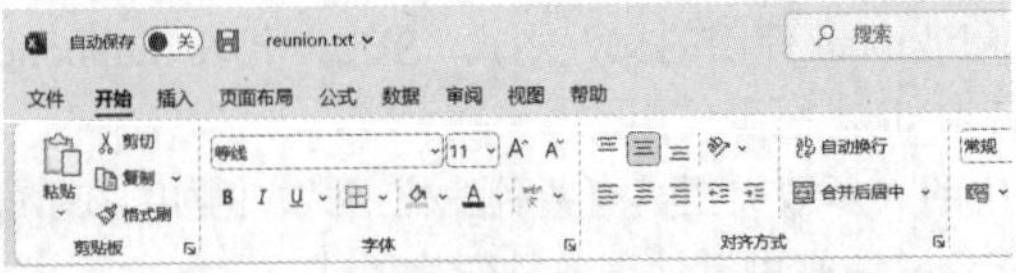

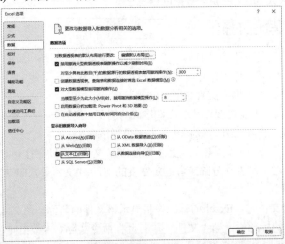

图 22-2　Excel 的标题栏显示了打开文件的名称

> **新功能**
> 在 Excel 2019 之前，每当在 Excel 中使用 CSV 文件，并试图保存该文件时，Excel 将警告你没有使用原生 Excel 文件。例如，将文件保存为 CSV 格式时，你添加的格式或公式将会丢失。好消息是，Excel 不再每次提醒这种更改。从 Excel 2019 开始，当打开 CSV 文件时，Excel 将警告你数据可能丢失，而你可以选择告诉 Excel 不再显示该警告。

22.1.3　导入文本文件

　　导入而不是打开文本文件有一个优势：可以将数据导入到工作表中的特定区域，而不是从单元格 A1 开始。在本例中，我们将显示如何将一个文本文件导入特定区域，并解释"文本导入向导"的各个步骤。

　　文本文件可能是用某个符号分隔的，或者是固定宽度的。在用符号分隔的文件中，使用某个字符(如逗号或制表符)分隔列。在固定宽度的文件中，每列占据相同的字符数，并使用空格来补齐数据。例如，如果在一个固定宽度的文件中，第一列的长度是 20 个字符，则第二列总是从第 21 个字符开始。本节的示例导入逗号分隔的文件，但导入固定宽度的文件的过程是相似的。

　　从 Excel 2019 开始，需要使用"获取和转换"命令来导入文本文件，而不是旧版中的"文本导入向导"。"获取和转换"是一个强大的功能，我们将在第 V 部分详细讨论。但在本例中，我们将使用旧版中的向导。虽然"获取和转换"功能很强大，但是也削减了一点灵活性，例如可以没有标题行。了解导入文本文件的两种方式很有帮助。

　　在开始操作之前，必须先启用旧版向导。为此，选择"文件"|"选项"|"数据"命令，选中"从文本(旧版)"，如图 22-3 所示。这将添加下个步骤中用到的菜单项。

图 22-3　启用旧版导入向导

图 22-4 显示了一个很小的 CSV 文件。下面的说明描述了如何从单元格 C3 开始导入名为 monthly.csv 的文件。

(1) 选择"数据"｜"获取和转换数据"｜"获取数据"｜"传统向导"｜"从文本(旧版)"命令，将显示"导入文本文件"对话框。

(2) 导航到包含文本文件的文件夹。

(3) 从列表中选择文件，然后单击"导入"按钮。将显示"文本导入向导"对话框，如图 22-5 所示。

图 22-4　将导入此 CSV 文件

图 22-5　"文本导入向导"的第 1 步

(4) 选择"分隔符号"，确保不选中"数据包含标题"复选框。单击"下一步"，进入步骤(2)。

(5) 选择逗号作为分隔符号，并取消选中其他复选框，如图 22-6 所示。

图 22-6　在"文本导入向导"的第 2 步选择分隔符号

(6) 单击"完成"按钮。将显示"导入数据"对话框，如图 22-7 所示。

(7) 在"导入数据"对话框中，指定用于存储导入数据的位置。此位置可以是现有工作表或新工作表中的单元格。

(8) 单击"确定"按钮，Excel 将导入数据(如图 22-8 所示)。

图 22-7 使用"导入数据"对话框导入 CSV 文件　图 22-8 此区域包含直接从 CSV 文件导入的数据

22.1.4 复制和粘贴数据

如果其他所有方法都已失败，则可以尝试标准的"复制-粘贴"技术。如果可以从应用程序(例如，字处理程序或在 PDF 查看器中显示的文档)复制数据，则很可能可以将其粘贴到 Excel 工作簿。为了获得最佳效果，请尝试使用"开始"|"剪贴板"|"粘贴"|"选择性粘贴"命令，并尝试列出的各种粘贴选项。通常情况下，需要对粘贴的数据执行一些清理工作。

22.2 清理数据

本节讨论多种可用来清理工作表中数据的方法。

> **交叉引用**
> 第 12 章中包含其他一些可清理数据的文本相关公式的示例。

22.2.1 删除重复的行

如果数据来自多个数据源，则可能包含重复的行。大多数时候，需要消除重复值。以前，去除重复数据基本上是手动执行的任务——尽管可以通过一个令人困惑的高级筛选器技术自动完成。不过，现在可以轻松地完成删除重复行的工作，这要归功于 Excel 的"删除重复值"命令(在 Excel 2007 中引入的命令)。

首先，选择数据区域中的任何单元格。选择"数据"|"数据工具"|"删除重复值"命令，将显示"删除重复值"对话框，如图 22-9 所示。

图 22-9 使用"删除重复值"对话框删除重复行

注意

如果数据位于表格中，则也可以使用"表设计"|"工具"|"删除重复值"命令。这两个命令可完成相同的工作。

"删除重复值"对话框将列出数据区域或表格中的所有列。在要包含到重复值搜索中的列旁边放置一个复选标记。大多数情况下，需要选择所有列，这是默认行为。单击"确定"按钮，Excel 将删除重复的行，并显示一条消息，指出已删除多少个重复行。如果 Excel 删除的行数太多，可以通过单击"撤消"(或按 Ctrl + Z 键)来取消该过程。

当在"删除重复值"对话框中选择所有列时，只有当每列的内容重复时，Excel 才会删除一行。在某些情况下，可能不需要匹配某些列，此时可在"删除重复值"对话框中取消选择这些列。例如，如果每行都具有一个唯一的 ID 代码，则 Excel 始终不会发现任何重复的行。所以，需要在"删除重复值"对话框中取消选择该列。

当发现重复的行时，将保留第一行，删除随后的重复行。

警告

重复值是由单元格中显示的值确定，这不一定是单元格中存储的值。例如，假设两个单元格包含相同的日期。其中一个日期的格式显示为 5/15/2022，另一个日期的格式显示为 May 15, 2022。在删除重复项时，Excel 会将这些日期视为不同的日期。类似地，被设置为不同格式的值将被视为不同的值，所以$1,209.32 与 1209.32 是不同的。因此，可能需要向所有列应用格式，以确保不会因为格式区别而忽略重复行。

22.2.2　识别重复的行

如果想识别重复的行，以便在不自动删除它们的情况下检查它们，可使用本节中所述的另一种方法。与上一节中所描述的技术不同，此方法将查找实际的值，而不是已设置格式的值。

配套学习资源网站

配套资源网站 www.wiley.com/go/excel365bible 中提供了此工作簿，文件名为 remove duplicates.xlsx。

在数据的右侧创建一个公式，连接左侧的每个单元格。下面的公式假设数据位于 A:F 列中。本例中的 TEXTJOIN 函数使用竖线(位于键盘上 Enter 键的上方)分隔各列。

在单元格 G2 中输入此公式：

```
=TEXTJOIN("|",FALSE,A2:F2)
```

在单元格 H2 中添加另一个公式 。此公式可显示值在 G 列中出现的次数。

```
=COUNTIF(G:G,G2)
```

在列中向下为每一行数据复制这些公式。

H 列中显示了该行的出现次数。非重复的行会显示 1，重复的行会显示一个数字，此数字对应于该行的出现次数。

图 22-10 显示了一个简单示例。如果你不需要某个特定列，只要从 G 列的公式中忽略它即可。例如，如果要查找除 Status 列之外的范围中的重复项，可将 G2 中的公式改为如下所示：

```
=TEXTJOIN("|",FALSE,A2:C2,E2:F2)
```

H4 =COUNTIF(G:G,G4)

<table>
<tr><th></th><th>A</th><th>B</th><th>C</th><th>D</th><th>E</th><th>F</th><th>G</th><th>H</th><th>I</th></tr>
<tr><td>1</td><td>First</td><td>Last</td><td>State</td><td>Status</td><td>Member No.</td><td>Joined</td><td></td><td></td><td></td></tr>
<tr><td>2</td><td>Joshua</td><td>Elliott</td><td>NJ</td><td>Active</td><td>99-3325</td><td>12/21/1909</td><td>Joshua|Elliott|NJ|Active|99-3325|3643</td><td>1</td><td></td></tr>
<tr><td>3</td><td>Brian</td><td>Dunn</td><td>MA</td><td>Inactive</td><td>25-7251</td><td>3/22/2007</td><td>Brian|Dunn|MA|Inactive|25-7251|39163</td><td>1</td><td></td></tr>
<tr><td>4</td><td>Sara</td><td>Diaz</td><td>MA</td><td>Inactive</td><td>62-6451</td><td>2/22/1976</td><td>Sara|Diaz|MA|Inactive|62-6451|27812</td><td>2</td><td></td></tr>
<tr><td>5</td><td>Adrian</td><td>Cunningham</td><td>MS</td><td>Active</td><td>72-1993</td><td>3/18/1939</td><td>Adrian|Cunningham|MS|Active|72-1993|14322</td><td>1</td><td></td></tr>
<tr><td>6</td><td>Zoey</td><td>Watkins</td><td>WA</td><td>Inactive</td><td>19-3615</td><td>12/30/1968</td><td>Zoey|Watkins|WA|Inactive|19-3615|25202</td><td>1</td><td></td></tr>
<tr><td>7</td><td>Hayden</td><td>Nichols</td><td>AR</td><td>Inactive</td><td>50-7290</td><td>5/31/1980</td><td>Hayden|Nichols|AR|Inactive|50-7290|29372</td><td>2</td><td></td></tr>
<tr><td>8</td><td>Julia</td><td>Walker</td><td>LA</td><td>Active</td><td>37-3660</td><td>2/25/1913</td><td>Julia|Walker|LA|Active|37-3660|4805</td><td>1</td><td></td></tr>
<tr><td>9</td><td>Cole</td><td>Carpenter</td><td>MN</td><td>Active</td><td>82-3786</td><td>8/18/1914</td><td>Cole|Carpenter|MN|Active|82-3786|5344</td><td>1</td><td></td></tr>
<tr><td>10</td><td>Brooklyn</td><td>Stone</td><td>MT</td><td>Active</td><td>43-4609</td><td>2/15/1967</td><td>Brooklyn|Stone|MT|Active|43-4609|24518</td><td>1</td><td></td></tr>
<tr><td>11</td><td>Adrian</td><td>Warren</td><td>NY</td><td>Inactive</td><td>85-4686</td><td>6/5/1941</td><td>Adrian|Warren|NY|Inactive|85-4686|15132</td><td>1</td><td></td></tr>
<tr><td>12</td><td>Adam</td><td>Ross</td><td>AK</td><td>Inactive</td><td>75-6928</td><td>6/22/1951</td><td>Adam|Ross|AK|Inactive|75-6928|18801</td><td>1</td><td></td></tr>
<tr><td>13</td><td>Brian</td><td>Jones</td><td>NM</td><td>Inactive</td><td>46-9552</td><td>7/14/1961</td><td>Brian|Jones|NM|Inactive|46-9552|22476</td><td>1</td><td></td></tr>
</table>

图 22-10 使用公式识别重复的行

22.2.3 拆分文本

在导入数据时，可能会发现多个值被导入到一列中。图 22-11 显示了关于这类导入问题的一个例子。

提示

图 22-11 中使用固定宽度字体(Courier New)来显示数据。使用默认字体时，并不能清楚地看到数据在固定宽度的列中很好地对齐。

A6 June 185 76 76 245 218 206 44 204 132 183

	A
1	January 80 224 243 74 170 22 250 40 242 132
2	February 193 99 226 244 106 85 217 239 55 239
3	March 64 95 32 22 68 238 199 217 139 102
4	April 62 112 201 225 178 126 54 155 20 138
5	May 143 96 159 41 182 121 128 100 239 243
6	June 185 76 76 245 218 206 44 204 132 183
7	July 203 21 53 136 123 152 225 37 175 203
8	August 93 83 139 69 114 28 53 198 143 43
9	September 164 123 193 92 226 169 133 132 121 180
10	October 120 164 73 48 40 136 202 145 75 213
11	November 222 30 98 248 165 164 240 121 50 25
12	December 46 27 177 143 180 136 230 204 155 169
13	

图 22-11 导入的数据被放置在一列而非多列中

如果文本的长度都相同(如本例所示)，也许可以编写一组公式，将信息提取到单独的列中。可使用 LEFT、RIGHT 和 MID 函数完成此任务。

交叉引用

第 12 章有关于从文本中提取字符的公式的示例。

你还应知道，Excel 中提供了两种非公式化方法用于协助拆分数据以使其占用多列：文本分列和快速填充。

1. 使用文本分列

文本分列命令可将字符串解析为其各个组成部分。

首先，确保含有要拆分的数据的列在右侧具有足够多的空列来容纳所提取的数据。然后选择要分析的数据，并选择"数据"|"数据工具"|"分列"命令。Excel 将显示"文本分列向导"，其中包含一系列对话框，用于引导你完成将单列数据转换成多列的过程。图 22-12 显示了用于选择数据类型的第一个步骤。

● **分隔符号**：要拆分的数据由分隔符号(如逗号、空格、斜杠或其他字符)分隔。
● **固定宽度**：每个组成部分占用完全相同的字符数。

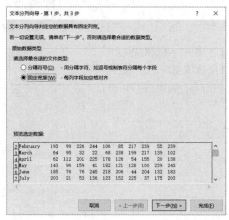

图 22-12 "文本分列向导"中的第一个对话框

选择相应的选项，然后单击"下一步"按钮继续执行第 2 步，该步骤取决于在第 1 步中所做的选择。

如果使用经过分隔的数据，可指定分隔字符，你会看到结果预览。如果使用固定宽度的数据，可直接在预览窗口中指定分列线。

当你对分列线感到满意时，单击"下一步"按钮继续执行第 3 步。在此步骤中，可以在预览窗口中单击一列，指定该列的常规格式。例如，如果数据看起来像数字，但实际上是文本，就可以将该列设置为文本格式，以保留任何前导 0。单击"完成"按钮，Excel 将按照你的指定拆分数据。

2. 使用快速填充

"文本分列向导"适用于许多数据类型。但有时你会遇到不能由该向导分析的数据。例如，如果数据的宽度可变且没有分隔符号，"文本分列向导"是没有用的。在这样的情况下，"快速填充"功能可完成相应任务。但请记住，只有当数据十分一致时，才可以成功执行"快速填充"功能。

"快速填充"功能采用模式识别来提取数据(和连接数据)。只需要在与数据相邻的一列中输入几个示例，并选择"数据"|"数据工具"|"快速填充"命令(或按 Ctrl+E)即可。Excel 将分析示例，并尝试填充其余单元格。如果 Excel 未识别出你设想的模式，可按 Ctrl+Z 键，再添加一两个样例，然后再试一次。

默认情况下，Excel 启用了"自动快速填充"选项。通过"文件"|"选项"|"高级"|"自动快速填充"提供了该选项。如果 Excel 能够识别模式，将自动填充区域。当你键入完整的单词，且其中只包含字母时，Excel 通常能够识别模式。如果键入的内容中包含数字或特殊字符，就必须手动使用 "快速填充"命令。

图 22-13 显示了一个工作表，其中的单列中包含一些文本。我们的目标是提取每个文本字符串中的数字，并将其放入一个单独的单元格。"文本分列向导"无法完成此操作，因为空格分隔符不一致。可编写一个数组公式，但该公式将非常复杂。

> **配套学习资源网站**
>
> 可在本书的配套学习资源网站 www.wiley.com/go/excel365bible 上获取此工作簿，其中还包括其他一些"快速填充"示例。文件名是 flash fill demo.xlsx。

要尝试使用"快速填充"功能，可激活单元格 B1，然后键入第一个数字(20)。移到 B2，然后键入第二个数字(6)。"快速填充"功能是否能找出其余数字并将其填入？选择"数据"|"数据工具"|"快速填充"命令(或按 Ctrl+E 键)，Excel 将在一瞬间填充其余单元格。图 22-14 显示了结果。

◢	A	B
1	The box weighed 20 pounds.	
2	Bob is 6 feet tall.	
3	She drove for 9.5 hours straight.	
4	Pi is 3.14159	
5	He drank 5 cups of coffee.	
6	The sales tax was $3.12 for that item.	
7	15 people showed up for jury duty	
8	He was in 7th heaven.	
9	The square root of 16 is four.	
10	Where is the 90210 zip code?	
11		

图 22-13　目标是提取 A 列中的数字

◢	A	B
1	The box weighed 20 pounds.	20
2	Bob is 6 feet tall.	6
3	She drove for 9.5 hours straight.	5
4	Pi is 3.14159	14159
5	He drank 5 cups of coffee.	5
6	The sales tax was $3.12 for that item.	12
7	15 people showed up for jury duty	15
8	He was in 7th heaven.	7
9	The square root of 16 is four.	16
10	Where is the 90210 zip code?	90210
11		

图 22-14　Excel 的快速填充功能使用在 B1 和 B2 中手动输入的示例，进行一些不正确的猜测

如你看到的，Excel 会识别大部分值。如果提供更多示例，准确度将提高。例如，提供一个小数示例。删除 B 列中的建议值，在单元格 B6 中输入 3.12，然后按 Ctrl+E 键。这一次，Excel 会得到正确结果(参见图 22-15)。

这个简单示例演示了两个要点：

- 使用"快速填充"功能后必须仔细检查数据。并不能因为前几行是正确的，就假定"快速填充"功能可对所有行生成正确的结果。
- 提供更多示例后，"快速填充"功能可提高准确度。

图 22-16 显示了另一个示例，即在 A 列中的姓名。我们的目标是提取名字、姓氏和中间名(如果有)。在 B 列中，"快速填充"功能仅使用两个示例 (Mark 和 Tim)成功得到所有名字。此外，它通过使用 Russell 和 Colman 成功提取了所有姓氏(C 列)。一开始不能提取中间名或缩写形式(D 列)时，直到提供的示例在中间名的两侧都包括空格才可以。

▲	A	B
1	The box weighed 20 pounds.	20
2	Bob is 6 feet tall.	6
3	She drove for 9.5 hours straight.	9.5
4	Pi is 3.14159	3.14159
5	He drank 5 cups of coffee.	5
6	The sales tax was $3.12 for that item.	3.12
7	15 people showed up for jury duty	15
8	He was in 7th heaven.	7
9	The square root of 16 is four.	16
10	Where is the 90210 zip code?	90210
11		

图 22-15　在输入小数示例之后，Excel 将生成正确的值

▲	A	B	C	D
1	Mark Russell	Mark	Russell	
2	Tim Colman	Tim	Colman	
3	Sam Daniel Bains	Sam	Bains	Daniel
4	Fred James Foster	Fred	Foster	James
5	James J. Wehr	James	Wehr	J.
6	Mitch Nicholls	Mitch	Nicholls	
7	Neal McCaslin	Neal	McCaslin	
8	Ned Poulakis	Ned	Poulakis	
9	Paul T. Wingfield	Paul	Wingfield	T.
10	Peter Gans	Peter	Gans	
11	Ron E. Hoffman	Ron	Hoffman	E.
12	Julia Hayes	Julia	Hayes	
13	Richard P Light	Richard	Light	P
14	Ray Walker	Ray	Walker	
15	Robert F. Mahaney	Robert	Mahaney	F.
16	Robert Fist	Robert	Fist	
17				

图 22-16　使用"快速填充"功能拆分姓名

总之，Excel 的"快速填充"是一个有趣的功能，但它只能在数据非常一致时才能可靠地工作。即使当你认为它正常工作时，仍要仔细检查结果。在将其用于重要数据前要三思，因为没有用于记录数据提取方式的办法。但主要的限制是(不同于公式)，"快速填充"功能不是动态的技术。如果数据发生变化，"快速填充"列不会更新。

> **注意**
> 也可以使用"快速填充"功能从多列中创建新数据。只需要提供你所需的关于如何组合数据的几个示例，Excel 将计算出模式，并填充列。使用"快速填充"功能创建数据的准确性似乎远高于将其用于提取数据的准确性。但是，同样地，通过创建公式从现有列创建数据要容易得多。

22.2.4　更改文本的大小写

通常情况下，你会希望一列中的文本在大小写方面保持一致。Excel 没有提供用于直接更改文本大小写的方法，但很容易通过公式完成该过程(参见提要栏"使用公式转换数据")。

下面是 3 个相关的函数。

- UPPER：将文本全部转换为大写形式。
- LOWER：将文本全部转换为小写形式。
- PROPER：将文本转换为专有大小写形式(每个单词的第一个字母为大写形式，就像专有名称一样)。

这些函数相当简单。它们只对字母字符有效，并会忽略所有其他字符，按原样返回这些字符。

如果使用 PROPER 函数，则可能需要执行一些额外的清理操作来处理异常情况。下面是一些你可能会视为不正确的转换示例。

- 撇号后面的字母总是大写(例如 Don'T)。很显然，这样做是为了处理像 O'Reilly 这样的姓名。
- PROPER 函数不处理其中嵌入了大写字母的名字，如 McDonald。
- "次要"单词，如 and 和 the 总是大写形式。例如，一些人喜欢将 United States Of America 中的第三个单词不处理为大写形式。

通常情况下，可以使用"查找和替换"功能更正其中的一些问题。

> **使用公式转换数据**
>
> 本章中的许多数据清理示例描述了如何使用公式和函数来以某种方式转换数据。例如，可以使用 UPPER 函数将文本转换成大写。当转换数据时，会得到两列：原始数据和转换后的数据。人们几乎总是会希望使用转换后的数据替换原来的数据。以下说明如何做到这一点：
>
> (1) 为用于转换原有数据的公式插入一个新的临时列。
>
> (2) 在临时列中创建公式，并确保这些公式按预期工作。
>
> (3) 选择公式单元格。
>
> (4) 选择"开始"|"剪贴板"|"复制"命令(或按 Ctrl + C 键)。
>
> (5) 选择原始数据单元格。
>
> (6) 选择"开始"|"剪贴板"|"粘贴"|"值"命令。
>
> 此过程将使用转换后的数据替换原始数据。然后，可以删除其中包含公式的临时列。

22.2.5 删除多余空格

通常，最好是确保数据中没有多余的空格。只是用眼看将不能发现文本字符串末尾的空格字符。多余空格可能导致很多问题，尤其是当你需要比较文本字符串时。文本"July"和"July "是不同的，后者在末尾附加了一个空格。第一个的长度是 4 个字符，第二个的长度是 5 个字符。

TRIM 函数删除所有前导和尾随空格、并使用一个空格替换内部的多个空格。下面的公式使用 TRIM 函数，返回 Fourth Quarter Earnings(没有多余空格)：

```
=TRIM(" Fourth Quarter Earnings ")
```

从网页导入的数据常包含不同类型的空格：非断开空格，用 HTML 代码中的** ** 表示。在 Excel 中，可以通过以下公式生成此字符：

```
=CHAR(160)
```

可以使用以下公式将这些空格替换为正常空格：

```
=SUBSTITUTE(A2,CHAR(160)," ")
```

或者使用以下公式将非断开空格替换为正常空格，同时删除多余的空格：

```
=TRIM(SUBSTITUTE(A2,CHAR(160)," "))
```

22.2.6 删除奇怪字符

通常情况下，导入到 Excel 工作表中的数据包含一些奇怪字符(有时是不可打印的)。可以使用 CLEAN 函数删除字符串中的所有无法打印的字符。如果数据位于 A2 单元格中，以下公式会执行此工作：

```
=CLEAN(A2)
```

> **注意**
>
> CLEAN 函数会漏掉一些非打印 Unicode 字符。此函数被编程为删除 7 位 ASCII 码的前 32 个非打印字符。请查阅 Excel 帮助系统了解如何删除非打印 Unicode 字符(在"帮助"系统中搜索 CLEAN 函数)。

22.2.7　转换值

在某些情况下，可能需要将值从一个系统转换到另一个系统。例如，你可能导入了包含以液体盎司为单位的值的文件，并且需要以毫升为单位表示这些值。Excel 中方便的 CONVERT 函数可以执行此转换以及许多其他转换。

如果单元格 A2 中包含以盎司为单位的值，则下面的公式可将其转换为毫升：

```
=CONVERT(A2,"oz","ml")
```

此函数的功能非常丰富，能够处理以下类别的常见测量单位：重量及质量、距离、时间、压力、力、能量、功率、磁、温度、体积、液体、面积、比特、字节以及速度。

Excel 也可以在数基之间进行转换。你可能会导入包含十六进制数的文件，并需要将这些数值转换为十进制。可使用 HEX2DEC 函数来执行此转换。例如，下面的公式将返回与其十六进制参数等效的十进制数——1279。

```
=HEX2DEC("4FF")
```

Excel 还可以将二进制值转换为十进制数(BIN2DEC)，以及将八进制数转换为十进制数(OCT2DEC)。

用于将十进制数转换为其他数基的函数是：DEC2HEX、DEC2BIN 和 DEC2OCT，它们包含在"工程"类别中。

BASE 函数用于将十进制数转换成任何数基。请注意，没有可在相反方向上工作的函数。Excel 未提供用于将任何数基转换为十进制数的函数。只能将二进制数、八进制数和十六进制数转换为十进制数。

22.2.8　对值进行分类

很多时候，你可能具有需要分为一组的值。例如，如果具有关于不同年龄的人的数据，则可能希望将他们分为 17 岁或以下、18～24 岁、25～34 岁等组。

执行这种分类的最简单方法是使用查找表。在图 22-17 中，A 列显示了年龄，B 列显示了分类。B 列使用 D2:E9 中的查找表。

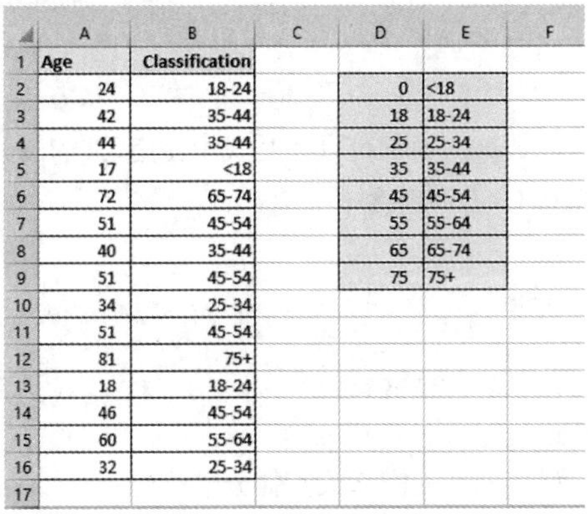

▲	A	B	C	D	E	F
1	Age	Classification				
2	24	18-24		0	<18	
3	42	35-44		18	18-24	
4	44	35-44		25	25-34	
5	17	<18		35	35-44	
6	72	65-74		45	45-54	
7	51	45-54		55	55-64	
8	40	35-44		65	65-74	
9	51	45-54		75	75+	
10	34	25-34				
11	51	45-54				
12	81	75+				
13	18	18-24				
14	46	45-54				
15	60	55-64				
16	32	25-34				
17						

图 22-17　使用查找表将年龄划分到各个年龄范围

单元格 B2 中的公式为：

```
=VLOOKUP(A2,$D$2:$E$9,2)
```

此公式已复制到下面的单元格。

也可以将查找表用于非数值数据。图 22-18 显示了一个用于将区域分配到州的查找表。

此包含两列的查找表位于区域 D2:E52 中。单元格 B2 中的公式(已复制到下面的单元格)如下：

```
=VLOOKUP(A2,$D$2:$E$52,2,FALSE)
```

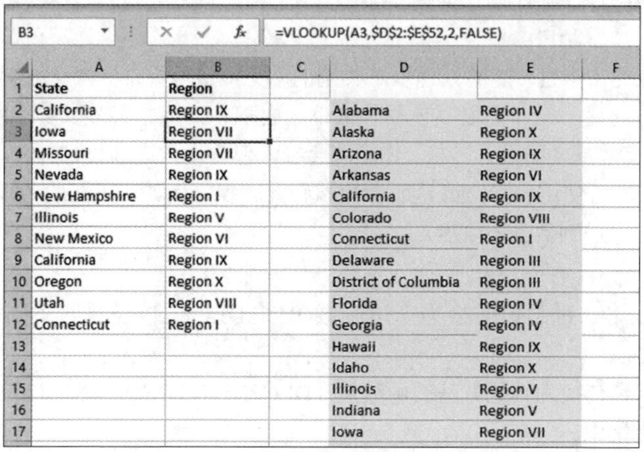

B3　=VLOOKUP(A3,$D$2:$E$52,2,FALSE)

	A	B	C	D	E	F
1	State	Region				
2	California	Region IX		Alabama	Region IV	
3	Iowa	Region VII		Alaska	Region X	
4	Missouri	Region VII		Arizona	Region IX	
5	Nevada	Region IX		Arkansas	Region VI	
6	New Hampshire	Region I		California	Region IX	
7	Illinois	Region V		Colorado	Region VIII	
8	New Mexico	Region VI		Connecticut	Region I	
9	California	Region IX		Delaware	Region III	
10	Oregon	Region X		District of Columbia	Region III	
11	Utah	Region VIII		Florida	Region IV	
12	Connecticut	Region I		Georgia	Region IV	
13				Hawaii	Region IX	
14				Idaho	Region X	
15				Illinois	Region V	
16				Indiana	Region V	
17				Iowa	Region VII	

图 22-18　使用查找表为州分配区域

配套学习资源网站

本书的配套学习资源网站 www.wiley.com/go/excel365bible 上提供了包含本节示例的工作簿，文件名为 classifying data.xlsx。

提示

使用 VLOOKUP 函数的一个附带的好处是它会在找不到精确匹配时返回#N/A，在这个例子中，这是用于发现拼写错误的州的很好方法。通过在函数的最后一个参数中使用 FALSE，表示需要精确匹配。

22.2.9　连接列

要连接两列或更多列中的数据，通常可以在公式中使用 CONCAT 函数。例如，下面的公式将连接单元格 A1、B1 和 C1 中的内容：

```
=CONCAT(A1:C1)
```

配套学习资源网站

本书的配套学习资源网站 www.wiley.com/go/excel365bible 上提供了包含本节示例的工作簿，文件名为 concatenating.xlsx。

很多时候，需要在单元格之间插入空格或其他分隔符号，例如，如果列中包含称谓、名字和姓氏，就需要分隔符号。通过使用上述公式进行连接，会产生类似 Mr.ThomasJones 的结果。要添加空格(以生成 Mr. Thomas Jones)，可以使用 TEXTJOIN 函数：

```
=TEXTJOIN(" ",TRUE,A1:C1)
```

TEXTJOIN 的第一个参数是在单元格值之间插入的分隔符号。第二个参数被设为 TRUE，以忽略空单元格。如果将第二个参数设为 FALSE，并且有空单元格，则在结果中会出现两个分隔符号彼此挨着的情况。

图 22-19 显示了 TEXTJOIN 的 3 个例子。在第一个例子中，没有空单元格，所以第二个参数并不重要。在第二个和第三个例子中，分别将第二个参数设为 FALSE 和 TRUE，并将分隔符号由空格改为逗号(以便更容易看出重复的分隔符号)。当不忽略空单元格时，两个逗号出现在一起。

	A	B	C	D	E	F	G
1	Title	First	Last	Ignore Empty?	Joined		
2	Mr	Thomas	Jones		Mr Thomas Jones	=TEXTJOIN(" ",TRUE,A2:C2)	
3	Mr		Jones	FALSE	Mr,,Jones	=TEXTJOIN(",",D3,A3:C3)	
4	Mr		Jones	TRUE	Mr,Jones	=TEXTJOIN(",",D4,A4:C4)	
5							
6							

图 22-19　TEXTJOIN 函数在单元格值之间插入分隔符号

还可以使用"快速填充"功能(本章前面讨论过)来连接列，而不是使用公式。只需要在相邻的列中提供一两个示例，然后按 Ctrl+E 即可。Excel 将为其他行执行连接操作。

22.2.10　重新排列各列

如果需要重新排列工作表中的列，可以插入一个空白列，然后将另一列拖到此新空白列。但是移动后的列会留下间距，需要删除此间距。

以下是一个简单方法：
(1) 单击要移动的列的列标题。
(2) 选择"开始"|"剪贴板"|"剪切"命令。
(3) 单击要将列移至的位置右侧的列标题。
(4) 右击，然后从快捷菜单中选择"插入剪切的单元格"命令。

重复上述步骤，直到所有列按你需要的顺序排列。

22.2.11　随机排列行

如果需要以随机顺序排列各行，可使用下述方法快速完成此操作。在数据右侧的列中，将以下公式插入第一个单元格并向下复制它：

```
=RAND()
```

然后使用该列对数据进行排序。各行会以随机顺序排列，然后可以删除该列。

22.2.12　从 URL 中提取文件名

在某些情况下，你可能具有一组 URL，但只需要提取文件名。下面的公式可从 URL 返回文件名。假设单元格 A2 中包含此 URL：

http://example.com/assets/images/horse.jpg

以下公式返回 horse.jpg：

```
=RIGHT(A2,LEN(A2)-FIND("*",SUBSTITUTE(A2,"/","*",
LEN(A2)-LEN(SUBSTITUTE(A2,"/","")))))
```

此公式将返回最后一个斜杠字符之后的所有文本。如果单元格 A2 中不包含斜杠字符，则公式将返回一个错误。

要提取不带文件名的URL，请使用以下公式：

```
=LEFT(A2,FIND("*",SUBSTITUTE(A2,"/","*",
LEN(A2)-LEN(SUBSTITUTE(A2,"/","")))))
```

注意

这种类型的提取是对“快速填充”功能的很好利用(请参阅本章前面的“拆分文本”一节)。

22.2.13 匹配列表中的文本

有时，可能需要根据另一个列表对一些数据进行检查。例如，可能需要识别这样的数据行：在这些行中，某特定列中的数据也出现在其他列表中。图22-20显示了一个简单示例。数据位于列A:C中。目标是找出其中的Member Num出现于Resigned Members列表(F列)中的行。然后，可以删除这些行。

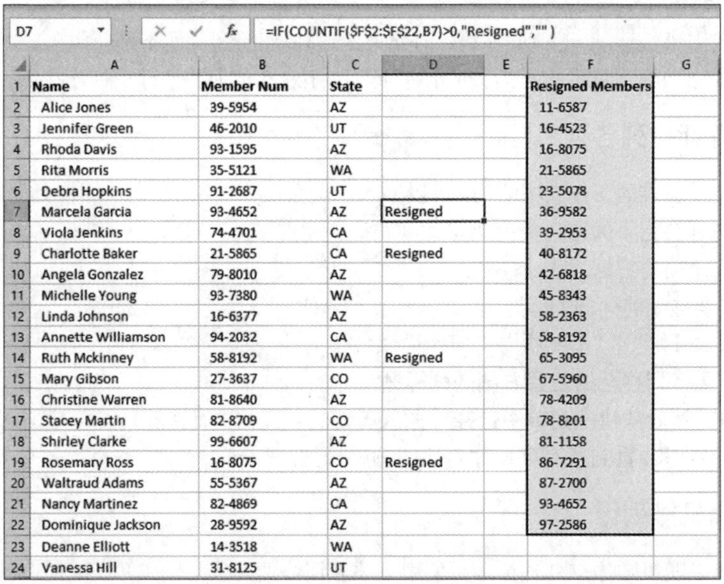

	A	B	C	D	E	F	G
1	Name	Member Num	State			Resigned Members	
2	Alice Jones	39-5954	AZ			11-6587	
3	Jennifer Green	46-2010	UT			16-4523	
4	Rhoda Davis	93-1595	AZ			16-8075	
5	Rita Morris	35-5121	WA			21-5865	
6	Debra Hopkins	91-2687	UT			23-5078	
7	Marcela Garcia	93-4652	AZ	Resigned		36-9582	
8	Viola Jenkins	74-4701	CA			39-2953	
9	Charlotte Baker	21-5865	CA	Resigned		40-8172	
10	Angela Gonzalez	79-8010	AZ			42-6818	
11	Michelle Young	93-7380	WA			45-8343	
12	Linda Johnson	16-6377	AZ			58-2363	
13	Annette Williamson	94-2032	CA			58-8192	
14	Ruth Mckinney	58-8192	WA	Resigned		65-3095	
15	Mary Gibson	27-3637	CO			67-5960	
16	Christine Warren	81-8640	AZ			78-4209	
17	Stacey Martin	82-8709	CO			78-8201	
18	Shirley Clarke	99-6607	AZ			81-1158	
19	Rosemary Ross	16-8075	CO	Resigned		86-7291	
20	Waltraud Adams	55-5367	AZ			87-2700	
21	Nancy Martinez	82-4869	CA			93-4652	
22	Dominique Jackson	28-9592	AZ			97-2586	
23	Deanne Elliott	14-3518	WA				
24	Vanessa Hill	31-8125	UT				

图22-20　目标是找出已退出的成员名单(F列)中包含的成员编号

配套学习资源网站

本书的配套学习资源网站 www.wiley.com/go/excel365bible 上提供了此工作簿，文件名为 match names.xlsx。

下面是在单元格D2中输入并已向下复制以完成此任务的公式：

```
=IF(COUNTIF($F$2:$F$22,B2)>0,"Resigned","")
```

如果发现B列中的Member Num位于Resigned Members列表中，则此公式显示单词Resigned。如果在其中未找到该成员编号，则返回一个空字符串。如果该列表按D列排序，则所有已退出成员对应的行会一起显示，并可以迅速进行删除。

调整此方法后，可应用于其他类型的列表匹配任务。

22.2.14　将纵向数据更改为横向数据

图 22-21 显示了一个导入文件时常见的数据布局类型。每个记录由一列中的 3 个连续单元格组成：姓名、部门和位置。我们的目标是转换此数据，以便每个记录将显示在 3 列中。

	A	B
1	Lori Howard	
2	Accounting	
3	Main Office	
4	Jacqueline Espinoza	
5	Sales	
6	West Branch	
7	Jose Collins	
8	Accounting	
9	Main Office	
10	Bernice Ryan	
11	Sales	
12	East Branch	
13	Diana Brown	
14	Accounting	
15	West Branch	
16	Jay J. Davis	
17	Research	
18	Main Office	
19	Shandi Johnson	
20	Accounting	
21	Main Office	
22		

图 22-21　需要转换为 3 列的纵向数据

可使用几种方法来转换这种类型的数据，不过此处将介绍一种非常容易的方法。该方法需要进行少量设置，其工作将由单个公式完成(将其复制到一个区域中)。

首先，创建一些纵向和横向的数字“标头”，如图 22-22 中所示。C 列包含的数字对应于每个数据项的第一行(在此示例中是 Name)。在此示例中，在 C 列中放置以下值：1、4、7、10、13、16 和 19。可以使用一个简单的公式来生成此数字系列。

标头的横向区域由一些连续整数(从 1 开始)组成。在此示例中，每个记录包含 3 个数据单元格，因此横向标头包含 1、2 和 3。

	A	B	C	D	E	F	G
1	Lori Howard			1	2	3	
2	Accounting		1				
3	Main Office		4				
4	Jacqueline Espinoza		7				
5	Sales		10				
6	West Branch		13				
7	Jose Collins		16				
8	Accounting		19				
9	Main Office						
10	Bernice Ryan						
11	Sales						
12	East Branch						

图 22-22　用于将纵向数据转换为行的标头

配套学习资源网站

本书的配套资料网站 www.wiley.com/go/excel365bible 上提供了此工作簿，文件名为 vertical data.xlsx。

现在，单元格 D2 中的公式如下：

```
=OFFSET($A$1,$C2+D$1-2,0)
```

将此公式复制到接下来的两列，并向下复制到下六行。其结果如图 22-23 所示。

图 22-23　利用单个公式将纵向数据转换为行

可以轻松地修改此方法以处理包含不同数量的行的纵向数据。例如，如果每个记录包含 10 行数据，则 C 列的标头值将是 1、11、21、31，以此类推。横向标头将包括值 1 至 10，而不是 1 至 3。

请注意，该公式使用的是单元格 A1 的绝对引用。在复制公式时，该引用不会更改，因此所有公式中将使用单元格 A1 作为基础。如果数据从不同单元格中开始，则将$A$1 更改为第一个单元格的地址。

该公式还在 OFFSET 函数的第二个参数中使用"混合"引用。C2 引用在 C 前面有一个美元符号，所以 C 列是该引用的绝对部分。在 D1 引用中，美元符号位于 1 之前，所以第 1 行是引用的绝对部分。

交叉引用

有关如何在公式中使用混合引用的详细信息，请参见第 9 章。

22.2.15　填补已导入报表中的空白

当你导入数据时，有时会导致生成如图 22-24 中所示的工作表。此类报表格式是很常见的。如你所见，A 列中的条目应用于多行数据。如果对此类列表排序，丢失的数据将使工作变得一团糟，工作表将不能说明什么人在什么时候销售了什么产品。

图 22-24　该报表在"Sales Rep"列中包含空白

如果报表较小，则可以手动输入遗失的单元格值，或使用一系列"开始"|"编辑"|"填充"|"向下"命令(或按 Ctrl + D 键)。但如果具有这种格式的列表很大，则可使用以下更好的方法：

(1) 选择具有空白的区域(在本例中为 A3:A14)。

(2) 选择"开始"|"编辑"|"查找和选择"|"定位条件"命令。将显示"定位条件"对话框。

(3) 选择"空白"选项，然后单击"确定"按钮。此操作将选择原选区中的空白单元格。

(4) 在编辑栏中键入一个等号 (=)，后跟列中第一个包含条目的单元格的地址(在这个例子中为"= A3")，然后按 Ctrl + Enter 键。

(5) 重新选择原区域，并按 Ctrl + C 键复制选择。

(6) 选择"开始"|"剪贴板"|"粘贴"|"粘贴值"命令，将公式转换为值。

在完成这些步骤之后，将用正确的信息填充空白，工作表将类似于图 22-25 所示。

▲	A	B	C	D	E
1					
2	Sales Rep	Month	Units Sold	Amount	
3	Jane	Jan	182	$15,101	
4	Jane	Feb	3350	$34,230	
5	Jane	Mar	114	$9,033	
6	George	Jan	135	$8,054	
7	George	Feb	401	$9,322	
8	George	Mar	357	$32,143	
9	Beth	Jan	509	$29,239	
10	Beth	Feb	414	$38,993	
11	Beth	Mar	53	$309	
12	Dan	Jan	323	$9,092	
13	Dan	Feb	283	$12,332	
14	Dan	Mar	401	$32,933	
15					

图 22-25　空白已消失，现在可对此列表排序

配套学习资源网站

本书的配套资料网站 www.wiley.com/go/excel365bible 上提供了此工作簿，文件名为 fill in gaps.xlsx。

22.2.16　拼写检查

如果使用文字处理程序，则能够利用其拼写检查器的功能。如果拼写错误出现在文本文档中，可能会令人尴尬，但是当它们出现在数据中时，则可能导致严重问题。例如，如果按月制表，拼错的月份名称将使表显示一年中有 13 个月。

要访问 Excel 的拼写检查器，请选择"审阅"|"校对"|"拼写检查"命令，或按 F7 键。要只在特定区域内进行拼写检查，请先选择区域，然后激活拼写检查器。

如果拼写检查器发现任何它无法正确识别的单词，会显示"拼写检查"对话框。其中提供的选项的作用很明显。

交叉引用

请参见第 17 章了解关于"拼写检查"对话框的更多信息。

22.2.17　替换或删除单元格中的文本

有时可能需要系统地替换(或删除)一列数据中的某些字符。例如，可能需要使用正斜杠字符替换所有反斜杠字符。许多情况下，可以使用 Excel 的"查找和替换"对话框来完成此任务。要使用"查找和替换"对话框删除文本，只需要将"替换为"字段保留为空。

在其他情况下，可能需要使用基于公式的解决方案。参见如图 22-26 中所示的数据。我们的目标是对于 A 列中的零件号，用冒号替换第二个连字符。使用"查找和替换"是行不通的，因为没有任何方法可用于指定只替换第二个连字符。

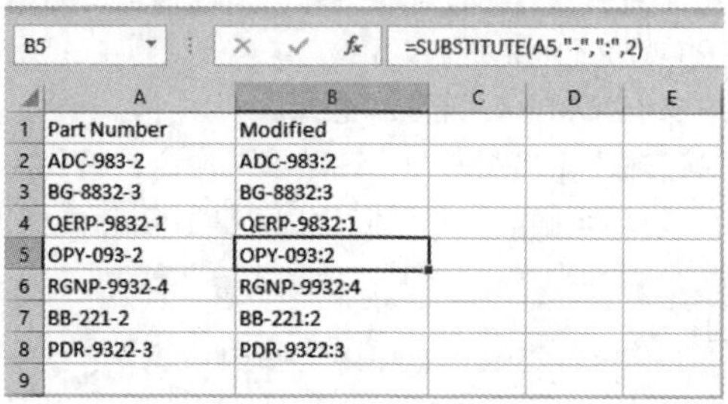

	A	B	C	D	E
	Part Number	Modified			
2	ADC-983-2	ADC-983:2			
3	BG-8832-3	BG-8832:3			
4	QERP-9832-1	QERP-9832:1			
5	OPY-093-2	OPY-093:2			
6	RGNP-9932-4	RGNP-9932:4			
7	BB-221-2	BB-221:2			
8	PDR-9322-3	PDR-9322:3			

B5 公式栏：`=SUBSTITUTE(A5,"-",":",2)`

图 22-26　不能使用"查找和替换"来仅替换这些单元格中的第二个连字符

在这种情况下，可使用一个很简单的公式来将第二个连字符替换为一个冒号：

`=SUBSTITUTE(A2,"-",":",2)`

配套学习资源网站

本书的配套资料网站 www.wiley.com/go/excel365bible 上提供了此工作簿，文件名为 substitute.xlsx。

要删除第二个连字符，只需要省略 SUBSTITUTE 函数的第三个参数即可：

`=SUBSTITUTE(A2,"-",,2)`

"快速填充"功能也是可以完成此工作的。

注意

如果使用过编程语言，则可能很熟悉正则表达式的概念。正则表达式是一种使用非常简洁(且常常难以理解)的代码来匹配文本字符串的方法。Excel 不支持正则表达式，但如果你在 Web 上搜索，将发现在 VBA 中包含正则表达式的方法，以及一些可在工作簿环境中提供此功能的加载项。

22.2.18　将文本添加到单元格

如果需要将文本添加到单元格，可通过使用一个新的公式列来完成该操作。下面是一些例子。

- 以下公式在单元格的开头添加"ID:"和一个空格：

`="ID: "&A2`

- 以下公式在单元格结尾添加".mp3"：

`=A2&".mp3"`

- 以下公式在单元格中第三个字符后面插入一个连字符：

```
=LEFT(A2,3)&"-"&RIGHT(A2,LEN(A2)-3)
```

还可以使用"快速填充"功能将文本添加到单元格。

22.2.19　解决结尾负号问题

导入的数据有时会通过结尾负号来显示负值。例如，负值可能会显示为 3 498 - 而不是更常见的 - 3 498。 Excel 不会转换这些值。事实上，Excel 会将它们视为非数字文本。

用于解决该问题的方法非常简单：

(1) **选择具有结尾负号的数据**。所选内容还可以包括正值。

(2) **选择"数据"|"数据工具"|"分列"命令**。将显示"文本分列向导"对话框。

(3) **单击"完成"**。

该过程之所以有效，是因为"高级文本导入设置"对话框(正常情况下甚至不会显示该对话框)中的一项默认设置。要显示该对话框，转到"文本分列向导"的第 3 步，并单击"高级"按钮。

22.2.20　数据清理检查表

此部分包含可导致数据问题的项的列表。这些项并非适用于每一个数据集。

- 是否每一列都具有唯一的描述性标题？
- 是否每一列数据的格式都一致？
- 是否已检查重复或丢失的行？
- 对于文本数据，大小写是否一致？
- 是否已检查拼写错误？
- 数据是否包含任何多余空格？
- 是否以正确顺序(或逻辑顺序)排列各列？
- 是否存在任何不应处于空白状态的空白单元格？
- 是否已更正任何结尾负号问题？
- 列宽是否足以显示所有数据？

22.3　导出数据

本章开始时介绍如何导入数据，所以结尾时讨论如何将数据导出到非标准 Excel 文件中是很合适的。

22.3.1　导出到文本文件

当选择"文件"|"另存为"命令时，可以在"另存为"对话框中选择多种文件格式，其中有 3 种文本文件类型。

- CSV：逗号分隔值文件。
- TXT：制表符分隔值文件。
- PRN：带格式文本。

我们将在后面的小节中讨论这些文件类型。

1. CSV 文件

当将工作表导出到 CSV 文件时，数据将保存为所显示的形式。换句话说，如果单元格中包含 12.831 234 4、但已将格式设置为显示两位小数，则该值将保存为 12.83。

单元格以逗号字符分隔，行以回车符和换行符分隔。

> **注意**
> 如果使用 Mac 版本导出文件，将仅使用回车符(无换行符)分隔行。

请注意，如果单元格中包含逗号，则单元格值将保存在引号内。如果单元格中包含引号字符，则该字符将出现两次。

2. TXT 文件

将工作簿导出到 TXT 文件的过程几乎与前述 CSV 文件格式的过程相同。唯一的区别是，单元格由制表符而不是逗号分隔。

如果工作表包含任何 Unicode 字符，则应该使用 Unicode 版本导出文件。否则，Unicode 字符将被保存为问号字符。

3. PRN 文件

PRN 文件非常类似于工作表的打印图像。单元格将由多个空格字符分隔。此外，一行中的字符数量被限制为 240。如果超过该限制，其余字符将出现在下一行中。PRN 文件很少使用。

22.3.2　导出到其他文件格式

Excel 也允许将工作保存为其他几种格式。

- **数据交换格式**：这些文件具有.dif 扩展名，不常使用。
- **符号链接**：这些文件具有.sylk 扩展名，不常使用。
- **便携文档格式**：这些文件具有.pdf 扩展名，是很常见的"只读"文件格式。
- **XML 纸张规范文档**：这些文件具有.xps 扩展名。Microsoft 用于替代 PDF 的文件。不常使用。
- **网页**：这些文件具有.htm 扩展名。通常，将文件保存为网页时将生成用于准确呈现页面的辅助文件的目录。
- **OpenDocument 电子表格**：这些文件具有.ods 扩展名。它们与各种开源电子表格程序兼容。

第**23**章

使用数据验证

本章要点

- Excel 数据验证功能概述
- 有关使用数据验证公式的实际示例

本章将探讨 Excel 中的一项非常有用的功能——数据验证。通过数据验证，可以向特定单元格添加可接受什么内容的规则，并能够向工作表中添加动态元素，而不必使用任何宏编程操作。

23.1 数据验证简介

Excel 的数据验证功能允许设置一些规则，规定可以在单元格中输入的内容。例如，你可能需要将在特定单元格中输入的数据限制为 1~12 的整数。如果用户输入无效的数据，则可以显示一条自定义的消息，如图 23-1 所示。

图 23-1 当用户输入无效数据时显示一条消息

在 Excel 中可很容易地指定验证条件，也可使用公式来指定更复杂的验证条件。

> **警告**
>
> Excel 的数据验证功能存在一个潜在的严重问题：如果用户复制一个不使用数据验证的单元格，并将其粘贴到一个使用数据验证的单元格，则后者所使用的数据验证规则将被删除。换言之，后者将可以接受任意类型的数据。这一直是一个问题，但是 Microsoft 在 Excel 2019 中还没有修复它。

23.2　指定验证条件

要指定在单元格或区域中允许使用的数据类型，请执行以下步骤。

(1) 选择单元格或区域。

(2) 选择"数据"|"数据工具"|"数据验证"命令，Excel 将显示"数据验证"对话框(如图 23-2 所示)。

(3) 单击"设置"选项卡。

(4) 从"允许"下拉列表中选择一个选项。"数据验证"对话框的内容将发生改变，根据你的选择显示不同控件。例如，要指定一个公式，请选择"自定义"选项。

(5) 使用所显示的控件指定条件。可用的其他控件取决于你在第(4)步中做出的选择。

(6) (可选)单击"输入信息"选项卡，然后设定在用户选择该单元格时显示的信息。可以使用这个可选步骤来告诉用户期望的数据类型，或者指出单元格的用途。如果忽略这个步骤，则当用户选择单元格时将不显示信息。

(7) (可选)单击"出错警告"选项卡，然后设定当用户输入无效数据时所显示的出错信息。所选的"样式"将决定当用户在输入无效数据时可使用的选项。要阻止输入无效的项，请选择"停止"命令。如果忽略这一步，则当用户输入无效数据时，将出现一条标准的信息。

图 23-2　"数据验证"对话框中的 3 个选项卡

(8) 单击"确定"按钮。这样，单元格或区域就将包含指定的验证条件。

> **警告**
> 即使已启用数据验证，用户也仍然可以输入无效数据。如果在"数据验证"对话框的"出错警告"选项卡中将"样式"设置为"警告"或"信息"，则用户就可以输入无效的数据。可以通过让 Excel 圈出无效输入来识别无效输入，下一节将介绍相关内容。

23.3　能够应用的验证条件类型

通过使用"数据验证"对话框中的"设置"选项卡，能够指定多种数据验证条件。下列选项可在"允许"下拉列表中找到。请注意，"设置"选项卡中的其他控件会随你在"允许"下拉框中的选择而发生变化。

- **任何值**：选择该选项可以清除任何现有的数据验证条件。但需要注意的是，如果在"输入信息"选项卡上选中输入信息复选框，则仍会显示输入信息(如果有)。

- **整数**：用户必须输入一个整数。可以通过使用"数据"下拉列表指定整数的有效范围。例如，可以指定输入项必须是大于等于 100 的整数。

- **小数**：用户必须输入一个数字。通过使用"数据"下拉列表中的选项，可以指定数字的有效范围。例如，可以指定所输入的项必须是介于 0 和 1 之间的数。

- **序列**：用户必须从你提供的输入项列表中进行选择。可在"来源"文本框中输入一个逗号分隔的值列表。该项非常有用，本章后面将详细对其进行讨论(参见 23.4 节"创建下拉列表")。

- **日期**：用户必须输入一个日期。可以通过使用"数据"下拉列表指定有效的日期范围。例如，可以指定所输入的数据必须晚于或等于 2022 年 1 月 1 日。

- **时间**：用户必须输入一个时间。可以通过使用"数据"下拉列表指定有效的时间范围。例如，可以指定所输入的数据必须晚于中午 12 时。

- **文本长度**：将限制数据的长度(字符数)。可以通过使用"数据"下拉列表和"长度"文本框指定有效的长度。例如，可以指定所输入数据的长度为 1(单个字母数字字符)。

- **自定义**：要使用该选项，必须提供一个用于确定用户输入的有效性的逻辑公式(逻辑公式返回 TRUE 或 FALSE)。可以直接在"公式"控件(在选择"自定义"选项时显示该控件)中输入公式，也可以指定一个包含公式的单元格引用。本章包含了一些有用公式的示例。

"数据验证"对话框中的"设置"选项卡还包含另外 3 个复选框。

- **忽略空值**：如果选中此复选框，则在使用"数据" | "数据工具" | "数据验证" | "圈释无效数据"命令时，不会圈出空白输入项。

- **提供下拉箭头**：如果在"允许"下拉列表中选择序列，则还可以选择在单元格中显示/隐藏下拉箭头，以帮助用户选择有效的值。

- **对有同样设置的所有其他单元格应用这些更改**：如果选中此复选框，则所做的更改将应用于包含原始数据验证条件的所有其他单元格。

提示

"数据" | "数据工具" | "数据验证"下拉列表包含一个名为"圈释无效数据"的项。当选择此项时，将在包含错误输入项的单元格周围显示一个圈。如果更正了无效的输入项，则这个圈将会消失。如果不使用"停止"出错样式，或者对已经有值的单元格应用数据验证，这个选项会很有用。要去掉此圈，请选择"数据" | "数据工具" | "数据验证" | "清除验证标识圈"命令。在图 23-3 中，有效的输入项被定义为介于 5 和 105 之间的值，不在此数值区域的值会被圈出。

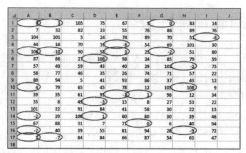

图 23-3 Excel 可将无效的输入项(在本示例中是不在 5~105 的值)圈出

23.4 创建下拉列表

数据验证最常见的一个用途是在单元格中创建下拉列表。图 23-4 显示的是一个使用 A2:A6 中的地区名称作为列表源的示例。

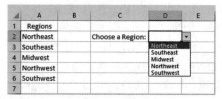

图 23-4 使用数据验证功能创建的下拉列表

请使用以下步骤在单元格中创建一个下拉列表:

(1) 在含有单一行或单一列的区域中输入列表项。这些项将显示在下拉列表中。

(2) 选择将包含下拉列表的单元格,然后选择"数据"|"数据工具"|"数据验证"命令,将显示"数据验证"对话框。

(3) 在"设置"选项卡中,选择"序列"选项(位于"允许"下拉列表中),并使用"来源"控件指定含有列表的区域。该区域可以位于不同的工作表中,但必须位于同一个工作簿中。

> **提示**
> 如果要在列表中添加新项,可将各项放到使用"插入"|"表格"|"表格"创建的单列表格中。这样一来,当在表格列中添加或删除项时,Excel 将更新选项列表。

(4) 确保选中"提供下拉箭头"复选框。

(5) 根据需要设置任何其他"数据验证"选项。

(6) 单击"确定"按钮。这样,当选中该单元格时,它将会显示输入信息(如果指定了的话)和一个下拉箭头。

(7) 单击箭头,从出现的列表中选择一项。

> **提示**
> 如果列表比较短,则可以直接将列表项输入到"数据验证"对话框的"设置"选项卡的"来源"框中(在"允许"下拉列表中选择"序列"后将显示此控件)。在输入时需要使用在

区域设置中所指定的列表分隔符来分隔每一项(如果使用的是美国区域设置,则列表分隔符为逗号)。

遗憾的是,无法在下拉列表中控制所用的字号。即使将显示下拉列表的单元格的格式设置为显示大文本,下拉列表也不会使用该格式。如果缩小工作表,可能将难以阅读列表项。

23.5　对数据验证规则使用公式

对于简单的数据验证而言,数据验证功能非常简单易用。但是,只有在使用"自定义"选项并提供一个公式时,才能真正发挥出此功能的优势。

所指定的公式必须是一个返回 TRUE 或 FALSE 值的逻辑公式。如果公式返回的值为 TRUE,则数据将被视为有效,并保存在单元格中。如果公式返回的值为 FALSE,则会出现一个信息框,其中会显示你在"数据验证"对话框的"出错警告"选项卡中所指定的信息。

在"数据验证"对话框中,通过在"设置"选项卡的"允许"下拉列表中选择"自定义"选项,可以指定一个公式。既可以直接在"公式"控件中输入公式,也可以输入一个包含公式的单元格引用。当选择"自定义"选项时,将在"数据验证"对话框的"设置"选项卡中显示"公式"控件。

本章后面的 23.7 节"数据验证公式示例"中将列举几个用于数据验证的公式示例。

23.6　了解单元格引用

如果输入到"数据验证"对话框中的公式包含单元格引用,则该引用会被视为一个基于所选区域左上角单元格的相对引用。

以下示例说明了上述概念。假定只允许在区域 B2:B10 中输入奇数。因为没有任何的 Excel 数据验证规则能限制为只输入奇数,所以需要使用公式来实现上述功能。

需要执行以下步骤:

(1) 选择区域(本例中为 B2:B10),并确保单元格 B2 是活动单元格。

(2) 选择"数据" | "数据工具" | "数据验证"命令,将显示"数据验证"对话框。

(3) 单击"设置"选项卡,并从"允许"下拉列表中选择"自定义"选项。

(4) 在"公式"框中输入如下公式,如图 23-5 所示。

图 23-5　输入数据验证公式

```
=ISODD(B2)
```

该公式使用了 ISODD 函数，当其数字参数是奇数时，该函数将返回 TRUE。请注意，该公式引用的是活动单元格 B2。

(5) 在"出错警告"选项卡中将"样式"选择为"停止"，并键入 An odd number is required here 作为错误信息。

(6) 单击"确定"按钮关闭"数据验证"对话框。

请注意，所输入的公式包含的是对选定区域左上角单元格的引用。该数据验证公式需要应用于区域中的所有单元格，所以需要使每个单元格都包含相同的数据验证公式。由于输入了一个相对单元格引用作为 ISODD 函数的参数，因此 Excel 会为 B2:B10 区域中的其他单元格调整数据验证公式。为了说明该引用是相对的，请选择单元格 B5 并检查其在"数据验证"对话框中显示的公式。你将看到该单元格的公式如下：

```
=ISODD(B5)
```

注意

另一种方法是在单元格中输入该逻辑公式，然后在"数据验证"对话框的"公式"框中输入单元格引用。在此示例中，单元格 C2 将包含=ISODD (B2)，并且该公式将沿列向下复制到单元格 C10。然后，在"数据验证"对话框的"公式"框中输入此公式：=C2。大多数情况下，在"公式"框中输入公式更容易、更高效。

一般来讲，当为区域中的单元格输入数据验证公式时，通常都会使用活动单元格引用，而活动单元格通常是所选区域的左上角单元格。一种例外情况是当需要引用特定的单元格时。例如，假定选择区域 A1:B10，并希望数据验证条件只允许输入大于单元格 C1 中值的值。在这种情况下，可以使用以下公式：

```
=A1>$C$1
```

在本例中，对单元格 C1 的引用是一个绝对引用。它不会随所选区域中的单元格而进行调整，而这正是你需要的。单元格 A2 的数据验证公式如下：

```
=A2>$C$1
```

相对单元格引用会调整，而绝对单元格引用则不会。

23.7　数据验证公式示例

以下小节包含了一些关于数据验证的示例，在这些示例中，使用的是直接输入到"数据验证"对话框中"设置"选项卡的"公式"控件中的公式。这些示例将帮助你了解如何创建自己的"数据验证"公式。

配套学习资源网站

本节中的所有示例都可以在配套学习资源网站 www.wiley.com/go/excel365bible 中找到，文件名为 data validation examples.xlsx。

23.7.1 只接受文本

Excel 有一个数据验证选项可用于限制在单元格中输入的文本的长度，但没有选项可用于强制单元格只接受文本(而非数值)。要强制单元格或区域只接受文本(而非数值)，请使用以下数据验证公式：

```
=ISTEXT(A1)
```

该公式假定所选区域中的活动单元格是单元格 A1。

23.7.2 接受比前一个单元格更大的值

下面的数据验证公式使用户只能输入比上一个单元格中的值更大的值：

```
=A2>A1
```

该公式假定 A2 是所选区域中的活动单元格。请注意，不能对第一行中的单元格中使用该公式。

23.7.3 只接受非重复的输入项

下面的数据验证公式将禁止用户在区域 A1:C20 中输入重复的项：

```
=COUNTIF($A$1:$C$20,A1)=1
```

当单元格中的值在区域 A1:C20 中只出现一次时，以上逻辑公式将返回 TRUE。否则，它将返回 FALSE，并显示"重复输入"对话框。

这个公式假定 A1 是所选区域中的活动单元格。请注意，COUNTIF 的第一个参数是绝对引用，第二个参数是相对引用，并会对验证区域内的每个单元格进行调整。图 23-6 显示了这个验证条件，其中显示了自定义的错误警告消息。在该示例中，用户尝试在单元格 B5 中输入 12。

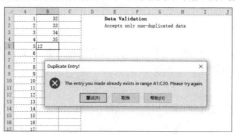

图 23-6 使用数据验证公式防止在一个区域中输入重复的项

23.7.4 接受以特定字符开头的文本

下面的数据验证公式演示了如何检查特定的字符。在本例中，以下公式可以确保用户输入的是以字母 A(不区分大小写)开头的文本字符串。

```
=LEFT(A1)="a"
```

当单元格中的第一个字母是 A 时，以上逻辑公式将返回 TRUE。否则，它将返回 FALSE。该公式假定所选区域中的活动单元格是单元格 Al。

下面的公式是以上验证公式的一种变形。它在 COUNTIF 函数的第二个参数中使用了通配符。本例中，此公式可以确保输入项以字母 A 开头并且刚好包含 5 个字符：

```
=COUNTIF(A1,"A????")=1
```

23.7.5 只接受一周中的特定日期

下面的数据验证公式假定在单元格中输入的项是一个日期,并且确保该日期是"星期一":

```
=WEEKDAY(A1)=2
```

该公式假定所选区域中的活动单元格是单元格 A1。它使用了 WEEKDAY 函数,此函数对"星期日"返回 1,对"星期一"返回 2,以此类推。注意,WEEKDAY 函数接受任何非负值作为参数(而不只是日期)。

23.7.6 只接受总和不超过特定值的数值

图 23-7 显示了一个简单的预算工作表,其中的区域 B1:B6 中输入的是各预算项目的金额,计划预算位于单元格 E5 中,用户尝试在单元格 B4 中输入一个值,该值会导致总和(单元格 E6)超过预算。以下数据验证公式可以确保各预算项的总和不超过预算:

```
=SUM($B$1:$B$6)<=$E$5
```

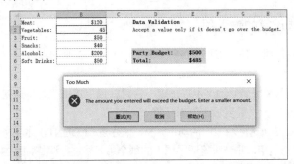

图 23-7   使用数据验证公式确保一个区域内各项的总和不超过特定值

23.7.7 创建从属列表

如前面所述,可以使用数据验证功能在单元格中创建下拉列表。本节将说明如何使用一个下拉列表来控制另一个下拉列表中所显示的内容。换句话说,第二个下拉列表将取决于在第一个下拉列表中选择的值。

图 23-8 展示的是一个通过使用数据验证功能创建的一个简单从属列表的示例。单元格 E2 包含数据验证公式,用于显示区域 A1:C1 中包含 3 项的列表(Vegetables、Fruits 和 Meats)。当用户从列表中选择一项时,第二个列表(位于单元格 F2 中)将显示相应的项。

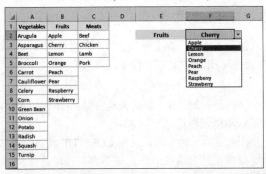

图 23-8   在单元格 F2 中显示的列表项取决于在单元格 E2 中选择的列表项

此工作表使用了 3 个命名区域。

- Vegetables：A2:A15
- Fruits：B2:B9
- Meats：C2:C5

单元格 F2 含有的数据验证使用了以下公式：

```
=INDIRECT($E$2)
```

因此，在单元格 F2 中显示的下拉列表将取决于单元格 E2 中显示的值。

23.8　使用数据验证但不限制输入

数据验证最常见的用法是阻止用户输入无效数据。但是，也可以把数据验证用作电子表格用户界面的一个组件，而不实际阻止用户的输入。下面将展示的两个例子分别是显示输入信息和提供建议。如果使用 VBA，则需要大量编程才能实现这两种功能，但是使用数据验证则很简单。

23.8.1　显示输入信息

使用数据验证，能够在用户选择一个单元格的时候显示一条信息。通常，这条信息会告诉用户哪些数据对该单元格来说是无效数据，以避免他们输入无效数据并收到错误信息。但也可以把该信息用于其他目的。

图 23-9 显示的输入信息提醒用户完成上一个步骤。将"允许"下拉列表设为"任何值"，所以不阻止用户在该单元格中输入任何内容。这只是对用户在完成该工作簿的过程中早早使用的一个单元格设置了一条提醒信息。

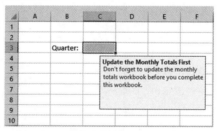

图 23-9　可以使用数据验证向用户显示信息

23.8.2　提供建议项

"数据验证"对话框的"出错警告"选项卡中的默认"样式"值为"停止"。这不只显示一条信息，还会阻止用户输入无效数据。除了"停止"之外，还有另外两个选项，分别是"警告"和"信息"，它们允许用户输入任何数据。也可以取消选中此选项卡中的复选框，此时 Excel 将不显示任何信息。

假设有一个字段，供用户输入一种水果的名称。为了帮助用户，你提供了常见水果的一个列表，但也想让用户能够输入不在该列表中的水果。提供该列表，只是为了让用户在需要输入一种常见水果的时候减少键入量。

为了建立这种场景，选择"序列"，并指向水果列表，如图 23-10 所示。然后，在"出错警告"选项卡中取消选中"输入无效数据时显示出错警告"复选框。现在，用户既可以从列表中做出选择，也可以键入不在该列表中的一种水果。当然，你无法阻止用户输入莫名其妙的东西。

图 23-10　"数据验证"对话框

第 **24** 章

创建和使用工作表分级显示

本章要点

- 工作表分级显示简介
- 创建分级显示
- 使用分级显示

如果你使用过文字处理程序，则可能已经熟悉分级显示这个概念。大多数文字处理程序(包括 Microsoft Word)都具有分级显示模式，允许只查看文档中的标题和子标题。你可以很容易地展开一个标题，以显示其下面的文本。通过使用分级显示功能，还可以轻松地查看文档的结构。

Excel 也提供分级显示功能，了解该功能可以使你更容易地处理某些特定类型的工作表。

24.1 工作表分级显示简介

你会发现有些工作表比其他工作表更适于使用分级显示。可以使用分级显示来创建汇总报告，而不显示所有细节。如果工作表中使用了带有分类汇总的分层数据，那么它可能就很适于使用分级显示功能。

了解工作表中分级显示功能的工作方式的最好方法是观察一个示例。图 24-1 显示的是一个没有使用分级显示的简单的销售汇总工作表，其中使用公式按地区和季度计算分类汇总信息。

图 24-2 显示的是创建分级显示后的同一个工作表，具体方法是，首先选中各行，然后使用"数据"|"分级显示"|"组合"|"自动建立分级显示"命令。请注意，Excel 在屏幕左侧添加了一个新的部分，该部分包含分级显示符号，可用于确定要查看哪一个级别的内容。这个特定的分级显示具有 3 个级别："州"(State)、"地区"(Region，每个地区包含若干个州，这些州被分为西部、东部及中部地区)以及"总数"(Grand Total，各地区的分类汇总的总和)。

State	Jan	Feb	Mar	Qtr-1	Apr	May	Jun	Qtr-2	Total
California	1,118	1,960	1,252	4,330	1,271	1,557	1,679	4,507	8,837
Washington	1,247	1,238	1,028	3,513	1,345	1,784	1,574	4,703	8,216
Oregon	1,460	1,954	1,726	5,140	1,461	1,764	1,144	4,369	9,509
Arizona	1,345	1,375	1,075	3,795	1,736	1,555	1,372	4,663	8,458
West Total	5,170	6,527	5,081	16,778	5,813	6,660	5,769	18,242	35,020
New York	1,429	1,316	1,993	4,738	1,832	1,740	1,191	4,763	9,501
New Jersey	1,735	1,406	1,224	4,365	1,706	1,320	1,290	4,316	8,681
Massachusetts	1,099	1,233	1,110	3,442	1,637	1,512	1,006	4,155	7,597
Florida	1,705	1,792	1,225	4,722	1,946	1,327	1,357	4,630	9,352
East Total	5,968	5,747	5,552	17,267	7,121	5,899	4,844	17,864	35,131
Kentucky	1,109	1,078	1,155	3,342	1,993	1,082	1,551	4,626	7,968
Oklahoma	1,309	1,045	1,641	3,995	1,924	1,499	1,941	5,364	9,359
Missouri	1,511	1,744	1,414	4,669	1,243	1,493	1,820	4,556	9,225
Illinois	1,539	1,493	1,211	4,243	1,165	1,013	1,445	3,623	7,866
Kansas	1,973	1,560	1,243	4,776	1,495	1,125	1,387	4,007	8,783
Central Total	7,441	6,920	6,664	21,025	7,820	6,212	8,144	22,176	43,201
Grand Total	18,579	19,194	17,297	55,070	20,754	18,771	18,757	58,282	113,352

图 24-1　一个具有分类汇总的简单销售汇总工作表

State	Jan	Feb	Mar	Qtr-1	Apr	May	Jun	Qtr-2	Total
California	1,118	1,960	1,252	4,330	1,271	1,557	1,679	4,507	8,837
Washington	1,247	1,238	1,028	3,513	1,345	1,784	1,574	4,703	8,216
Oregon	1,460	1,954	1,726	5,140	1,461	1,764	1,144	4,369	9,509
Arizona	1,345	1,375	1,075	3,795	1,736	1,555	1,372	4,663	8,458
West Total	5,170	6,527	5,081	16,778	5,813	6,660	5,769	18,242	35,020
New York	1,429	1,316	1,993	4,738	1,832	1,740	1,191	4,763	9,501
New Jersey	1,735	1,406	1,224	4,365	1,706	1,320	1,290	4,316	8,681
Massachusetts	1,099	1,233	1,110	3,442	1,637	1,512	1,006	4,155	7,597
Florida	1,705	1,792	1,225	4,722	1,946	1,327	1,357	4,630	9,352
East Total	5,968	5,747	5,552	17,267	7,121	5,899	4,844	17,864	35,131
Kentucky	1,109	1,078	1,155	3,342	1,993	1,082	1,551	4,626	7,968
Oklahoma	1,309	1,045	1,641	3,995	1,924	1,499	1,941	5,364	9,359
Missouri	1,511	1,744	1,414	4,669	1,243	1,493	1,820	4,556	9,225
Illinois	1,539	1,493	1,211	4,243	1,165	1,013	1,445	3,623	7,866
Kansas	1,973	1,560	1,243	4,776	1,495	1,125	1,387	4,007	8,783
Central Total	7,441	6,920	6,664	21,025	7,820	6,212	8,144	22,176	43,201
Grand Total	18,579	19,194	17,297	55,070	20,754	18,771	18,757	58,282	113,352

图 24-2　创建分级显示后的同一个工作表

图 24-3 显示了单击 "2" 符号后的分级显示内容，这会折叠第二级信息下方的所有内容。现在，分级显示中将仅显示各地区的分类汇总信息。单击其中一个 "+" 按钮，可以部分展开分级显示来显示特定地区的详细信息。将分级显示折叠到第一级时将只显示标题行和 "总数(Grand Total)" 行。要在折叠后显示所有行，可以单击最大的数字符号，在本例中为第三级。

State	Jan	Feb	Mar	Qtr-1	Apr	May	Jun	Qtr-2	Total
West Total	5,170	6,527	5,081	16,778	5,813	6,660	5,769	18,242	35,020
East Total	5,968	5,747	5,552	17,267	7,121	5,899	4,844	17,864	35,131
Central Total	7,441	6,920	6,664	21,025	7,820	6,212	8,144	22,176	43,201
Grand Total	18,579	19,194	17,297	55,070	20,754	18,771	18,757	58,282	113,352

图 24-3　将分级显示折叠到第二级时的工作表

Excel 可以在两个方向创建分级显示。在前面的示例中，是以行(垂直)创建的分级显示。图 24-4 显示了在添加列(水平)分级显示后的同一个模型，具体方法是，首先选中各列，然后执行 "数据" | "分级显示" | "组合" | "自动建立分级显示" 命令。当两个分级显示都有效时，Excel 将在顶部显示分级显示符号。

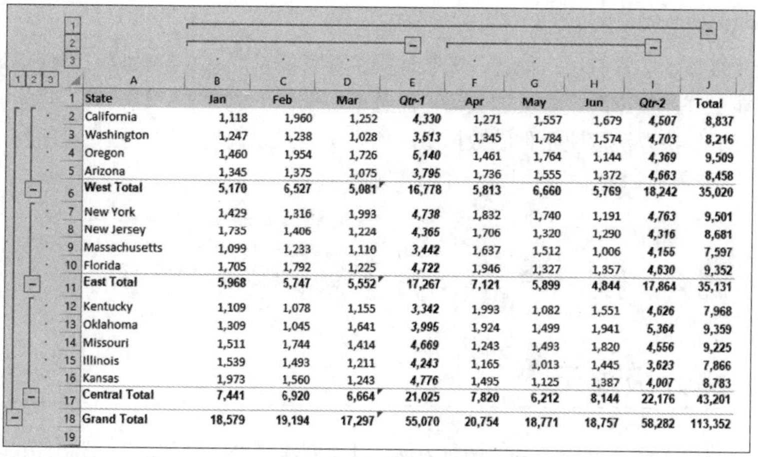

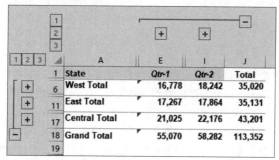

图 24-4　添加列分级显示后的工作表

　　如果在同一张工作表中同时创建了行分级显示和列分级显示，那么仍然可以单独使用每个分级显示。例如，可以在行分级显示为第二级、列分级显示为第一级的情况下显示工作表。图 24-5 显示了将行分级显示和列分级显示折叠到第二级时的模型。得到的结果是一张很好的汇总表，可以给出各地区的季度总和。

图 24-5　将两个分级显示折叠到第二级时的工作表

配套学习资源网站

　　上面各示例中所用的工作表可以在配套学习资源网站 www.wiley.com/go/excel365bible 中找到，文件名为 outline example.xlsx。

请注意以下关于工作表分级显示的事项。

- 一个工作表只能有一个分级显示。若需要创建多个分级显示，则需要使用另一个工作表。
- 既可以手工创建分级显示，也可以通过 Excel 自动创建分级显示。如果选择后者，则需要做一些准备工作，使工作表的格式正确。下一节将介绍如何使用这两种方法。
- 既可为工作表中的所有数据创建分级显示，也可只为选定的数据区域创建分级显示。
- 只需要一个命令就可以清除分级显示："数据" | "分级显示" | "取消组合" | "清除分级显示"命令。请阅读 24.3.3 节"删除分级显示"。
- 可以隐藏分级显示符号(以释放屏幕空间)，但保留分级显示。本章后面的 24.3.5 节"隐藏分级显示符号"将会说明该功能。

● 一个分级显示最多可包含 8 个嵌套的级别。

工作表分级显示非常有用。但是，如果你的主要目的是汇总大量数据，则使用数据透视表的效果可能更好。数据透视表更加灵活，而且不要求你创建分类汇总公式；它能够自动汇总数据。最终的解决办法取决于你的数据源。如果从头开始输入数据，则最灵活的方法是以规范化的表格格式输入数据，并创建一个数据透视表。

交叉引用

第 26 章和第 27 章将讨论有关数据透视表(和规范化数据)的信息。

24.2　创建分级显示

本节将介绍用于创建分级显示的两种方法：自动创建和手工创建。在创建分级显示之前，需要确保数据适合于创建分级显示，并正确地设置好公式。

24.2.1　准备数据

哪种类型的数据适用于分级显示？一般地，数据应按层次进行排列，如具有以下排列方式的预算数据：

```
公司
    分公司
        部门
            预算分类
            预算项目
```

在这个示例中，每个预算项目(如机票和旅馆费)都属于一个预算分类(如差旅费用)。每个部门都有自己的预算，各部门预算需要汇总到各分公司。各分公司预算需要汇总到公司预算。这种排列类型非常适于行分级显示。

适用于分级显示的数据排列实际上是数据汇总表。在某些情况下，你的数据将是"规范化"的数据——每行一个数据点。你可以轻松地创建数据透视表来汇总这类数据，相对于分级显示，数据透视表灵活得多。

创建这样一个分级显示以后，即可通过单击分级显示符号来查看想要的任意级别的细节信息。当需要为不同级别的管理层创建报表时，即可考虑使用分级显示功能。例如，高层管理者可能只需要查看各分公司的汇总信息，分公司管理者可能需要各部门的汇总信息，而每个部门的管理者则需要查看他所在部门的明细数据。

请注意，分级显示并不是一个安全功能。在折叠分级时隐藏的数据很容易在展开分级时被发现。

可以在列分级显示中包含基于时间的信息，这些时间信息可以汇总为更大的单位(例如，月和季度)。但是，列分级显示与行分级显示的工作方式相同，其级别不必以时间为基础。

在创建分级显示前，需要确保输入的所有汇总公式正确且一致。在这里，"一致"表示公式处于相同的相对位置。通常，用于计算汇总公式(如分类汇总)的公式应输入到它引用的数据的下面。然而，在某些情况下，汇总公式也可以输入到它引用的单元格的上方。Excel 能处理这两种方式，但必须保证在分级显示的整个区域内保持一致。如果汇总公式不一致，则自动分级显示功能将无法生成需要的结果。

注意

如果汇总公式不一致(有的在数据上方，有的在数据下方)，也仍然可以创建分级显示，但是必须手动创建。

24.2.2　自动创建分级显示

Excel 可以在几秒钟内自动创建分级显示，而如果要手动完成同样的工作，则可能需要l0 分钟甚至更长的时间。

注意

如果已为数据创建了一张表格(通过选择"插入"|"表格"|"表格"命令)，则 Excel 将不能自动创建分级显示。可以从一个表格创建分级显示，但必须手动创建。

要使 Excel 创建分级显示，首先需要在要使用分级显示的数据区域内选择任意单元格。然后，选择"数据"|"分级显示"|"组合"|"自动建立分级显示"命令。Excel 将分析区域中的公式并创建分级显示。根据公式，Excel 将创建行分级显示、列分级显示或同时创建这两个。

如果工作表已有一个分级显示，则 Excel 会询问是否要修改现有的分级显示。单击"是"按钮，Excel 就会删除原有的分级显示并创建一个新分级显示。

注意

当选择"数据"|"分级显示"|"分类汇总"命令时，Excel 将自动创建分级显示，此过程会自动插入分类汇总公式。

24.2.3　手工创建分级显示

通常情况下，最好是让 Excel 自动创建分级显示。这样，操作速度更快，并且不容易出错。然而，如果 Excel 所创建的分级显示不能满足你的要求，那么就需要手动创建。

当 Excel 创建一个行分级显示时，所有汇总行必须位于数据之下或之上(不能混合使用这两种方式)。类似地，对于一个列分级显示，汇总列则必须位于数据的右侧或左侧。如果工作表不符合这些要求，则有以下两种选择：

- 重排工作表使其符合要求。
- 手动创建分级显示。

如果区域不包含任何公式，则也需要手动创建分级显示。你可能已导入一个文件，并希望使用分级显示功能更好地显示该文件。由于 Excel 会依据公式的分布来决定如何创建分级显示，因此，如果没有公式，则 Excel 将不能创建分级显示。

手动创建分级显示时需要创建行组(用于行分级显示)或列组(用于列分级显示)。要创建一个行组，请执行以下操作。

(1) **选择要包含在组中的所有行。**一种方法是单击行号，然后拖动以选择其他相邻的行。

警告

不要选择汇总公式(如分类汇总或总数)所在的行，因为你不会希望将这些行包含在组内。

(2) 选择"数据"|"分级显示"|"组合"|"组合"命令。Excel 会为组显示分级显示符号。

(3) 为要创建的每个组重复该过程。当折叠分级显示时，Excel 将隐藏组中的行，而由于汇总行不在组中，因此仍将显示。

> **注意**
>
> 在创建组之前，如果选择的是一个单元格区域(而不是整行或整列)，则 Excel 将显示一个对话框，询问你要组合什么。然后它将会基于你的选择组合整行或整列。

也可以选择多个组的组以创建多级的分级显示。当创建多级分级显示时，应该总是从最里层的组合开始，然后向外组合。如果发现组合了错误的行，可以通过选择这些行，然后选择"数据"|"分级显示"|"取消组合"|"取消组合"命令来取消组合。

可以使用一些快捷键来加快组合和取消组合的过程。

- Alt+Shift+右方向键：组合选择的行或列。
- Alt+Shift+左方向键：取消组合选择的行或列。

手动创建分级显示的工作刚开始时似乎比较困难，但如果你坚持下来，很快你就能成为行家里手。

图 24-6 显示了一张本书的三级显示工作表。该表必须手动创建，因为它没有公式，只有文本。

> **配套学习资源网站**
>
> 该工作表可以在配套学习资源网站 www.wiley.com/go/excel365bible 中找到，文件名为 book outline.xlsx。

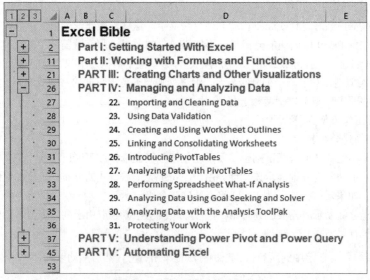

图 24-6　手动创建的本书分级显示

24.3　使用分级显示

本节将讨论可以对分级显示功能执行的基本操作。

24.3.1　显示级别

要显示分级显示中的各个级别，只需要单击相应的分级显示符号即可。这些符号由一些标有数字(1、2 等)、加号(+)或减号(-)的标题组成。图 24-5 中显示了用于行和列分级显示的符号。

单击标题"1"，将把分级显示内容完全折叠，不显示任何明细数据(只显示最高一级的汇总信息)。单击标题"2"，将展开分级显示内容以显示第一级中的内容，以此类推。标题上的编号取决于分级显示的级数。选择某一个级别编号即可显示该级别的细节信息，以及更低级别的数字。要显示所有级别(最详细的信息)，请单击最高级别的编号。

可以单击"+"按钮展开特定的部分，或单击"-"按钮折叠特定的部分。简言之，可以完全控制 Excel 在分级显示内容中所显示或隐藏的明细数据。

如果愿意，可以分别使用"数据"|"分级显示"分组上的"隐藏明细数据"和"显示明细数据"命令来隐藏和显示明细数据。

> **提示**
>
> 如果需要经常调整分级显示内容以显示不同的报告，那么请考虑使用"自定义视图"功能来保存特定的视图并为其命名。然后，就可以在命名的视图之间快速进行切换。要使用上述功能，请选择"视图"|"工作簿视图"|"自定义视图"命令。

24.3.2　向分级显示中添加数据

有时，需要向分级显示中添加额外的行或列。在某些情况下，可以在不影响分级显示的情况下插入新行或新列，新插入的行或列将成为分级显示的一部分。在其他情况下，新插入的行或列并不能成为分级显示的一部分。如果是自动创建的分级显示，那么请选择"数据"|"分级显示"|"组合"|"自动建立分级显示"命令。Excel 会要求你确认对现有分级显示内容的修改。如果是手动创建的分级显示，则需要手动执行调整。

24.3.3　删除分级显示

如果不再需要分级显示，则可以通过选择"数据"|"分级显示"|"取消组合"|"清除分级显示"命令来删除分级显示。在显示所有隐藏的行和列之后，Excel 会完全展开分级显示部分，同时分级显示符号将消失。但是，在删除分级显示时必须特别谨慎，因为使用"撤消"按钮并不能恢复所删除的分级显示。你将必须从头开始重新创建分级显示。

24.3.4　调整分级显示符号

当手动创建分级显示时，Excel 会将分级显示符号置于汇总行下。这可能非常不直观，因为需要单击位于要展开的区域下方行中的符号。

如果要将该分级显示符号与汇总行置于同一行，单击"数据"|"分级显示"组右下角的对话框启动器。Excel 将显示如图 24-7 所示的对话框。从"明细数据的下方"选项删除复选

标记，然后单击"确定"按钮。分级显示将在更合理的位置显示分级显示符号。

图 24-7　使用"设置"对话框调整分级显示符号的位置

24.3.5　隐藏分级显示符号

在使用分级显示时，Excel 中的分级显示符号会占据相当多的空间(具体占据的空间取决于级别数)。如果要在屏幕上看到尽可能多的数据，则可以在不删除分级显示的情况下暂时将这些符号隐藏起来。可以使用 Ctrl+8 组合键开启和关闭分级显示符号。当隐藏分级显示符号时，将不能展开或折叠分级显示。

> **注意**
>
> 当隐藏分级显示符号时，分级显示仍然有效，工作表将显示当前分级显示级别上的数据(也就是说，某些行或列可能被隐藏起来)。

"自定义视图"功能允许保存分级显示的命名视图，并将分级显示符号的状态作为视图的一部分保存起来。这就使你既能够命名一些带有分级显示符号的视图，也能够命名一些不带有分级显示符号的视图。

第 **25** 章

链接和合并计算工作表

本章要点

- 使用各种方法链接工作簿
- 合并计算多个工作表

本章将讨论两个可使用其他工作簿或工作表的数据的过程：链接和合并计算。链接是使用对外部工作簿中单元格的引用来为自己的工作表获得数据的过程，合并计算是从两个或更多工作表(可以位于多个工作簿中)中组合或汇总信息的过程。

25.1　链接工作簿

Excel 允许创建含有对其他工作簿文件的引用的公式。包含外部引用公式的工作簿是从属工作簿(因为它包含依赖于其他工作簿的公式)，包含外部引用公式所使用的信息的工作簿是源工作簿(因为它是信息来源)。

当考虑链接工作簿时，需要首先考虑下列问题：如果一个工作簿需要访问另一个工作簿中的数据，为何不一开始就将数据输入需要这些数据的工作簿中呢？在某些情况下，可以这么做。不过，当有人不断地更新源工作簿时，链接操作的真正价值才变得明显。在从属工作簿中创建一个链接，意味着总是能够访问源工作簿中的最新信息。每当源工作簿改变时，从属工作簿就会被更新。

如果需要合并计算不同的文件，则链接工作簿也很有帮助。例如，每个地区销售经理可能会各自在单独的工作簿中存储数据。在这种情况下就可以创建一个汇总工作簿，首先使用链接公式从每个经理的工作簿中获取特定数据，然后计算所有地区的总和。

链接也可用于将较大的工作簿分为一些小文件。可以创建一些较小的工作簿，并使用一些关键的外部引用将这些工作簿链接在一起。

但是，链接操作也有缺陷。外部引用公式有些脆弱，容易不小心切断创建的链接。如果了解链接的工作原理，就能阻止发生该错误。在本章后面将讨论一些可能发生的问题，以及如何避免它们发生(参见 25.4 节"避免外部引用公式中的潜在问题")。

> **配套学习资源网站**
>
> 配套学习资源网站 www.wiley.com/go/excel365bible 中包含两个链接的文件，可用于了解"链接功能"的工作方式，文件名为 source.xlsx 和 dependent.xlsx。只要这些文件位于同一个文件夹中，就会保留链接。

25.2 创建外部引用公式

可以使用几种不同的方法来创建外部引用公式。

- **手动输入单元格引用。** 由于引用中包括工作簿和工作表的名称(甚至可能包括驱动器和路径信息)，因此这些引用可能很长。这些引用也可以指向存储在 Internet 上的工作簿。手动输入单元格引用的优点在于不必打开源工作簿，缺点则是非常容易出现错误。输入一个错误字符就会使公式返回错误的值(或可能从工作簿返回错误的值)。
- **指向单元格引用。** 如果源工作簿已打开，则可以使用标准的指向方法来创建使用外部引用的公式。
- **粘贴链接。** 将数据复制到剪贴板上，然后在打开源工作簿的情况下，选择"开始"|"剪贴板"|"粘贴"|"粘贴链接"命令。Excel 会将所复制的数据作为外部引用公式进行粘贴。
- 选择"数据"|"数据工具"|"合并计算"命令。有关该方法的更多信息，请参见本章后面的 25.5.3 节。

25.2.1 了解链接公式的语法

理想情况下，并不需要手动输入很多外部链接。但是，知道链接的结构，在排除问题时会有帮助。外部引用公式的一般语法如下：

```
=[WorkbookName]SheetName!CellAddress
```

在单元格地址之前首先是工作簿名称(用中括号括起来)，之后是工作表名称和一个惊叹号，最后是单元格地址。下面是一个公式的示例，其中使用了名为 Budget.xlsx 的工作簿的 Sheet1 工作表中的 A1 单元格：

```
=[Budget.xlsx]Sheet1!A1
```

如果引用中的工作簿名称或工作表名称中包含一个或多个空格，则必须用单引号将上述文本括起来。例如，下面的这个公式引用了名为 Annual Budget.xlsx 的工作簿的 Sheet1 工作表中的 A1 单元格：

```
='[Annual Budget.xlsx]Sheet1'!A1
```

当公式链接到其他工作簿时，并不需要打开那个工作簿。如果此工作簿已关闭，且不在当前文件夹下，则必须在引用中添加完整的路径，例如：

```
='C:\Data\Excel\Budget\[Annual Budget.xlsx]Sheet1'!A1
```

如果工作簿存储在 Internet 上，该公式还包含 URL。例如：

```
='https://live.net/Docs/[Annual Budget.xlsx]Sheet1'!A1
```

> **注意**
> 当链接包含路径或 URL(即使路径或 URL 不包含空格)时，应始终使用单引号。

25.2.2　通过指向创建链接公式

由于容易导致错误，因此手动输入外部引用公式通常并不是最好的方法。一个较好的替代办法是让 Excel 自动创建公式，如下所示：

(1) 打开源工作簿。

(2) 在要包含公式的从属工作簿中选择单元格。

(3) 键入等号(=)。

(4) 激活源工作簿，选择源工作表，然后选择相应的单元格或区域，并按 Enter 键。这将重新激活从属工作簿。

当指向单元格或区域时，Excel 将自动进行处理，创建一个语法上正确的外部引用。在使用该方法时，单元格引用总是绝对引用(如$A$1)。如果要复制该公式以创建其他链接公式，则可以删除单元格地址中的美元符号，从而将绝对引用改为相对引用。

只要源工作簿仍然保持为打开状态，外部引用就不会包括该工作簿的路径(或 URL)。然而，如果关闭源工作簿，则外部引用公式将改为包括完整路径(或 URL)。

外部链接单元格也可以作为函数的参数，如 SUM 或 VLOOKUP 函数。正如可在包含函数的工作簿中指向一个单元格，也可以指向另一个工作簿中的单元格。下面是一个使用外部链接的 SUM 函数的例子：

```
=SUM([source.xlsx]Sheet1!$B$3:$B$5)
```

25.2.3　粘贴链接

粘贴链接功能提供了另一种用于创建外部引用公式的方法。当要创建的公式只是简单地引用其他单元格，而不是将链接作为更大公式的一部分时，即可使用该方法。请执行下列步骤：

(1) 打开源工作簿。

(2) 选择要链接的单元格或区域，并将其复制到"剪贴板"。最快捷的方法是按 Ctrl+C 键。

(3) 激活从属工作簿并选择要使用链接公式的单元格。如果要粘贴所复制的区域，则只需要选择左上角单元格即可。

(4) 选择"开始"|"剪贴板"|"粘贴"|"粘贴链接"命令。

25.3　使用外部引用公式

本节将讨论有关使用链接功能的一些知识要点。了解这些细节有助于预防一些常见的错误。

25.3.1　创建指向未保存的工作簿的链接

Excel 允许创建指向未保存的工作簿(甚至是不存在的工作簿)的链接公式。假定已打开两个工作簿(Book1 和 Book2)，并且没有对其中任何一个进行保存。如果在 Book2 中创建了一个指向 Book1 的链接，并保存 Book2，则 Excel 将关闭"自动保存"功能，并在功能区下方显示如图 25-1 所示的警告。

图 25-1 此消息表明要保存的工作簿中含有指向未保存的工作簿的引用

即使原本已经关闭了"自动保存"功能，也会显示这个警告。通常情况下，可能并不希望保存含有指向未保存文档的链接的工作簿。要避免出现此提示，只需要首先保存源工作簿即可。

也可以创建指向不存在的文档的链接。如果要将一个同事的工作簿用作源工作簿，但是该文件尚未就绪，这时可能就需要执行此操作。当输入一个指向不存在的工作簿的外部引用公式时，Excel 会显示"更新值"对话框，该对话框类似于"打开"对话框。如果单击"取消"按钮，则公式将保留所输入的工作簿名称，但是将返回一个#REF!错误。

当源工作簿变得可用时，可以选择"数据"|"查询和连接"|"编辑链接"命令来更新链接(请参见本章后面的"更新链接"小节)。执行该操作后，将不再提示出错，并且公式将显示正确的值。

25.3.2 打开一个包含外部引用公式的工作簿

当打开一个包含链接的工作簿时，Excel 将在功能区下方显示一条消息(如图 25-2 所示)，指出已禁用链接的自动更新。可以单击"启用内容"按钮来更新链接，或者可以检查公式，确保它们没有链接到恶意内容。

图 25-2 当打开含有指向其他文件的链接的工作簿时，Excel 会显示此消息

提示:
要阻止 Excel 显示图 25-2 中的消息，可打开"Excel 选项"对话框，选择"高级"选项卡，然后在"常规"部分中，取消选中"请求自动更新链接"复选框。这将为所有工作簿禁用此消息。

如果选择更新链接，但源工作簿不再可用，这时会出现什么情况？如果 Excel 找不到在链接公式中引用的源工作簿，就会显示两个对话框，告知你这一点。你可以编辑每个公式，使其指向正确的工作簿，也可以同时更新所有公式。要同时更新所有公式，可以选择"数据"|"查询和连接"|"编辑链接"命令，打开"编辑链接"对话框，如图 25-3 所示(参见本章后面的"更改链接源"小节)。"编辑链接"对话框中列出了所有源工作簿，以及指向其他文件

的其他类型的链接。

图 25-3　"编辑链接"对话框

25.3.3　更改启动提示

当打开含有一个或多个外部引用公式的工作簿时，Excel 在默认情况下将禁用链接的自动更新，并显示如图 25-2 所示的消息。可以通过更改"启动提示"对话框(见图 25-4)中的一个设置来避免显示此消息。

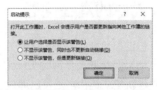

图 25-4　使用"启动提示"对话框指定在打开工作簿时 Excel 对链接的处理方式

要显示"启动提示"对话框，请选择"数据"|"查询和连接"|"编辑链接"命令，这样将显示"编辑链接"对话框(见图 25-3)。在"编辑链接"对话框中，单击"启动提示"按钮，然后即可选择符合自己需要的处理链接的选项。

25.3.4　更新链接

如果要确保链接公式中始终具有源工作簿中的最新值，那么可以强制执行更新。例如，假设发现有人对源工作簿进行了修改，并在网络服务器上保存了源工作簿的最新版本。这种情况下，就可能需要对链接进行更新来显示当前数据。

要使用当前值更新链接公式，请打开"编辑链接"对话框(选择"数据"|"查询和连接"|"编辑链接"命令)，在列表中选择相应的源工作簿，然后单击"更新值"按钮(参见图 25-3)。这样，Excel 将使用最新版本的源工作簿更新链接公式。

> **注意**
> Excel 总是在"编辑链接"对话框中将工作表链接设置为"自动更新"选项，而且不能将其更改为手动，这就意味着只有当你打开工作簿时，Excel 才会更新链接。Excel 不会在源工作簿发生更改时自动更新链接(除非源工作簿已打开)。

25.3.5　更改链接源

在某些情况下，可能需要更改外部引用中的源工作簿。例如，假设一个工作表含有指向名为 Preliminary Budget 的文件的链接，但之后又收到一个名为 Final Budget 的最终版本。

可以使用"编辑链接"对话框(选择"数据"|"查询和连接"|"编辑链接"命令)更改链接源。方法是选择要更改的源工作簿，然后单击"更改源"按钮(参见图 25-3)。Excel 将显示"更改源"对话框，可以从中选择一个新的源文件。选择文件之后，所有引用旧文件的外部引用公式将会被更新。

25.3.6 断开链接

如果工作簿中含有一些外部引用，但之后决定不再需要这些链接，这种情况下，可以将外部引用公式转换为值，从而断开链接。为此，请访问"编辑链接"对话框(选择"数据"|"查询和连接"|"编辑链接"命令)，在列表中选择链接的文件，然后单击"断开链接"(参见图 25-3)。

> **警告**
> Excel 会提示你确认上述操作，因为此操作不能撤消。

25.4 避免外部引用公式中的潜在问题

使用外部引用公式非常有用，但链接可能会意外地断开。只要源文件没有被删除，就几乎总是可以重新建立断开的链接。如果在打开工作簿时 Excel 无法找到文件，则你将会看到一个对话框，要求指定工作簿，并重新建立链接。还可以通过"编辑链接"对话框(选择"数据"|"查询和连接"|"编辑链接"命令)中的"更改源"按钮来更改源文件。以下各节将讨论一些在使用外部引用公式时必须注意的事项。

25.4.1 重命名或移动源工作簿

如果对源文档进行重命名或将其移动到其他文件夹，则 Excel 将无法更新链接。需要使用"编辑链接"对话框，并指定新的源文档(参见本章前面的"更新链接源"小节)。

> **注意**
> 如果源文件和从属文件位于同一个文件夹中，则可以将这两个文件同时移动到另一个文件夹中。在这种情况下，链接将保持不变。

25.4.2 使用"另存为"命令

如果源工作簿和从属工作簿都已打开，则 Excel 将不在外部引用公式中显示完整的源文件路径。如果使用"文件"|"另存为"命令为源工作簿分配一个新名称，则 Excel 将修改外部引用，以使用新工作簿名称。在某些情况下，此更改可能是你想要的。但在其他一些情况下，你可能并不希望这样做。

下面是一个有关使用"文件"|"另存为"命令可能导致问题的示例：首先在源工作簿中完成工作，并保存该文件。然后，为了确保安全，使用"文件"|"另存为"命令在其他驱动器上生成一个备份副本。现在，从属工作簿中的公式将引用备份副本，而不是原来的源文件。这并不是你想要的。

底线是什么？在对作为其他已打开工作簿的链接源文件的工作簿使用"文件"|"另存为"

命令时一定要谨慎。

25.4.3　修改源工作簿

如果要打开作为链接源工作簿的工作簿，则当包含链接的工作簿未打开时，必须非常小心。例如，如果在源工作簿中添加一个新行，则所有单元格将会向下移动一行。而当你打开从属工作簿时，它仍然会使用旧的单元格引用——这可能并不是你想要的。

> **注意**
> 可以很容易地确定特定从属工作簿的源工作簿：只需要观察一下"编辑链接"对话框(选择"数据" | "查询和连接" | "编辑链接"命令)中列出的文件即可。然而，无法确定特定工作簿是不是另一个工作簿的源工作簿。

可以通过以下方法避免这个问题。

- **在修改源工作簿时始终打开从属工作簿。** 如果这样做，则在更改源工作簿时，Excel 将调整从属工作簿中的外部引用。
- **在链接公式中使用单元格的名称而不是单元格引用。** 这种方法是最安全的。
- **使用公式引用单元格**：你的源工作簿的结构可能不允许使用这种方法。

下面的链接公式引用了 budget.xlsx 工作簿的 Sheet1 工作表中的单元格 C21：

`=[budget.xlsx]Sheet1!$C$21`

如果单元格 C21 被命名为 Total，则可以使用该名称来编写公式：

`=budget.xlsx!Total`

通过使用名称，可以确保链接能够获取正确的值，即使在源工作簿中添加或删除行或列时也是如此。

请注意，文件名不用中括号括起来。这是因为假定 Total 是工作簿级别的名称，并且不需要用工作表名称进行限定。如果 Total 是工作表级别的名称(在 Sheet1 上定义)，该公式将为：

`=[budget.xlsx]Sheet1!Total`

> **交叉引用**
> 有关为单元格和区域创建名称的信息，请参见第 4 章。

如果源工作簿包含一个月份和值的列表，而你想要返回 July(7 月)的值，则可以使用下面的公式：

`=VLOOKUP("July",source.xlsx!MonthValues,2,FALSE)`

源工作簿有一个工作簿级别的名称 MonthValues。如果使用单元格引用，那么当源工作簿中插入新行时，仍会出现问题。但是，通过命名整个区域，就不需要为每个月份单独创建命名区域。

25.4.4　使用中间链接

Excel 对外部引用的复杂性没有许多限制。例如，工作簿 A 可以包含指向工作簿 B 的外部引用，而工作簿 B 可以包含指向工作簿 C 的外部引用。在这种情况下，工作簿 A 中的值将最终取决于工作簿 C 中的值，而工作簿 B 是一个中间链接。

本书不推荐使用中间链接，但是，如果必须使用它们，请注意，Excel 将不会在从属工作簿关闭时更新外部引用公式。在前面的示例中，假设工作簿 A 和 C 是打开的。如果更改工作簿 C 中的值，则工作簿 A 不会反映此更改，因为没有打开工作簿 B(中间链接)。

25.5 合并计算工作表

在工作表环境中，术语"合并计算(consolidation)"是涉及多个工作表或工作簿文件的一些操作。在某些情况下，合并计算涉及创建链接公式。下面是两个有关合并计算的常见示例。

- 公司中每个部门的预算都存储在一个工作簿中，其中为每个部门提供一个单独的工作表。需要合并计算数据，并在一个工作表上创建公司范围的预算。
- 每个部门的主管以单独的工作簿文件为你提交预算。你的任务是将这些文件合并计算为全公司的预算。

这些类型的任务可能会很困难，也可能会很容易。如果信息在每个工作表中的布局完全相同，则此任务很简单。如果各工作表的布局不相同，也可能有足够的相似点。在第二个示例中，提交给你的一些预算文件可能会缺少在某个特定部门中并不会使用的分类。这种情况下，就可以使用 Excel 中的一个方便的功能，通过行和列标题匹配数据。本章后面的"使用'合并计算'对话框来合并计算工作表"小节将讨论这种功能。

如果各工作表之间的相似之处很少或根本没有，那么最好的选择可能就是编辑工作表，让它们互相对应。或者，将文件返回到部门负责人，并要求他们使用标准格式提交文件。最好是重新设计你的工作流程，以使用规范化表格作为数据透视表的源。

可以使用以下任意一种方法合并计算多个工作簿中的信息：

- 使用外部引用公式。
- 复制数据，然后选择"开始"|"剪贴板"|"粘贴"|"粘贴链接"命令。
- 使用"合并计算"对话框，可以通过选择"数据"|"数据工具"|"合并计算"命令来显示此对话框。

要重新思考你的合并计算策略吗？

如果你正在阅读本章，很可能是想获得一种用于合并多个源中的数据的好方法。我们描述的合并计算方法可以工作，但它们可能不是针对此问题最有效的解决方法。

典型的预算实际上是汇总信息。处理"规范化"数据通常更容易，其中的每个数据项对应于一行。可以使用 Excel 最复杂的工具(数据透视表)来合并计算和汇总信息。

例如，针对区域 1 的预算可能会显示一月份 IT 部门培训费用的数值。如果不是简单地在网格中输入数值，而将其输入一个包含多列(用于描述该数值)的表格，则可获得很大的灵活性。例如，此单个项可以表示为规范化表格(具有六个标题：区域、部门、费用说明、月、年和预算金额)中的一行。

如果每个区域经理以这种格式提交预算信息，则能够轻松地将数据合并到一个工作表，然后创建以所需的任何布局显示汇总信息的数据透视表。第 26 章将进行更详细的介绍。

25.5.1　通过公式合并计算工作表

使用公式执行合并计算时,只需要创建使用指向其他工作表或工作簿的引用的公式即可。使用这种方法进行合并计算的主要优点在于:

● 如果源工作表中的值发生更改,公式会自动更新。

● 在创建合并计算公式时,不必打开源工作簿。

如果要合并计算同一个工作簿中的工作表,并且所有工作表的布局相同,则合并计算任务很容易完成。只需要使用标准公式创建合并计算即可。例如,如果要计算工作表 Sheet2 到 Sheet10 中单元格 A1 的总和,请输入下列公式:

```
=SUM(Sheet2:Sheet10!A1)
```

既可以手动输入此公式,也可以使用多工作表选择方法。然后,可以复制此公式,从而为其他单元格创建汇总公式。

> **交叉引用**
>
> 有关多工作表选择方法的详细信息,请参见第 4 章。

如果合并计算过程涉及其他工作簿,那么可以使用外部引用公式来执行合并计算。例如,如果要对两个工作簿(名为 Region1 和 Region2)的 Sheet1 工作表中的单元格 B2 的值求和,则可以使用下列公式:

```
=[Region1.xlsx]Sheet1!B2+[Region2.xlsx]Sheet1!B2
```

可以在这个公式中包含任意数目的外部引用,一个公式中最多可包含 8000 个字符。然而,如果使用很多外部引用,那么此类公式可能会很长,并在编辑它时容易导致混淆。

如果要合并计算的工作表的布局不一致,也仍然可以使用公式,但必须确保每个公式引用正确的单元格——此任务既繁杂又容易出错。

25.5.2　使用“选择性粘贴”功能合并计算工作表

另一种用于合并计算信息的方法是使用“选择性粘贴”对话框。这种方法利用了这样一个事实:“选择性粘贴”对话框可以在从剪贴板粘贴数据时进行数学运算。例如,可以使用“加”选项将复制的数据与选定的区域相加。图 25-5 显示了“选择性粘贴”对话框。

图 25-5　在“选择性粘贴”对话框中选择“加”运算

只有当要合并计算的所有工作表都已经打开时,这种方法才适用。这种方法的缺点在于,合并计算过程不是动态的。换句话说,它不生成将引用原始源数据的公式。因此,如果被合并计算的数据发生变化，则合并计算结果将不再准确。

以下是使用此方法的步骤：

(1) 从第一个源区域复制数据。

(2) 激活从属工作簿，然后为合并计算后的数据选择一个位置。一个单元格就已足够。

(3) 选择"开始" | "剪贴板" | "粘贴" | "选择性粘贴"命令，将显示"选择性粘贴"对话框。

(4) 选择"数值"选项和"加"运算，然后单击"确定"按钮。

对要合并计算的每个源区域重复这些步骤。确保在第(2)步中为每个粘贴操作选择相同的合并计算位置。

> **警告**
>
> 此方法可能是最差的数据合并计算方法。它不仅很容易出错，而且因为不使用公式，所以这意味着没有"痕迹"。如果发现错误，可能难于或者无法确定错误的来源。

25.5.3   使用"合并计算"对话框来合并计算工作表

最佳的数据合并计算方法是使用"合并计算"对话框。这种方法非常灵活，在某些情况下，它甚至可以在源工作表布局不同的情况下完成任务。这种方法可以创建静态(无链接公式)合并计算或动态(有链接公式)合并计算。数据合并计算功能支持以下合并计算方法。

● **按位置**：此方法只在工作表布局完全相同时才有效。

● **按分类**：Excel 使用行和列标签匹配源工作表中的数据。如果源工作表中数据的布局不同，或如果某些源工作表缺少行或列，就可以使用此选项。

图 25-6 显示了"合并计算"对话框。可通过选择"数据" | "数据工具" | "合并计算"命令来访问此对话框。

图 25-6   可以使用"合并计算"对话框指定要合并计算的区域

以下是对此对话框中各个控件的描述。

● **"函数"下拉列表**：指定合并计算类型。"求和"是最常用的合并计算函数，但也可以从其他 10 个选项中进行选择。

● **"引用位置"文本框**：指定源文件中要合并计算的区域。既可以手动输入区域引用，也可以使用任何标准的指向方法(如果工作簿处于打开状态)。还可以接受命名的区域。当在此框中输入区域之后，单击"添加"将其添加到"所有引用位置"列表。如果要按位置执行合并计算，请不要在区域中包含标签。如果要按分类执行合并计算，请在区域中包含标签。

- **"所有引用位置"列表框**：包含已使用"添加"按钮添加的引用的列表。
- **"标签位置"复选框**：用于指示 Excel 通过首行、最左列或这两个位置的标签来执行合并计算。在按分类执行合并计算时，请使用这些选项。
- **"创建指向源数据的链接"复选框**：当选择此选项时，Excel 会为每个标签创建汇总公式，并创建分级显示。如果不选择此选项，则合并计算将不使用公式，也不会创建分级显示。
- **"浏览"按钮**：单击可显示一个对话框，允许选择要打开的工作簿。它将在"引用位置"框中插入文件名，但你必须提供区域引用。如果所有要合并计算的工作簿都处于打开状态，那么你会发现所要完成的工作会变得容易得多。
- **"添加"按钮**：单击可将"引用位置"框中的引用添加到"所有引用位置"列表中。请确保在指定每个区域之后单击此按钮。
- **"删除"按钮**：单击可从"所有引用位置"列表中删除选定的引用。

25.5.4　工作簿合并计算示例

本节中的简单示例说明了数据合并计算的功能。图 25-7 显示了 3 个要进行合并计算的包含单个工作表的工作簿。这些工作表报告了 3 个月的产品销售情况。但是请注意，它们报告的并不是相同的产品。此外，产品甚至没有以相同的顺序列出。换言之，这些工作表的布局方式各不相同。在这种情况下，手动建立合并计算公式是一个非常烦琐的过程。

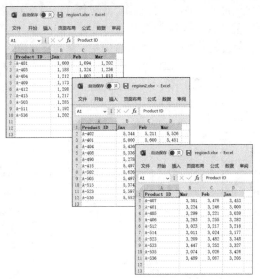

图 25-7　要进行合并计算的 3 个工作簿

配套学习资源网站

配套学习资源网站 www.wiley.com/go/excel365bible 中提供了这些工作簿。文件名为 region1.xlsx、region2.xlsx 和 region3.xlsx。

为了合并计算这些信息，首先需要创建一个新工作簿。不必打开源工作簿，但如果它们处于打开状态，则更容易完成合并计算工作。请执行以下步骤来合并计算工作簿：

(1) **选择"数据"|"数据工具"|"合并计算"命令。**将显示"合并计算"对话框。

(2) **从"函数"下拉列表选择要使用的合并汇总类型。**这个示例中使用的是"求和"。

(3) **输入要合并计算的第一个工作表的引用。**如果该工作簿已打开，则可以指向引用。如果没有打开，则需要单击"浏览"按钮来定位到磁盘上的文件。引用中必须包含一个区域。可以使用包含整列的区域，如 A:K。此区域大于要进行合并计算的实际区域，但使用此区域可以保证如果新行和新列被添加到源文件，合并计算仍将正常工作。

(4) **当"引用位置"框中的引用正确时，单击"添加"按钮将其添加到"所有引用位置"列表中。**

(5) **输入第二个工作表的引用。**既可以指向工作簿 Region2 中的区域，也可以通过将 Region1 更改为 Region2，然后单击"添加"按钮来简单地编辑现有的引用。此引用将被添加到"所有引用位置"列表中。

(6) **输入第三个工作表的引用。**同样，可以通过将 Region2 更改为 Region3，然后单击"添加"按钮来编辑现有引用。这是添加到"所有引用位置"列表中的最后一个引用。

(7) **由于工作表的布局不一样，因此选择"最左列"和"首行"复选框以强制 Excel 使用标签匹配数据。**

(8) **选择"创建指向源数据的链接"复选框，使 Excel 创建一个包含外部引用的分级显示。**

(9) **单击"确定"按钮开始合并计算。**

Excel 将创建一个以活动单元格开始的合并计算。请注意，Excel 创建了一个分级显示，该分级显示已折叠为只显示每个产品的分类汇总。如果展开分级显示(通过单击数字"2"或分级显示中的加号(+)符号)，可以看到更多细节。如果进一步检查，则会发现每一个详细信息单元格都是一个外部引用公式，使用了源文件中的相应单元格。因此，当源工作簿中的任何值发生更改时，合并计算的结果将自动更新。

图 25-8 显示了合并计算的结果，图 25-9 显示的是详细信息(分级显示已展开)。

	A	B	C	D	E	F
1			Jan	Feb	Mar	
3	A-402		5,344	5,211	5,526	
5	A-407		3,453	3,478	3,301	
9	A-401		9,000	9,940	9,877	
11	A-403		1,188	1,324	1,236	
14	A-404		6,648	6,352	6,228	
16	A-409		1,173	1,116	1,110	
18	A-412		1,298	1,218	1,467	
20	A-408		5,336	5,358	5,653	
22	A-490		5,278	5,676	5,257	
25	A-415		6,714	6,612	6,617	
27	A-503		1,285	1,054	1,298	
29	A-511		1,192	1,408	1,010	
31	A-502		5,626	5,517	5,564	
33	A-505		5,497	5,239	5,348	
35	A-515		5,374	5,337	5,443	
37	A-405		3,039	3,221	3,299	
39	A-406		3,282	3,255	3,263	
41	A-512		3,218	3,217	3,023	
43	A-514		3,177	3,024	3,011	
46	A-523		8,945	8,851	8,537	
48	A-533		3,327	3,252	3,447	
50	A-535		3,426	3,026	3,074	
54	A-536		9,959	9,942	10,889	
55						

图 25-8　对 3 个工作簿中的信息执行合并计算的结果

	A	B	C	D	E	F
1			Jan	Feb	Mar	
2		Region2	5,344	5,211	5,526	
3	A-402		5,344	5,211	5,526	
4		Region3	3,453	3,478	3,301	
5	A-407		3,453	3,478	3,301	
6		Region1	1,000	1,094	1,202	
7		Region2	5,000	5,600	5,451	
8		Region3	3,000	3,246	3,224	
9	A-401		9,000	9,940	9,877	
10		Region1	1,188	1,324	1,236	
11	A-403		1,188	1,324	1,236	
12		Region1	1,212	1,002	1,018	
13		Region2	5,436	5,350	5,210	
14	A-404		6,648	6,352	6,228	
15		Region1	1,173	1,116	1,110	
16	A-409		1,173	1,116	1,110	
17		Region1	1,298	1,218	1,467	
18	A-412		1,298	1,218	1,467	
19		Region2	5,336	5,358	5,653	
20	A-408		5,336	5,358	5,653	
21		Region2	5,278	5,676	5,257	

图 25-9　展开分级显示以显示更详细的信息

交叉引用

有关 Excel 分级显示功能的更多信息，请参阅第 24 章。

25.5.5　刷新合并计算

当选择创建公式的选项时，只会为在执行合并计算时存在的数据，在合并计算工作簿中创建外部引用。因此，如果在任何原始工作簿中添加新行，则必须重新执行合并计算。幸运的是，合并计算参数已经存储在工作簿中，因此在根据需要重新执行合并计算时，操作很简单。这就是为什么要指定完整的列并包括额外列(上一节的步骤(3))的原因。

Excel 将记住你在"合并计算"对话框中输入的引用，并将它们与工作簿一起保存。这样，如果需要刷新合并计算操作，就不必重新输入引用。只需要显示"合并计算"对话框，验证区域是否正确，然后单击"确定"按钮即可。

警告:

在执行完合并计算之后，当 Excel 应用了分级显示时，重新运行合并计算的结果可能是无法预测的。要确保能够成功地重新执行合并计算，需要删除分级显示，删除单元格内容，打开"合并计算"对话框，然后单击"确定"按钮。

25.5.6　有关合并计算的更多信息

无论要执行合并计算的源是怎样的，Excel 都可以非常灵活地执行合并计算功能。可以对以下工作簿中的数据执行合并计算:

- 打开的工作簿。
- 关闭的工作簿。需要手动输入引用，但可以使用"浏览"按钮来获取引用的文件名部分。
- 要在其中创建合并计算的同一个工作簿。

当然，也可以在单个合并计算中混合使用以上源。

如果要通过匹配标签来执行合并计算，请注意必须是完全匹配。例如，Jan 与 January 并不匹配。但是，匹配过程不区分大小写，因此 April 与 APRIL 是匹配的。此外，标签可以是按任何顺序排列的，它们并不需要在所有源区域中具有相同的顺序。

如果没有选中"创建指向源数据的链接"复选框，则 Excel 将生成一个静态的合并计算(不创建公式)。因此，如果任何源工作表上的数据发生更改，则合并计算将不会自动更新。要更新汇总信息，需要再次选择"数据" | "数据工具" | "合并计算"命令。

交叉引用

如果选择了"创建指向源数据的链接"复选框，则 Excel 将创建一个标准的工作表分级显示，可以使用在第 24 章中介绍的方法来处理分级显示。

第 **26** 章

数据透视表简介

本章要点

- 数据透视表简介
- 适用于数据透视表的数据类型
- 数据透视表术语
- 如何创建数据透视表
- 用于解决具体数据问题的数据透视表示例

数据透视表可能是 Excel 中技术最复杂的组件。然而只需要单击几下鼠标，就能以数十种不同的方式切分数据表，得到希望得到的任何类型的汇总。

如果你还未发现数据透视表的强大功能，本章将详细介绍，第 27 章将继续使用很多示例来演示如何利用数据透视表来轻松地创建强大的数据汇总。

26.1 概述

数据透视表在本质上是一个从数据库生成的动态汇总报表。这里所指的数据库既可以位于一个工作表中(以表格形式存在)，也可以位于外部数据文件中。数据透视表可以将无穷多行和列的数据转换成有意义的数据表示形式，并且完成此工作的速度快到令人惊讶。

也许数据透视表最强大的方面在于它的交互性。在创建数据透视表后，可以按照任何想到的方式重新排列信息，甚至可以插入特殊的公式以执行各种新的计算，甚至还可以为汇总项创建特别分组(例如，合并北部区域汇总和西部区域汇总)。只需要单击几下鼠标，就可将格式应用到数据透视表，从而将其转换为一个富有吸引力的报表(尽管这种报表有一定局限性)。

使用数据透视表的一个小缺点在于，与基于公式的汇总报表不同，当更改源数据时，数据透视表不会自动更新。但是，这个小缺点并不会带来十分严重的问题，因为只要单击"刷新"按钮，就能强制数据透视表将其自身更新为使用最新的数据。

26.1.1 数据透视表示例

理解数据透视表概念的最好方法是观察一个实际示例。图 26-1 显示的是本章中用于创建数据透视表的部分数据。这些数据正好出现在一个表格(使用"插入"|"表格"|"表格"命

令创建)中，但这并不是创建数据透视表的要求。

	A	B	C	D	E	F	G	H
1	Date	Weekday	Amount	AcctType	OpenedBy	Branch	Customer	
2	4/1/2022	Friday	5,000	IRA	New Accts	Central	Existing	
3	4/1/2022	Friday	10,000	CD	Teller	North County	Existing	
4	4/1/2022	Friday	500	Checking	New Accts	Central	Existing	
5	4/1/2022	Friday	11,779	CD	Teller	Central	New	
6	4/1/2022	Friday	4,623	Savings	New Accts	North County	Existing	
7	4/1/2022	Friday	8,721	Savings	New Accts	Westside	New	
8	4/1/2022	Friday	15,276	Savings	New Accts	North County	Existing	
9	4/1/2022	Friday	5,000	Savings	New Accts	Westside	Existing	
10	4/1/2022	Friday	12,000	CD	New Accts	Westside	Existing	
11	4/1/2022	Friday	13,636	CD	New Accts	North County	Existing	
12	4/1/2022	Friday	7,177	Savings	Teller	North County	Existing	
13	4/1/2022	Friday	6,837	Savings	New Accts	Westside	Existing	
14	4/1/2022	Friday	3,171	Checking	New Accts	Westside	Existing	
15	4/1/2022	Friday	50,000	Savings	New Accts	Central	Existing	
16	4/1/2022	Friday	4,690	Checking	New Accts	North County	New	
17	4/1/2022	Friday	12,438	Checking	New Accts	Central	Existing	
18	4/1/2022	Friday	5,000	Checking	New Accts	North County	Existing	
19	4/1/2022	Friday	7,000	Savings	New Accts	North County	New	
20	4/1/2022	Friday	11,957	Checking	New Accts	Central	Existing	
21	4/1/2022	Friday	14,571	CD	Teller	Central	New	
22	4/1/2022	Friday	15,000	CD	New Accts	Central	Existing	
23	4/1/2022	Friday	5,879	Checking	New Accts	Central	Existing	
24	4/1/2022	Friday	4,000	Savings	New Accts	Central	Existing	

图 26-1 此表格用于创建数据透视表

此表格由某银行的 3 家分行在一个月内新增的账户的信息组成，表格中有 712 行，每行表示一个新账户。表格中含有以下列：

- 账户的开户日期
- 账户开户日期是星期几
- 开户时存入的金额
- 账户类型(CD、支票账户、储蓄账户或 IRA)
- 谁开的账户(出纳员或新客户代表)
- 账户的分行(中央分行、西部分行或北部分行)
- 客户类型(现有客户或新客户)

配套学习资源网站

配套学习资源网站 www.wiley.com/go/excel365bible 中提供了此工作簿，名为 bank accounts.xlsx。

银行账户数据库中包含很多信息。但是在其当前格式中，数据并不能展现许多信息。为了使数据更加有用，就需要对它们进行汇总。对数据库进行汇总从本质上讲是以不同的方式排列数据，以回答关于这些数据的问题的过程。银行管理人员可能会对下面的一些问题感兴趣：

- 每个分行每天的新增存款总额是多少？
- 一周中哪一天的存款金额最多？
- 每个分行的每种账户类型的开户数是多少？
- 开户时存取的金额是多少？
- 柜员最常开的账户类型是什么？
- 哪个分行的柜员为新客户开的支票账户最多？

当然，可以通过排序数据和创建公式来回答这些问题。但是通常来说，数据透视表是更好的选择。创建数据透视表的过程只需要几秒钟，不需要任何公式。不仅如此，与创建公式相比，数据透视表更不容易出错。

本章后面的一些数据透视表将回答以上问题。

图 26-2 显示了一个由银行数据生成的数据透视表。该数据透视表显示了按分行和账户类型进行细分之后的新增存入额。这个特定数据汇总表只是可以从这些数据生成的数十个汇总表中的一个。

▲	A	B	C	D	E	F	G
1							
2							
3	Sum of Amount	Column [▼]					
4	Row Labels [▼]	CD	Checking	IRA	Savings	Grand Total	
5	Central	1,361,885	802,403	68,380	885,757	3,118,425	
6	North County	1,209,910	392,516	134,374	467,414	2,204,214	
7	Westside	650,237	292,995	10,000	336,088	1,289,320	
8	Grand Total	3,222,032	1,487,914	212,754	1,689,259	6,611,959	
9							

图 26-2　一个简单的数据透视表

图 26-3 显示了从这些银行数据生成的另一个数据透视表。这个数据透视表对 Customer 项(第 2 行)使用了"报表筛选"下拉报表筛选器。图中的数据透视表只显示了现有客户的数据(也可以从下拉菜单中选择新客户或全部客户)。

请注意表的方向的变化。对于这个数据透视表，分行显示为列标签，账户类型显示为行标签。这种改变只需要 5 秒钟就可以完成，是数据透视表灵活性的另一个示例。

▲	A	B	C	D	E	F
1						
2	Customer	Existing [▼]				
3						
4	Sum of Amount	Column Labels [▼]				
5	Row Labels [▼]	Central	North County	Westside	Grand Total	
6	CD	974,112	845,522	356,079	2,175,713	
7	Checking	505,822	208,375	144,391	858,588	
8	IRA	68,380	125,374	10,000	203,754	
9	Savings	548,198	286,891	291,728	1,126,817	
10	Grand Total	2,096,512	1,466,162	802,198	4,364,872	
11						

图 26-3　使用报表筛选的数据透视表

为什么称为"pivot"(数据透视)?

你是否对词语 pivot(数据透视)感到好奇?

pivot 的动词含义表示"旋转""转动"。如果将要处理的数据看作一个物理对象，那么通过 pivot 表(数据透视表)能旋转数据汇总，从不同的角度或方面观察数据汇总。数据透视表允许自由地移动字段、嵌套字段，甚至可以为项目创建特别分组。

当我们手上拿到一个陌生事物并需要辨认它时，常需要从不同的角度观察它，以尝试做出判断。使用数据透视表的过程就像针对一个陌生事物的观察过程，只不过，这里的事物是数据。要熟悉数据透视表，必须不断地进行实验，不断地旋转和处理数据透视表，直到得到满意的结果。你将得到意外的惊喜。

26.1.2　适用于数据透视表的数据

数据透视表要求数据的格式是矩形数据表。既可以将数据库存储在一个工作表区域中(既可以是表格，也可以是普通的区域)，也可以将其存储在外部数据库文件中。虽然 Excel 可以从任何数据库生成数据透视表，但不是所有的数据库都能够从数据透视表受益。

一般而言，数据库表中的字段包括两类信息。

● **数据**：包含要汇总的值或数据。在银行账户示例中，字段 Amount 是一个数据字段。
● **类别**：用于描述数据。在银行账户示例中，字段 Date、Weekday、AcctType、OpenedBy、Branch 和 Customer 都是类别字段，因为它们都用于描述"Amount"字段中的数据。

> **注意**
> 适用于数据透视表的数据库表被视为"规范化"的数据库表。换句话说，每个记录(或行)都包含用于描述数据的信息。

单个数据库表可以包含任意数量的数据字段和类别字段。当创建数据透视表时，通常需要汇总一个或多个数据字段。相反地，类别字段的值将会在数据透视表中显示为行、列或筛选项。

但是也存在例外情况，你可能会发现，Excel 甚至能对不包含实际数值数据字段的数据库创建数据透视表。

> **交叉引用**
> 第 27 章中就有一个从非数值型数据创建数据透视表的示例。

图 26-4 所示的是一个不适合建立数据透视表的 Excel 区域。你可能会认出这是第 24 章中的分级显示示例中的数据。虽然该区域包括针对每个值的描述性信息，但它并没有包含规范化的数据。事实上，这个区域类似于一个数据透视表汇总，但它的灵活性差很多。

	A	B	C	D	E	F	G	H	I	J
1	State	Jan	Feb	Mar	Qtr-1	Apr	May	Jun	Qtr-2	Total
2	California	1,118	1,960	1,252	4,330	1,271	1,557	1,679	4,507	8,837
3	Washington	1,247	1,238	1,028	3,513	1,345	1,784	1,574	4,703	8,216
4	Oregon	1,460	1,954	1,726	5,140	1,461	1,764	1,144	4,369	9,509
5	Arizona	1,345	1,375	1,075	3,795	1,736	1,555	1,372	4,663	8,458
6	West Total	5,170	6,527	5,081	16,778	5,813	6,660	5,769	18,242	35,020
7	New York	1,429	1,316	1,993	4,738	1,832	1,740	1,191	4,763	9,501
8	New Jersey	1,735	1,406	1,224	4,365	1,706	1,320	1,290	4,316	8,681
9	Massachusetts	1,099	1,233	1,110	3,442	1,637	1,512	1,006	4,155	7,597
10	Florida	1,705	1,792	1,225	4,722	1,946	1,327	1,357	4,630	9,352
11	East Total	5,968	5,747	5,552	17,267	7,121	5,899	4,844	17,864	35,131
12	Kentucky	1,109	1,078	1,155	3,342	1,993	1,082	1,551	4,626	7,968
13	Oklahoma	1,309	1,045	1,641	3,995	1,924	1,499	1,941	5,364	9,359
14	Missouri	1,511	1,744	1,414	4,669	1,243	1,493	1,820	4,556	9,225
15	Illinois	1,539	1,493	1,211	4,243	1,165	1,013	1,445	3,623	7,866
16	Kansas	1,973	1,560	1,243	4,776	1,495	1,125	1,387	4,007	8,783
17	Central Total	7,441	6,920	6,664	21,025	7,820	6,212	8,144	22,176	43,201
18	Grand Total	18,579	19,194	17,297	55,070	20,754	18,771	18,757	58,282	113,352
19										

图 26-4　这个区域不适于创建数据透视表

图 26-5 显示的是与上面相同的数据，但其中的数据是规范化的数据。这个区域包含 78 行数据——表示的是 13 个州在 6 个月内的销售额数据。请注意，每一行都包含了销售值的类别信息。此表格是适于创建数据透视表的理想对象，它包含了按地区或季度汇总信息的所有必要信息。

	A	B	C	D	E
1	**State**	**Region**	**Month**	**Qtr**	**Sales**
2	California	West	Jan	Qtr-1	1,118
3	California	West	Feb	Qtr-1	1,960
4	California	West	Mar	Qtr-1	1,252
5	California	West	Apr	Qtr-2	1,271
6	California	West	May	Qtr-2	1,557
7	California	West	Jun	Qtr-2	1,679
8	Washington	West	Jan	Qtr-1	1,247
9	Washington	West	Feb	Qtr-1	1,238
10	Washington	West	Mar	Qtr-1	1,028
11	Washington	West	Apr	Qtr-2	1,345
12	Washington	West	May	Qtr-2	1,784
13	Washington	West	Jun	Qtr-2	1,574
14	Oregon	West	Jan	Qtr-1	1,460
15	Oregon	West	Feb	Qtr-1	1,954
16	Oregon	West	Mar	Qtr-1	1,726
17	Oregon	West	Apr	Qtr-2	1,461
18	Oregon	West	May	Qtr-2	1,764
19	Oregon	West	Jun	Qtr-2	1,144
20	Arizona	West	Jan	Qtr-1	1,345
21	Arizona	West	Feb	Qtr-1	1,375
22	Arizona	West	Mar	Qtr-1	1,075
23	Arizona	West	Apr	Qtr-2	1,736
24	Arizona	West	May	Qtr-2	1,555

图 26-5 这个区域包含规范化的数据，因此适合于创建数据透视表

图 26-6 显示的是一个从规范化数据创建的数据透视表。正如你所看到的，它类似于图 26-4 中显示的非规范化数据。规范化的数据在设计报表方面提供了最高的灵活性。

配套学习资源网站

配套学习资源网站www.wiley.com/go/excel365bible 中提供了此工作簿，名为normalized data.xlsx。

	A	B	C	D	E	F	G	H	I	J
2	**Sum of Sales**	Col								
3		⊟Qtr-1			Qtr-1 Total	⊟Qtr-2			Qtr-2 Total	Grand Total
4	**Row Labels**	Jan	Feb	Mar		Apr	May	Jun		
5	⊟**Central**									
6	Illinois	1,539	1,493	1,211	4,243	1,165	1,013	1,445	3,623	7,866
7	Kansas	1,973	1,560	1,243	4,776	1,495	1,125	1,387	4,007	8,783
8	Kentucky	1,109	1,078	1,155	3,342	1,993	1,082	1,551	4,626	7,968
9	Missouri	1,511	1,744	1,414	4,669	1,243	1,493	1,820	4,556	9,225
10	Oklahoma	1,309	1,045	1,641	3,995	1,924	1,499	1,941	5,364	9,359
11	**Central Total**	7,441	6,920	6,664	21,025	7,820	6,212	8,144	22,176	43,201
12										
13	⊟**East**									
14	Florida	1,705	1,792	1,225	4,722	1,946	1,327	1,357	4,630	9,352
15	Massachusetts	1,099	1,233	1,110	3,442	1,637	1,512	1,006	4,155	7,597
16	New Jersey	1,735	1,406	1,224	4,365	1,706	1,320	1,290	4,316	8,681
17	New York	1,429	1,316	1,993	4,738	1,832	1,740	1,191	4,763	9,501
18	**East Total**	5,968	5,747	5,552	17,267	7,121	5,899	4,844	17,864	35,131
19										
20	⊟**West**									
21	Arizona	1,345	1,375	1,075	3,795	1,736	1,555	1,372	4,663	8,458
22	California	1,118	1,960	1,252	4,330	1,271	1,557	1,679	4,507	8,837
23	Oregon	1,460	1,954	1,726	5,140	1,461	1,764	1,144	4,369	9,509
24	Washington	1,247	1,238	1,028	3,513	1,345	1,784	1,574	4,703	8,216
25	**West Total**	5,170	6,527	5,081	16,778	5,813	6,660	5,769	18,242	35,020
26										
27	**Grand Total**	18,579	19,194	17,297	55,070	20,754	18,771	18,757	58,282	113,352

图 26-6 从规范化数据创建的数据透视表

26.2 自动创建数据透视表

创建数据透视表很容易。如果数据具有合适的结构,并且你选择"推荐的数据透视表",则完成此任务将毫不费力。

如果数据位于一个工作表中,请在数据区域内选定任意单元格,然后选择"插入" | "表格" | "推荐的数据透视表"命令,Excel 将快速扫描数据,然后"推荐的数据透视表"对话框将显示一些缩略图,描绘了可以选择的数据透视表。图 26-7 显示了针对银行账户数据的"推荐的数据透视表"对话框。

图 26-7 选择"推荐的数据透视表"

这些数据透视表缩略图使用了实际数据,并且它们中的一个很可能是你正在寻找的——或者至少非常接近你的要求。选择一个缩略图,单击"确定"按钮,Excel 将在一个新工作表中创建数据透视表。

当选择数据透视表中的单元格时,Excel 将显示"数据透视表字段"任务窗格。可以使用此任务窗格修改数据透视表的布局。

注意
如果数据位于外部数据库中,则首先选择一个空白单元格。当你选择"插入" | "表格" | "推荐的数据透视表"命令时,会显示"选择数据源"对话框。选择"使用外部数据源"命令,然后单击"选择连接" 按钮以指定数据源。选择数据源后,你将看到推荐的数据透视表列表的缩略图。

如果推荐的数据透视表都不合适,你还有两个选择:
- 创建一个接近你要求的数据透视表,然后使用"数据透视表字段"任务窗格对其进行修改。
- 单击"空白数据透视表"按钮(位于"推荐的数据透视表"对话框底部)并手动创建数据透视表。

26.3　手动创建数据透视表

本节将使用本章前面的银行账户数据，介绍在创建数据透视表时需要执行的基本步骤。创建数据透视表的过程是一个交互过程，需要不断尝试各种布局，直到得出满意的结果。如果不熟悉数据透视表中的元素，请参见提要栏"数据透视表术语"。

26.3.1　指定数据

如果数据位于工作表区域内，那么请选择区域中的任意单元格，然后选择"插入"|"表格"|"数据透视表"命令，这时将出现如图 26-8 所示的对话框。

图 26-8　为数据透视表指定数据源以及放置位置

Excel 会尝试根据活动单元格的位置自动推测数据区域。如果要通过外部数据源创建数据透视表，那么请选择"使用外部数据源"选项，然后单击"选择连接"按钮以指定数据源。

> **提示**
> 如果是根据工作表中的数据创建数据透视表，则最好先为区域创建一个表格(选择"插入"|"表格"|"表格"命令)。这样做之后，如果通过增加新行扩展了表格，则 Excel 将会自动刷新数据透视表，而不需要手动指定新的数据区域。

26.3.2　指定数据透视表的放置位置

可以使用"创建数据透视表"对话框的下面部分指定用于放置数据透视表的位置。默认设置为放置在新工作表中，但是你可以指定任意工作表的任意区域，甚至包括包含数据的工作表。

单击"确定"按钮，Excel 将创建一个空白数据透视表，并显示"数据透视表字段"列表任务窗格，如图 26-9 所示。

> **提示**
> "数据透视表字段"任务窗格一般位于 Excel 窗口的右侧，拖动其标题栏可将它移动到你喜欢的任何位置。如果单击数据透视表外部的单元格，则"数据透视表字段"任务窗格将临时隐藏。

图 26-9 使用"数据透视表字段"任务窗格建立数据透视表

26.3.3 指定数据透视表布局

接下来，可以设置数据透视表的实际布局。可以采用下面任何一种方法完成上述任务。

● 将字段名称(位于"数据透视表字段"任务窗格的顶部)拖到该任务窗格底部4个框中的任何一个。

● 在"数据透视表字段"任务窗格顶部的项旁边放置一个复选标记。Excel 会将此字段放入底部的4个框之一。如果需要的话，也可以将其拖动到其他不同的框中。

● 右击位于"数据透视表字段" 任务窗格顶部的某个字段名称，并从快捷菜单中选择其位置(例如，"添加到行标签")。

以下步骤可以创建在本章前面显示的数据透视表(参见"数据透视表示例"小节)。在本例中，将字段从"数据透视表字段"任务窗格的顶部拖到了"数据透视表字段"任务窗格的底部区域。

(1) 将字段 Amount 拖到"值"区域中。此时，数据透视表将显示 Amount 列中所有值的和。

(2) 将字段 AcctType 拖到"行"区域中。此时，数据透视表将显示每种账户类型的总和。

(3) 将字段 Branch 拖到"列"区域中。此时，数据透视表将显示各分行的每种账户类型的总和。每次更改"数据透视表字段"任务窗格时，数据透视表都会自动更新。

(4) 在数据透视表中右击任意单元格，选择"数字格式"。Excel 将显示"设置单元格格式"对话框的"数字"选项卡。

(5) 选择一种数字格式，然后单击"确定"按钮。Excel 将把所选格式应用到数据透视表中的所有数字单元格。

图 26-10 显示了完成后的数据透视表。

图 26-10　经过几个简单的步骤之后，数据透视表即可显示数据汇总

数据透视表术语

理解与数据透视表相关的术语是掌握该功能的第一步，请参考下图以了解相关知识。

	A	B	C	D	E	F
1	OpenedBy	(All)				
2						
3	Sum of Amount		Column Labels			
4	Row Labels	AcctType	Existing	New	Grand Total	
5	⊟Central					
6		CD	974,112	387,773	1,361,885	
7		Checking	505,822	296,581	802,403	
8		IRA	68,380		68,380	
9		Savings	548,198	337,559	885,757	
10	Central Total		2,096,512	1,021,913	3,118,425	
11						
12	⊟North County					
13		CD	845,522	364,388	1,209,910	
14		Checking	208,375	184,141	392,516	
15		IRA	125,374	9,000	134,374	
16		Savings	286,891	180,523	467,414	
17	North County Total		1,466,162	738,052	2,204,214	
18						
19	⊟Westside					
20		CD	356,079	294,158	650,237	
21		Checking	144,391	148,604	292,995	
22		IRA	10,000		10,000	
23		Savings	291,728	44,360	336,088	
24	Westside Total		802,198	487,122	1,289,320	
25						
26	Grand Total		4,364,872	2,247,087	6,611,959	
27						

- 列标签：数据透视表中具有列方向的字段，此字段中的每项占用一列。在上图中，Customer 表示一个列字段，其中包含两项(Existing 和 New)。列字段可以进行嵌套。
- 总计：用于显示数据透视表中一行或一列中所有单元格的总和的行或列。可以指定对行或列或者这两者(或两者都不)计算总计值。上图中的数据透视表显示了行和列的总计。
- 组：一组被视为单个项的项。可以手动分组和自动分组(例如，将日期按月份分组)。上图中的数据透视表中没有已定义的组。
- 项：字段中的元素，在数据透视表中作为行或列的标题显示。在上图中，Existing 和 New 是 Customer 字段的项。Branch 字段有 3 项：Central、North County 和 Westside。AcctType 字段有 4 项：CD、Checking、IRA 和 Savings。
- 刷新：在更改源数据后，重新计算数据透视表。

- **行标签**：在数据透视表中拥有行方向的字段。此字段中的每项占据一行，行字段可以进行嵌套。在上图中，Branch 和 AcctType 代表行字段。
- **源数据**：用于创建数据透视表的数据。该数据既可位于工作表中，也可位于外部数据库中。
- **分类汇总**：用于显示数据透视表中一行或一列中详细单元格的分类汇总的行或列。上图中的数据透视表在数据下面显示了每个分行的分类汇总。也可以在数据上面显示分类汇总，或者隐藏分类汇总。分类汇总的标签是被汇总的项的名称加上单词 Total。
- **表筛选**：数据透视表中具有分页方向的字段，用于限制汇总哪些字段。可一次在一个页面字段内显示一项、多项或所有项。在上图中，OpenedBy 代表一个显示全部项(即不筛选)的页面字段。
- **数值区域**：数据透视表中包含汇总数据的单元格。Excel 提供了几种用于汇总数据的方法(求和、求平均值、计数等)。

提示

如果发现每次在创建数据透视表后，都需要对布局做相同的修改，现在可以将特定的布局选项保存为默认设置。选择"文件" | "选项" | "数据"命令，然后单击"编辑默认布局"，可打开"编辑默认布局"对话框。

所有新建的数据透视表将继承该对话框中设置的某些选项。更方便的是，通过使用"导入"按钮，还可以基于指定的数据透视表自动设置所有选项。如果想返回 Excel 提供的布局，只需要单击"重置为 Excel 默认布局"按钮。

26.3.4 设置数据透视表的格式

默认情况下，数据透视表使用的是常规数字格式。要更改所有数据的数字格式，请右击任意值，然后从快捷菜单中选择"设置数字格式"，即可使用"设置单元格格式"对话框更改所显示数据的数字格式。

可以将几种内置样式应用到数据透视表。方法是单击数据透视表中的任一单元格，然后选择"设计" | "数据透视表样式"命令，以选择合适的样式。可以通过使用"设计" | "数据透视表样式选项"组中的控件，对显示进行微调。

也可以使用"设计" | "布局"组中的控件来控制数据透视表中的各个元素，可以调整以下任一元素。

- **分类汇总**：隐藏分类汇总，或选择其显示位置(数据的上方或下方)。

- **总计**：选择显示的类型(如果有)。
- **报表布局**：可以选择 3 种不同的布局风格(压缩、大纲或表格)，也可以选择隐藏重复的标签。
- **空行**：在项之间添加空行以提高可读性。

"数据透视表分析" | "显示"组包含其他一些用于控制数据透视表外观的选项。例如，可使用"字段标题"按钮来显示或隐藏字段标题。

"数据透视表选项"对话框中还有其他一些数据透视表选项。要打开该对话框，请选择"数据透视表分析" | "数据透视表" | "选项"命令，或者右击数据透视表中的任一单元格，并从快捷菜单中选择"数据透视表选项"。

要熟悉所有这些布局和格式设置选项，最佳方法是进行试验。

数据透视表计算

对数据透视表中的数据进行汇总时，最常使用求和方法。但是，也可以使用"值字段设置"对话框中指定的许多不同的汇总方法来显示数据。要显示此对话框，最快捷的方法是右击数据透视表中的任何值，然后从快捷菜单中选择"值字段设置"。此对话框有两个选项卡"值汇总方式"和"值显示方式"，如下图所示。

可使用"值汇总方式"选项卡选择不同的汇总函数。可以选择"求和""计数""平均值""最大值""最小值""乘积""数值计数""标准偏差""总体标准偏差""方差"和"总体方差"。

要以不同的形式显示数值，可使用"值显示方式"选项卡上的下拉控件。有很多选项可供选择，其中包括作为总计或分类汇总的百分比。

此对话框还提供了一种用于将数字格式应用到值的方法。只需要单击"数字格式"按钮，然后选择数字格式即可。

26.3.5　修改数据透视表

创建数据透视表后，可以非常方便地对其进行修改。例如，可以通过"数据透视表字段"任务窗格进一步添加汇总信息。图 26-11 显示的是在"数据透视表字段"任务窗格中将第二个字段 OpenedBy 添加到"行"区域之后的数据透视表。

图 26-11　将两个字段用于行标签

下面是有关能够对数据透视表执行的其他修改操作的提示信息。

- 要从数据透视表中去掉某个字段,可以从"数据透视表字段"任务窗格底部选择该字段,然后将其拖走即可。
- 如果某个区域中有多个字段,那么可以通过拖动字段名来更改字段顺序。此操作将决定嵌套方式,也将影响数据透视表的显示外观。
- 要从数据透视表中临时删除一个字段,可以在"数据透视表字段"任务窗格的顶部去掉该字段名左侧的复选标记。这样,数据透视表将不再显示该字段。重新勾选字段名称后,该字段将会出现在其原来的区域。
- 如果在"筛选"区域增加一个字段,则该字段将出现在下拉菜单中,从而使得你能够通过一项或多项来筛选所显示的数据。图 26-12 显示了一个示例。将 Date 字段拖动到"筛选"区域。现在数据透视表只显示单独一天(从单元格 B1 的下拉列表中选择)的数据。

图 26-12　按日期筛选的数据透视表

复制数据透视表的内容

数据透视表非常灵活，但它也存在一些局限性。例如，不能添加新行或新列，不能更改任何计算出的值，也不能在数据透视表内输入公式。如果想要以通常情况下不允许的方式处理数据透视表，那么最好首先对数据透视表进行复制，以使其不再链接到数据源。

要复制数据透视表，请选择整个表格，然后选择“开始”|“剪贴板”|“复制”命令(或按 Ctrl+C 键)。然后激活一个新的工作表，并选择“开始”|“剪贴板”|“粘贴”|“粘贴数值”命令。数据透视表的格式不会被复制，即使你重复上述操作并使用“选择性粘贴”对话框中的“格式”选项也是如此。

要复制数据透视表及其格式，请使用 Office 剪贴板进行粘贴。如果未显示 Office 剪贴板，请单击“开始”|“剪贴板”分组右下角的对话框启动器。

数据透视表的内容将会被复制到新位置，以便你对其执行任何所需的操作。

请注意，所复制的信息并不是一个数据透视表，而且它不再链接到源数据。如果源数据发生变化，所复制的数据透视表将不会反映这些变化。

26.4　更多数据透视表示例

为了说明数据透视表的灵活性，下面将介绍其他一些示例。这些示例使用的是之前的银行账户数据，并回答了本章前面提出的那些问题(参见“数据透视表示例”)。

26.4.1　每个分行每天新增的存款总额是多少

图 26-13 中的数据透视表回答了这个问题。

- Branch 字段在“列”区域中。
- Date 字段在“行”区域中。
- Amount 字段在“值”区域中，并使用“求和”方式进行汇总。

注意，也可以按照任意列对数据透视表进行排序。例如，可以按照降序排列 Grand Total 列，从而得到一个月中哪一天的新增金额最多。要进行排序，只需要右击要排序的列中的任意单元格，然后从快捷菜单中选择“排序”命令即可。

	A	B	C	D	E
1					
2	Sum of Amount	Branch			
3	Row Labels	Central	North County	Westside	Grand Total
4	4/1/2022	179,011	139,196	51,488	369,695
5	4/2/2022	72,256	27,805	7,188	107,249
6	4/4/2022	146,290	164,305	122,828	433,423
7	4/5/2022	101,480	50,294	97,415	249,189
8	4/6/2022	188,018	91,724	52,738	332,480
9	4/7/2022	271,227	196,188	53,525	520,940
10	4/8/2022	105,087	77,674	92,013	274,774
11	4/11/2022	172,920	43,953	89,258	306,131
12	4/12/2022	70,300	44,621	39,797	154,718
13	4/13/2022	143,921	176,698	29,075	349,694
14	4/14/2022	117,800	114,418	36,064	268,282
15	4/15/2022	191,611	62,787	85,015	339,413
16	4/18/2022	79,394	72,262	48,337	199,993
17	4/19/2022	209,916	213,728	53,721	477,365
18	4/20/2022	125,276	140,739	56,444	322,459
19	4/21/2022	79,355	35,753	3,419	118,527
20	4/22/2022	188,509	236,269	97,210	521,988
21	4/25/2022	218,889	137,025	85,828	441,742
22	4/26/2022	150,139	29,040	95,998	275,177
23	4/27/2022	56,379	72,948	43,472	172,799
24	4/28/2022	62,192	43,217	12,128	117,537
25	4/29/2022	170,279	22,570	19,429	212,278
26	4/30/2022	18,176	11,000	16,930	46,106
27	Grand Total	3,118,425	2,204,214	1,289,320	6,611,959

图 26-13　此数据透视表显示了每个分行的每日总计

26.4.2 一周中哪一天的存款金额最多

图 26-14 中的数据透视表回答了这个问题。

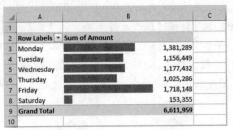

图 26-14 此数据透视表显示了一星期中每天的新账户存款额

- Weekday 字段在"行"区域中。
- Amount 字段在"值"区域中，并用"求和"方式进行汇总。

本例在其中添加了一些条件格式数据条，从而可以更清楚地显示各天的比较情况。可以看到，每个星期五的存款最多。

> **交叉引用**
> 有关条件格式设置的信息，请参见第 16 章。

26.4.3 每个分行的每种账户类型的开户数是多少

图 26-15 中的数据透视表回答了这个问题。
- AcctType 字段在"列"区域中。
- Branch 字段在"行"区域中。
- Amount 字段在"值"区域中，并使用"计数"方式进行汇总。

到目前为止，数据透视表的示例都使用了"求和"汇总函数。在本例中，将其改为使用"计数"函数。如果要将汇总函数改为"计数"，请右击"值"区域中的任意单元格，并从快捷菜单中选择"值汇总依据"|"计数"命令。

Count of Amount	AcctType				
Row Labels	CD	Checking	IRA	Savings	Grand Total
Central	97	158	8	99	362
North County	60	61	15	61	197
Westside	54	59	5	35	153
Grand Total	211	278	28	195	712

图 26-15 此数据透视表使用计数函数来汇总数据

26.4.4 开户时存取的金额是多少

图 26-16 中的数据透视表回答了这个问题。例如，253 个(或 35.53%)新账户存入的金额为 5000 美元或以下。

▲	A	B	C	D
1				
2	Row Labels ▾	Count	Pct	
3	1-5000	253	35.53%	
4	5001-10000	192	26.97%	
5	10001-15000	222	31.18%	
6	15001-20000	19	2.67%	
7	20001-25000	3	0.42%	
8	25001-30000	1	0.14%	
9	30001-35000	3	0.42%	
10	40001-45000	3	0.42%	
11	45001-50000	5	0.70%	
12	60001-65000	2	0.28%	
13	70001-75000	5	0.70%	
14	75001-80000	1	0.14%	
15	85001-90000	3	0.42%	
16	**Grand Total**	712	100.00%	
17				

图 26-16　此数据透视表统计了位于每个值范围内的账户数

这个数据透视表有些不同寻常，因为它只使用了一个字段：Amount。

- Amount 字段在"行"区域(被分组，以显示美元范围)中。
- Amount 字段也在"值"区域中，并使用"计数"方式进行汇总。
- Amount 字段的第 3 个实例也在"值"区域中，使用"计数"方式进行汇总，并显示为"列汇总的百分比"。

当最初在"行"区域中加入 Amount 字段时，数据透视表为每个唯一的美元金额显示一行。要将这些值分组，右击其中一个行标签，并从快捷菜单中选择"组合"。然后，使用"组合"对话框以 5000 美元为增量设置列表。请注意，如果选择多个行标签，则"组合"对话框不会显示。

第二个 Amount 字段(在"值"区域中)按"计数"进行汇总。要更改默认的"求和"汇总，右击任意值，并从快捷菜单中选择"值汇总依据" | "计数"命令。

在"值"区域添加另一个 Amount 字段实例，并将其设置为显示百分比。方法是右击 C 列中的一个值，并选择"值显示方式" | "列汇总的百分比"命令。也可以在"值字段设置"对话框的"值显示方式"选项卡中对这个选项进行设置。

26.4.5　柜员最常开的账户类型是什么

图 26-17 中的数据透视表表明柜员最常开的账户类型是支票账户。

- 字段 AcctType 在"行"区域中。
- 字段 OpenedBy 在"筛选"区域中。
- 字段 Amount 在"值"区域中(按照"计数"方式进行汇总)。
- Amount 字段的第 2 个实例也在"值"区域中(显示为"列汇总的百分比")。

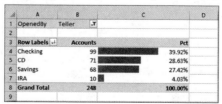

图 26-17　此数据透视表使用"筛选"仅显示柜员的数据

这个数据透视表根据字段 OpenedBy 进行了筛选，仅显示有关 Teller 的数据。此外，它还对数据进行了排序，将最大的值放在顶端，方法是右击任意值，从快捷菜单中选择"排序"，再选择"降序"。同时使用条件格式显示了百分比的数据条。

交叉引用
有关条件格式的信息，请参见第 16 章。

26.4.6 哪个分行的柜员为新客户开的支票账户最多

图 26-18 中的数据透视表回答了这个问题。在"Central"分行，柜员为新客户新开了 23 个支票账户。

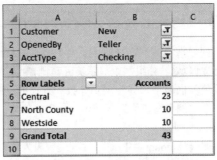

图 26-18 此数据透视表使用了 3 次筛选

- 字段 Customer 在"筛选"区域中。
- 字段 OpenedBy 在"筛选"区域中。
- 字段 AcctType 在"筛选"区域中。
- 字段 Branch 在"行"区域中。
- 字段 Amount 在"值"区域中，并按照"计数"方式进行汇总。

此数据透视表使用了 3 次报表筛选：通过字段 Customer 筛选为只显示 New，通过字段 OpenedBy 筛选为只显示 Teller，通过字段 AcctType 筛选为只显示 Checking。

26.5 学习更多知识

本章中的示例会使你对数据透视表强大的功能和灵活性产生一定的认识。第 27 章将通过丰富的示例更深入地介绍数据透视表的一些高级功能。

第 **27** 章

使用数据透视表分析数据

本章要点

- 使用非数值数据创建数据透视表
- 对数据透视表中的项进行分组
- 在数据透视表中创建计算字段或计算项
- 了解数据模型功能

第 26 章对数据透视表进行了简要介绍，并在其中列举了一些示例，从而说明了可以使用数据生成的不同的数据透视表汇总类型。

本章将继续讨论并详细说明如何创建有用的数据透视表。创建一个基本的数据透视表的操作是很容易的，本章中的示例还介绍了数据透视表中的其他一些有用的功能。建议你使用自己的数据来实践这些技术，如果没有合适的数据，则可以使用配套学习资源网站中附带的文件。

27.1   使用非数值数据

大部分数据透视表都用来汇总数值数据，但是数据透视表对于某些类型的非数值型数据也很有用。对于非数值型数据，可以进行计数，而不是进行求和或求平均值。

图 27-1 显示了一个表格以及一个由此表格所生成的数据透视表。此数据表格中包含 400 名员工的姓名、位置和性别，而不包含数值，但是你仍然可以创建一个有用的数据透视表，以便对各项进行统计，而不是求和。此数据透视表(在区域 E2:H10 中)组合了 400 名员工的性别和位置字段，并显示了每个位置和性别组合的员工数量。

> **配套学习资源网站**
>
> 配套学习资源网站 www.wiley.com/go/excel365bible 中包含一个工作簿，用于说明如何用非数值数据生成数据透视表，其文件名是 employee list.xlsx。

下面是在此数据透视表中使用的"数据透视表字段"任务窗格设置。

- 字段 Gender 用于"列"区域。
- 字段 Location 用于"行"区域。

- 字段 Location 也用于“值”区域，并通过“计数”方式进行汇总。
- 此数据透视表中关闭了字段标题(通过使用“数据透视表分析”|“显示”组中的“字段标题”切换控件)。

注意

上述数据透视表并没有使用 Employee 字段。尽管此示例在“值”区域中使用了 Location 字段，但实际上可以使用这三个字段中的任何一个，因为此数据透视表显示的是计数结果。

AA80

	Employee	Location	Gender
2	Al Grubbs	California	Male
3	Sarah Parks	New York	Female
4	Cheryl Cory	California	Female
5	Gregory Steiger	California	Male
6	Sheila Wigfall	California	Female
7	Pedro H. Nicholson	Arizona	Male
8	Howard Keach	California	Male
9	Heather Lichtenstein	Washington	Female
10	Janet Woodson	Arizona	Female
11	Hosea Pierson	New York	Male
12	Nadine Blankenship	New York	Female
13	Roy Greene	New York	Male
14	William N. Campbell	New York	Male
15	Stephen Foster	New York	Male
16	Charles S. Billings	Pennsylvania	Male
17	Margaret Sirois	California	Female
18	PhyllisTodd	Massachusetts	Female
19	Mary Brinkmann	New York	Female
20	Janie Little	Massachusetts	Female
21	Bob Hunsberger	Pennsylvania	Male
22	Cassandra Jackson	Arizona	Female
23	PhyllisTodd	Massachusetts	Female
24	Donald Jackson	California	Male

Count	Female	Male	Total
Arizona	5	15	20
California	44	64	108
Massachusetts	43	47	90
New York	51	40	91
Pennsylvania	17	29	46
Washington	16	29	45
Total	176	224	400

图 27-1 此表格没有任何数值字段，但仍可用它生成数据透视表，如表格右边所示

图 27-2 显示的是进行一些修改之后的数据透视表。

- 为显示百分比，将 Location 字段的第 2 个实例添加到了“值”区域中。然后，右击该列中的一个值，选择“值显示方式”|“列汇总的百分比”命令。
- 通过选择单元格并键入新名称，将数据透视表中的字段名改为 Ct 和 Pct。
- 选择一个“数据透视表样式”，以便更容易分辨各列。

	Colur					
	Female		Male		Total Ct	Total Pct
Row Labels	Ct	Pct	Ct	Pct		
Arizona	5	2.84%	15	6.70%	20	5.00%
California	44	25.00%	64	28.57%	108	27.00%
Massachusetts	43	24.43%	47	20.98%	90	22.50%
New York	51	28.98%	40	17.86%	91	22.75%
Pennsylvania	17	9.66%	29	12.95%	46	11.50%
Washington	16	9.09%	29	12.95%	45	11.25%
Grand Total	176	100.00%	224	100.00%	400	100.00%

图 27-2 将数据透视表改为显示计数和百分比

27.2　对数据透视表中的项进行分组

数据透视表中最有用的功能之一是将项进行组合。可以对"数据透视表字段"任务窗格的"行"或"列"区域中的各项进行组合。Excel 提供了以下两种组合方式。

- **手动组合**：创建数据透视表后，选择需要组合的项，然后选择"数据透视表分析" | "组合" | "分组选择"命令。或者，选择项，右击并从快捷菜单中选择"组合"。
- **自动组合**：如果项是数值(或日期)，则使用"组合"对话框指定项的组合方式。选定任意项，然后选择"数据透视表分析" | "组合" | "分组字段"命令。或者右击项并从快捷菜单中选择"组合"。不论采用哪种方式，Excel 都会显示"组合"对话框。可使用此对话框来指定如何组合项。

> **注意**
> 如果打算创建多个使用不同组合的数据透视表，请阅读提要栏"从同一数据源创建多个分组"。

27.2.1　手动分组示例

图 27-3 显示的是前面列举的数据透视表示例，从"行标签"部分创建了两个分组。在创建第一个分组时，需要按住 Ctrl 键，同时在数据透视表中选择 Arizona、California 和 Washington。然后右击选定单元格，从快捷菜单中选择"组合"。接着选择另外 3 个州创建第二个分组。然后，将默认的分组名("数据组 1"和"数据组 2")替换成更有意义的组名(Western Region 和 Eastern Region)。

Count			
	Female	**Male**	**Total**
⊟ **Western Region**			
Arizona	5	15	20
California	44	64	108
Washington	16	29	45
⊟ **Eastern Region**			
Massachusetts	43	47	90
New York	51	40	91
Pennsylvania	17	29	46
Total	**176**	**224**	**400**

图 27-3　含有两个分组的数据透视表

可以创建任意多个分组，甚至可以在分组的基础上创建分组。

Excel 提供了大量用于显示数据透视表的布局选项，在使用分组时可能需要尝试这些选项。这些命令位于功能区的"设计"选项卡中。这里并没有规则告诉你选择哪个选项。关键是多尝试几次，直到找到使数据透视表看起来最棒的选项就可以了。此外，还可尝试使用"设计"选项卡中的各种样式选项。一般来说，所选择的样式可大大提高数据透视表的可读性。

图 27-4 显示的是采用不同选项来显示分类汇总、总计和样式的数据透视表。

> **配套学习资源网站**
> 配套学习资源网站 www.wiley.com/go/excel365bible 中提供了一个包含这些分组示例的工作簿，文件名为 grouping examples.xlsx。

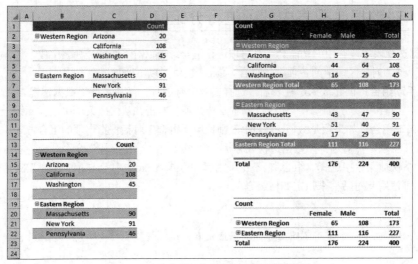

图 27-4　含有分类汇总和总计选项的数据透视表

27.2.2　自动分组示例

当字段包含数值、日期或时间时，Excel 可以自动创建分组。下面通过两个示例来说明如何自动创建分组。

1. 按日期分组

图 27-5 显示的是某个简单表格的一部分，其中包括两个字段：Date 和 Sales。这个表格含有 730 行，涵盖了从 2022 年 1 月 1 日到 2023 年 12 月 31 之间的日期。该表格的目标是汇总每个月的销售信息。

	A	B	C
1	Date	Sales	
2	1/1/2022	3,830	
3	1/2/2022	3,763	
4	1/3/2022	4,362	
5	1/4/2022	3,669	
6	1/5/2022	3,942	
7	1/6/2022	4,488	
8	1/7/2022	4,416	
9	1/8/2022	3,371	
10	1/9/2022	3,628	
11	1/10/2022	4,548	
12	1/11/2022	5,493	
13	1/12/2022	5,706	
14	1/13/2022	6,579	
15	1/14/2022	6,333	
16	1/15/2022	6,101	
17	1/16/2022	5,289	
18	1/17/2022	5,349	
19	1/18/2022	5,814	
20	1/19/2022	6,501	

图 27-5　可以使用数据透视表按月份汇总销售数据

配套学习资源网站

配套学习资源网站 www.wiley.com/go/excel365bible 中提供了一个用于说明如何按日期对数据透视表项进行分组的工作簿，文件名为 grouping sales by date.xlsx。

图 27-6 显示的是从此数据创建的数据透视表(在列 E:F 中)。Date 字段在"行"区域中，Sales 字段在"值"区域中。向数据透视表添加日期字段时，Excel 将自动分组日期，并将分组后的字段添加到数据透视表中。如果不希望 Excel 分组日期，可在添加日期字段到数据透视表后立即单击"撤消"按钮。也可以手动编辑分组。

	A	B	C	D	E	F	G
1	Date	Sales					
2	1/1/2022	3,830					
3	1/2/2022	3,763					
4	1/3/2022	4,362					
5	1/4/2022	3,669					
6	1/5/2022	3,942			Row Labels	Sum of Sales	
7	1/6/2022	4,488			⊞2022	4857138	
8	1/7/2022	4,416			⊞2023	11664116	
9	1/8/2022	3,371			Grand Total	16521254	
10	1/9/2022	3,628					
11	1/10/2022	4,548					
12	1/11/2022	5,493					
13	1/12/2022	5,706					
14	1/13/2022	6,579					
15	1/14/2022	6,333					

图 27-6 Excel 自动分组后的数据透视表

要按月份对项进行分组，请选择任一年份，并选择"数据透视表分析"|"组合"|"分组字段"命令(或者右击，并从快捷菜单中选择"组合"命令)，这样将出现如图 27-7 所示的"组合"对话框。Excel 为"起始于"和"终止于"字段提供了值。这些值覆盖了整个数据区域，可以根据需要更改这些值。

在"步长"列表框中，选择"月"和"年"，并取消选中 Excel 可能自动创建的其他所有分组(如"季度")。确认起始和结束日期是否正确。单击"确定"按钮之后，数据透视表中的 Date 项将按"月"和"年"分组，如图 27-8 所示。

图 27-7 使用"组合"对话框按日期对数据透视表中的项进行分组

图 27-8 按"月"和"年"进行分组后的数据透视表

从同一数据源创建多个分组

如果从同一个数据源创建多个数据透视表，则可能注意到，在一个数据透视表中对字段分组会影响其他数据透视表。具体而言，所有其他数据透视表将自动使用相同的分组。有时候，这正是你想要的。但有时，它却不是你想要的。例如，你可能想看到两个数据透视表：一个是按月份和年份汇总数据；另一个是按季度和年份汇总数据。

导致分组会影响其他数据透视表的原因是，所有数据透视表都使用相同的数据透视表"缓存"。遗憾的是，没有直接用于强制数据透视表使用新缓存的方法。但可通过一种方法诱使Excel使用新缓存。使用该方法时，需要向源数据提供多个区域名称。

例如，将源区域命名为Table1，再给同一个区域起另外一个名称：Table 2。最简单的区域命名方法是使用位于编辑栏左侧的"名称"框。选择区域，在"名称"框中键入名称，然后按 Enter 键。在仍选中该区域的情况下，键入一个不同的名称，然后按 Enter 键。Excel将只显示第一个名称，但可以通过选择"公式" | "定义的名称" | "名称管理器"命令验证这两个名称都存在。

当创建第一个数据透视表时，将Table1指定为表格/区域。当创建第二个数据透视表时，将 Table2 指定为表格/区域。每个数据透视表将使用单独的缓存，并且可以在一个数据透视表中创建独立于另一个数据透视表的分组。

可以将该方法用于现有的数据透视表。请确保为数据源提供不同的名称，然后选择数据透视表，并选择"数据透视表分析" | "数据" | "更改数据源"命令。在"更改数据透视表数据源"对话框中，键入新的区域名称。这会使Excel为数据透视表创建新缓存。

注意

如果只在"组合"对话框的"步长"列表框中选择"月"，则会将不同年份的月合并在一起。例如，January 项将显示 2022 年与 2023 年的销售数据总和。

图 27-9 显示的是按"季度"和"年"对此数据进行分组的另一个视图。

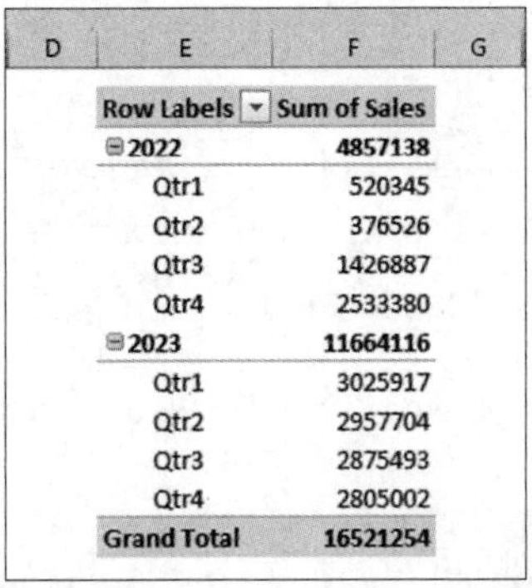

Row Labels	Sum of Sales
⊟ 2022	4857138
Qtr1	520345
Qtr2	376526
Qtr3	1426887
Qtr4	2533380
⊟ 2023	11664116
Qtr1	3025917
Qtr2	2957704
Qtr3	2875493
Qtr4	2805002
Grand Total	**16521254**

图 27-9　此数据透视表显示了按"季度"和"年"进行分组的销售数据

2. 按时间分组

图 27-10 显示的是列 A:B 中的数据集。每行都是从某个测量设备读取到的数据，这些数据是通过在全天中每隔一分钟读取一次而获取的。此表格含有 1440 行，每行代表一分钟的数据。在本例中，数据透视表(在列 D:G 中)要按"小时"汇总数据。

配套学习资源网站

配套学习资源网站 www.wiley.com/go/excel365bible 中含有这个工作簿，文件名是 time-based grouping.xlsx。

对此数据透视表的设置如下：

- "值"区域中有 Reading 字段的 3 个实例，其中每个实例显示一个不同的汇总方法 (Average、Minimum 和 Maximum)。要更改某列的汇总方法，请右击列中的任一单元格，选择"值汇总方式"，然后选择适当的选项。
- Time 字段在"行"区域中，并使用"组合"对话框按"小时"进行分组。

	A	B	C	D	E	F	G	H
1	Time	Reading			Average	Minimum	Maximum	
2	6/15/2022 0:00	105.32		12 AM	110.50	104.37	116.21	
3	6/15/2022 0:01	105.35		1 AM	118.57	112.72	127.14	
4	6/15/2022 0:02	104.37		2 AM	124.39	115.75	130.36	
5	6/15/2022 0:03	106.40		3 AM	122.74	112.85	132.90	
6	6/15/2022 0:04	106.42		4 AM	129.29	123.99	133.52	
7	6/15/2022 0:05	105.45		5 AM	132.91	125.88	141.04	
8	6/15/2022 0:06	107.46		6 AM	139.67	132.69	146.06	
9	6/15/2022 0:07	109.49		7 AM	128.18	117.53	139.65	
10	6/15/2022 0:08	110.54		8 AM	119.24	112.10	129.38	
11	6/15/2022 0:09	110.54		9 AM	134.36	129.11	142.79	
12	6/15/2022 0:10	110.55		10 AM	136.16	130.91	142.89	
13	6/15/2022 0:11	109.56		11 AM	122.79	108.63	138.10	
14	6/15/2022 0:12	107.60		12 PM	111.76	106.43	116.71	
15	6/15/2022 0:13	107.68		1 PM	104.91	98.48	111.86	
16	6/15/2022 0:14	109.69		2 PM	119.71	110.37	130.55	
17	6/15/2022 0:15	107.76		3 PM	131.83	121.92	139.65	
18	6/15/2022 0:16	107.81		4 PM	131.05	123.36	137.94	
19	6/15/2022 0:17	108.83		5 PM	138.90	133.05	145.06	
20	6/15/2022 0:18	109.85		6 PM	134.71	129.29	139.89	
21	6/15/2022 0:19	111.94		7 PM	123.09	113.97	135.23	
22	6/15/2022 0:20	114.04		8 PM	118.13	112.64	125.65	
23	6/15/2022 0:21	112.12		9 PM	112.64	108.09	117.72	
24	6/15/2022 0:22	112.21		10 PM	103.19	96.13	110.49	
25	6/15/2022 0:23	112.25		11 PM	106.01	100.03	111.76	
26	6/15/2022 0:24	113.34		Grand Total	123.11	96.13	146.06	
27	6/15/2022 0:25	112.41						

图 27-10　此数据透视表按"小时"进行分组

27.3　使用数据透视表创建频率分布

Excel 提供了多种用于创建频率分布的方法，但是这些方法都不如使用数据透视表简单。图 27-11 显示的是 221 位学生的考试成绩表的一部分。本例的目标是确定每个 10 分范围(1~10、11~20 等)内的学生人数。

配套学习资源网站

配套学习资源网站 www.wiley.com/go/excel365bible 中提供了这个工作簿，文件名是 frequency distribution.xlsx。

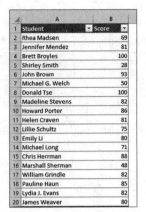

图 27-11 创建这些考试成绩的频率分布十分简单

此数据透视表十分简单：

- Score 字段在"行"区域中(已分组)。
- Score 字段的另一个实例在"值"区域中，并按照"计数"方式进行汇总。

在生成此表的"组合"对话框中，指定分组从"1"开始，到"100"结束，步长为"10"。

> **注意**
>
> 默认情况下，Excel 不显示计数为"0"的项目。在本示例中，因为没有低于 21 分的成绩，所以在创建数据透视表时隐藏了"1-10"和"11-20"项。如果要强制显示这些空项，可以右击任一单元格，并从快捷菜单中选择"字段设置"。在"字段设置"对话框中，单击"布局和打印"选项卡，并选择"显示无数据的项目"。然后，右击任一单元格，并从快捷菜单中选择"数据透视表选项"命令，选中"对于空单元格，显示："复选框，并在输入框中输入 0。这将为新添加的行显示 0，而不是将其显示为空。

图 27-12 显示的是这些考试成绩的频率分布以及一个数据透视图(参见本章 27.8 节"创建数据透视图")。该示例筛选了 Score 以使数据透视表(及数据透视图)不显示<1 类别和>101 类别。

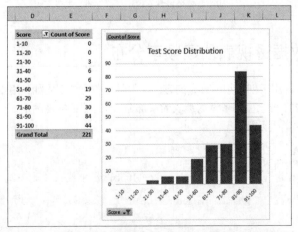

图 27-12 此数据透视表和数据透视图显示了考试成绩的频率分布

注意

本示例使用 Excel 的"组合"对话框自动创建分组。如果不愿意按照相等的步长进行分组，那么也可创建自己的分组。例如，你可能希望根据考试分数分配字母等级。可以首先选择第一组中的行，右击，然后从快捷菜单中选择"组合"。接着对其他分组重复上述步骤。然后，将默认的组名替换为更有意义的名称即可。

27.4　创建计算字段或计算项

数据透视表中最容易混淆的部分可能就是计算字段和计算项了。许多数据透视表用户都会尽量避免使用计算字段和计算项，而事实上这些功能可能是很有用的，而且只要理解了其工作原理，就会发现它们并不是那么复杂。

下面首先介绍一些基本定义。

- **计算字段**：利用数据透视表中的其他字段所创建的新字段。如果数据透视表的数据源是工作表表格，则一种用于替代使用计算字段的方法是在表格中增加一列，并创建一个用于执行所需计算的公式。计算字段必须位于数据透视表的"值"区域中。不能在"行""列"或"筛选"区域内使用计算字段。
- **计算项**：在数据透视表的一个字段中使用其他项的内容。如果数据透视表的数据源是工作表表格，则一种用于替代使用计算项的方法是插入一行或多行，并编写一个使用其他行中数值的公式。计算项必须位于数据透视表的"行""列"或"筛选"区域中。不能在"值"区域中使用计算项。

用于创建计算字段或计算项的公式并不是标准的 Excel 公式。换句话说，不能在单元格内输入这些公式，而需要在对话框中输入这些公式，并且它们将与数据透视表数据存储在一起。

本节中的示例所使用的工作表表格如图 27-13 所示。该表格包含 5 列和 48 行。每行内容都描述了一个销售代表的月销售信息。例如，Amy 是 North 区的销售代表，在一月份她销售了 239 件货品，其销售额为 23 040 美元。

SalesRep	Region	Month	Sales	Units Sold
Amy	North	Jan	23,040	239
Amy	North	Feb	24,131	79
Amy	North	Mar	24,646	71
Amy	North	Apr	22,047	71
Amy	North	May	24,971	157
Amy	North	Jun	24,218	92
Amy	North	Jul	25,735	175
Amy	North	Aug	23,638	87
Amy	North	Sep	25,749	557
Amy	North	Oct	24,437	95
Amy	North	Nov	25,355	706
Amy	North	Dec	25,899	180
Bob	North	Jan	20,024	103
Bob	North	Feb	23,822	267
Bob	North	Mar	24,854	96
Bob	North	Apr	22,838	74
Bob	North	May	25,320	231
Bob	North	Jun	24,733	164
Bob	North	Jul	21,184	68

图 27-13　此数据显示了计算字段和计算项

> **配套学习资源网站**
> 配套学习资源网站 www.wiley.com/go/excel365bible 中提供了这个工作簿,用于说明计算字段和计算项,文件名是 calculated fields and items.xlsx。

图 27-14 显示的是通过上述数据创建的数据透视表。该数据透视表中是按月份("行"区域)和销售代表("列"区域)交叉显示的销售额("值"区域)。

下面的示例将创建:

- 1 个计算字段,用于计算每件货品的平均销售额。
- 4 个计算项,用于计算季度销售佣金。

图 27-14　从销售数据创建的数据透视表

27.4.1　创建计算字段

数据透视表是一种特殊类型的区域,不能在数据透视表中插入新行或新列,这就意味着不能通过插入公式的方式对数据透视表中的数据执行计算。然而,可以为数据透视表创建计算字段。计算字段由可使用其他字段信息的计算组成。

计算字段基本上是一种用于在数据透视表中显示新信息(会用到其他字段)的方法。计算字段是一种用于代替在源数据中创建新列的方法。许多情况下,你可能会发现使用可执行所需计算的公式在源数据区域中插入新列要更容易。但是,当不能方便地操作数据源中的数据时(例如,数据源是外部数据库),计算字段就是非常有用的。

在前面的销售示例中,假如需要计算每件货品的平均销售额,可以通过将 Sales 字段值除以 Units Sold 字段值来计算该值。结果将会在数据透视表中显示为一个新字段(计算字段)。

可使用以下步骤来创建一个计算字段,该字段是由 Sales 字段除以 Units Sold 字段得出的。

(1) 选择数据透视表中的任一单元格。

(2) 选择"数据透视表分析"|"计算"|"字段、项和集"|"计算字段"命令,Excel将显示"插入计算字段"对话框。

(3) 在"名称"框中输入描述性的名称,并在"公式"框中指定公式(如图 27-15 所示)。此公式将可以使用工作表函数和数据源中的其他字段。在这个示例中,计算字段名为 Average Unit Price,公式为

```
=Sales/'Units Sold'
```

(4) 单击"添加"按钮以添加这个新字段。

(5) 单击"确定"按钮以关闭"插入计算字段"对话框。

图 27-15　"插入计算字段"对话框

注意

通过键入的方式或者在"字段"列表框中双击相应的项，可以手动创建公式。双击一个项可将其转移到"公式"框。由于 Units Sold 字段包含一个空格，因此 Excel 会在字段名前后加上单引号。

在创建计算字段之后，Excel 会将它添加到数据透视表的"值"区域(而且也将出现在"数据透视表字段"任务窗格中)。可以像其他任何字段一样处理此字段，但有一个例外：不能将其移动到"行""列"或"筛选"区域。它必须保留在"值"区域中。

图 27-16 显示的是在添加计算字段之后的数据透视表。新字段原本显示为 Sum of Average Unit Price，但这里将此标题更改为 Avg Price。

Row Labels	Amy Sales	Avg Price	Bob Sales	Avg Price	Chuck Sales	Avg Price	Doug Sales	Avg Price	Total Sales	Total Avg Price
Jan	23,040	96	20,024	194	19,886	209	26,264	285	89,214	169
Feb	24,131	305	23,822	89	23,494	159	29,953	35	101,400	75
Mar	24,646	347	24,854	259	21,824	263	25,041	291	96,365	287
Apr	22,047	311	22,838	309	22,058	230	29,338	132	96,281	208
May	24,971	159	25,320	110	20,280	45	25,150	104	95,721	88
Jun	24,218	263	24,733	151	23,965	32	27,371	288	100,287	90
Jul	25,735	147	21,184	312	23,032	149	25,044	305	94,995	198
Aug	23,638	272	23,174	203	21,273	28	29,506	286	97,591	91
Sep	25,749	46	25,999	310	21,584	189	29,061	199	102,393	114
Oct	24,437	257	22,639	87	19,625	236	27,113	226	93,814	168
Nov	25,355	36	23,949	220	19,832	283	25,953	320	95,089	98
Dec	25,899	144	23,179	50	20,583	116	28,670	145	98,331	96
Grand Total	293,866	117	281,715	138	257,436	86	328,464	142	1,161,481	118

图 27-16　此数据透视表使用了一个计算字段

提示

你开发的公式也可以使用工作表函数，但这些函数不能引用单元格或命名区域。

27.4.2　插入计算项

上一节描述了如何创建计算字段。Excel 还允许用户为数据透视表的字段创建计算项。请注意，计算字段是一种用于代替在数据源中增加新字段(列)的方法，而计算项则是一种用于代替在数据源中增加新行的方法(该行中的公式将引用其他行)。

本示例中创建了 4 个计算项。其中，每项都表示了根据下面的比例表所计算出的季度佣金收入。

- **一季度**：一月、二月、三月销售金额之和的 10%
- **二季度**：四月、五月、六月销售金额之和的 11%
- **三季度**：七月、八月、九月销售金额之和的 12%
- **四季度**：十月、十一月、十二月销售之和的 12.5%

> **注意**
> 要修改源数据以获取这些信息，需要插入 16 个新行，并为每行都添加公式(每个销售代表对应 4 个公式)。由此可见，对于本例而言，创建 4 个计算项相对要更简单一些。

要创建用于计算一月、二月和三月的佣金金额的计算项，可执行以下步骤。

(1) 选择数据透视表的"行标签"或"列标签"区域的任意单元格，并选择"数据透视表分析"|"计算"|"字段、项和集"|"计算项"命令。Excel 将显示用于插入计算项的对话框。

(2) 在"名称"框中输入新项的名称，并在"公式"框中指定公式(参见图 27-17)。公式可以使用其他字段中的项，但不能使用工作表函数。在本例中，新项名为"Qtr1 Commission"，公式如下：

```
= (Jan+Feb+Mar)*10%
```

图 27-17　用于插入计算项的对话框

(3) 单击"添加"按钮。

(4) 重复步骤(2)和(3)以创建其他 3 个计算项：

```
Qtr2 Commission: = (Apr+May+Jun)*11%
Qtr3 Commission: = (Jul+Aug+Sep)*12%
Qtr4 Commission: = (Oct+Nov+Dec)*12.5%
```

(5) 单击"确定"按钮关闭对话框。

> **注意**
> 计算项与计算字段不同，它不会出现在"数据透视表字段"任务窗格中，只有字段才能出现在字段列表中。

> **警告**
> 在数据透视表中使用计算项时，可能需要关闭列的"总计"显示，以避免重复计数。在本例中，"总计"包含了计算项，所以在销售总额中也包含了佣金额。要关闭"总计"，请选择"设计"|"布局"|"总计"|"对行和列禁用"命令。

创建计算项后，它们就会显示在数据透视表中。图 27-18 显示的是增加了 4 个计算项之后的数据透视表。注意，计算项被添加到 Month 项的末尾。也可以通过选择单元格并拖动其边框来重新安排项的位置。另一种方法是手动创建两个分组：一个用于销售数据，另一个用于佣金计算。图 27-19 显示的是在创建两个分组并计算分类汇总之后的数据透视表。

Row Labels	Amy Sales	Avg Price	Bob Sales	Avg Price	Chuck Sales	Avg Price	Doug Sales	Avg Price	Total Sales	Total Avg Price
Jan	23,040	96	20,024	194	19,886	209	26,264	285	89,214	169
Feb	24,131	305	23,822	89	23,494	159	29,953	35	101,400	75
Mar	24,646	347	24,854	259	21,824	263	25,041	291	96,365	287
Apr	22,047	311	22,838	309	22,058	230	29,338	132	96,281	208
May	24,971	159	25,320	110	20,280	45	25,150	104	95,721	88
Jun	24,218	263	24,733	151	23,965	32	27,371	288	100,287	90
Jul	25,735	147	21,184	312	23,032	149	25,044	305	94,995	198
Aug	23,638	272	23,174	203	21,273	28	29,506	286	97,591	91
Sep	25,749	46	25,999	310	21,584	189	29,061	199	102,393	114
Oct	24,437	257	22,639	87	19,625	236	27,113	226	93,814	168
Nov	25,355	36	23,949	220	19,832	283	25,953	320	95,089	98
Dec	25,899	144	23,179	50	20,583	145	28,670	145	98,331	96
Qtr1 Commission	7,182	185	6,870	147	6,520	200	8,126	79	28,698	130
Qtr2 Commission	7,836	223	8,018	155	7,293	51	9,004	146	32,152	110
Qtr3 Commission	9,015	92	8,443	265	7,907	63	10,033	253	35,397	120
Qtr4 Commission	9,461	77	8,721	84	7,505	181	10,217	205	35,904	113
Grand Total	**327,360**	**117**	**313,767**	**138**	**286,661**	**86**	**365,845**	**142**	**1,293,632**	**118**

图 27-18　此数据透视表对季度汇总使用了计算项

Row Labels	Amy Sales	Avg Price	Bob Sales	Avg Price	Chuck Sales	Avg Price	Doug Sales	Avg Price
⊟ Monthly Sales								
Jan	23,040	96	20,024	194	19,886	209	26,264	285
Feb	24,131	305	23,822	89	23,494	159	29,953	35
Mar	24,646	347	24,854	259	21,824	263	25,041	291
Apr	22,047	311	22,838	309	22,058	230	29,338	132
May	24,971	159	25,320	110	20,280	45	25,150	104
Jun	24,218	263	24,733	151	23,965	32	27,371	288
Jul	25,735	147	21,184	312	23,032	149	25,044	305
Aug	23,638	272	23,174	203	21,273	28	29,506	286
Sep	25,749	46	25,999	310	21,584	189	29,061	199
Oct	24,437	257	22,639	87	19,625	236	27,113	226
Nov	25,355	36	23,949	220	19,832	283	25,953	320
Dec	25,899	144	23,179	50	20,583	116	28,670	145
Monthly Sales Total	**293,866**	**117**	**281,715**	**138**	**257,436**	**86**	**328,464**	**142**
⊟ Quarterly Commissions								
Qtr1 Commission	7,182	185	6,870	147	6,520	200	8,126	79
Qtr2 Commission	7,836	223	8,018	155	7,293	51	9,004	146
Qtr3 Commission	9,015	92	8,443	265	7,907	63	10,033	253
Qtr4 Commission	9,461	77	8,721	84	7,505	181	10,217	205
Quarterly Commissions Total	**33,494**	**114**	**32,052**	**137**	**29,225**	**85**	**37,381**	**147**

图 27-19　创建两个分组并计算分类汇总之后的数据透视表

反向数据透视表

Excel 的数据透视表功能可从列表创建汇总表。但是，如果你想要执行相反的操作该怎么办呢？通常情况下，你可能具有双向的汇总表，当数据以规范化列表形式组织时，将会很方便。

在下图中，区域 A1:E13 包含一个具有 48 个数据点的汇总表。请注意，此汇总表类似于数据透视表。G:I 列显示的是从汇总表派生出来的、具有 48 行数据的表格的一部分。换句话说，原汇总表中的每一个值被转换为一行，该行中还包含区域名称和月份。这种类型的表是很有用的，因为它可以按照其他方式进行排序和处理，并且还可以从新转换出来的表创建数据透视表。

▲	A	B	C	D	E	F	G	H	I	J
1		North	South	East	West		Col1	Col2	Col3	
2	Jan	132	233	314	441		Jan	North	132	
3	Feb	143	251	314	447		Jan	South	233	
4	Mar	172	252	345	450		Jan	East	314	
5	Apr	184	290	365	452		Jan	West	441	
6	May	212	299	401	453		Feb	North	143	
7	Jun	239	317	413	457		Feb	South	251	
8	Jul	249	350	427	460		Feb	East	314	
9	Aug	263	354	448	468		Feb	West	447	
10	Sep	291	373	367	472		Mar	North	172	
11	Oct	294	401	392	479		Mar	South	252	
12	Nov	302	437	495	484		Mar	East	345	
13	Dec	305	466	504	490		Mar	West	450	
14							Apr	North	184	
15	Select a cell in the summary table above, then click the						Apr	South	290	
16	button to create a table with one row per data point.						Apr	East	365	
17	Replace the column headings to describe the fields.						Apr	West	452	
18	This macro can be used with any 2-way table						May	North	212	
19							May	South	299	
20			Convert				May	East	401	
21							May	West	453	
22							Jun	North	239	
23							Jun	South	317	

　　配套学习资源网站中包含一个工作簿 reverse pivot.xlsm，其中包含一个 VBA 宏，用于将任何双向汇总表转换成一个包含 3 列的规范化表。

　　执行这类转换的另一种方法是使用"获取和转换"，具体示例请参阅第 36 章。

27.5　使用切片器筛选数据透视表

　　切片器是一个交互式的控件，使用它可以很容易地筛选数据透视表中的数据。图 27-20 显示了一个具有 3 个切片器的数据透视表。每个切片器表示一个特定的字段。在这个示例中，数据透视表显示的是由 North County 分行的柜员开户的新客户和现有客户的数据。

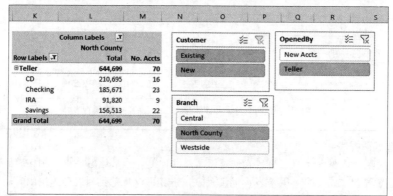

图 27-20　用切片器筛选数据透视表中显示的数据

　　在数据透视表中，可以通过使用字段标签来执行相同类型的筛选操作，但切片器是为那些可能不知道如何对数据透视表中的数据进行筛选的人们所准备的。切片器也可用于创建富有吸引力且易于使用的交互式"仪表板"。

若要在工作表中添加一个或多个切片器，请首先选择数据透视表中的任一单元格，然后选择"插入"|"筛选器"|"切片器"命令。这样将显示"插入切片器"对话框，其中包含了数据透视表中所有字段的列表。选中所需切片器旁边的复选框，然后单击"确定"按钮即可。

切片器可以进行移动和调整大小，并可以改变其外观。要删除特定切片器的筛选功能，只需要单击此切片器右上角的"清除筛选器"图标即可。

要使用切片器来筛选数据透视表中的数据，只需要单击一个按钮即可。要显示多个值，请在按住 Ctrl 键的同时单击切片器中的各个按钮，或者单击切片器窗口右上角的多选图标。按住 Shift 键并单击可选择一系列连续的按钮。

图 27-21 显示了一个数据透视表和一个数据透视图，在其中使用了两个切片器来筛选数据(按州和月份)。在这个示例中，数据透视表和数据透视图只显示了一月到三月 Kansas、Missouri 和 New York 的数据。切片器提供了一种创建交互式图表的快速简便的方法。

> **配套学习资源网站**
>
> 配套学习资源网站 www.wiley.com/go/excel365bible 中提供了此工作簿，文件名为 pivot table slicers.xlsx。

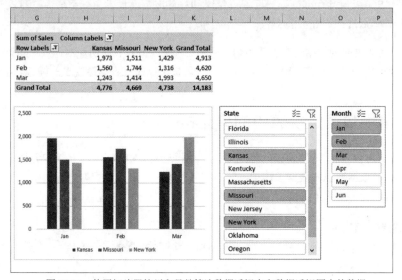

图 27-21　使用切片器按州和月份筛选数据透视表和数据透视图中的数据

27.6　用日程表筛选数据透视表

日程表在概念上类似于切片器，但该控件旨在简化数据透视表中基于时间的筛选功能。

只有当数据透视表中包含日期格式的字段时，日程表才适用。此功能无法处理时间。要添加日程表，请在数据透视表中选择单元格，然后选择"插入"|"筛选器"|"日程表"命令。Excel 将会显示一个列出所有基于日期的字段的对话框。如果数据透视表没有包含日期

格式的字段，Excel 将显示一个错误。

图 27-22 显示了一个使用 A:E 列中的数据创建的数据透视表。此数据透视表使用了日程表，以允许按季度筛选日期。单击要查看的季度所对应的按钮，此数据透视表将立即更新。要选择一系列季度，可向前或向后拖动已选中季度的边。其他筛选选项(可从右上角的下拉菜单中选择)包括年、月、日。在图中，数据透视表显示的是 2023 年第二个和第三个季度的数据。

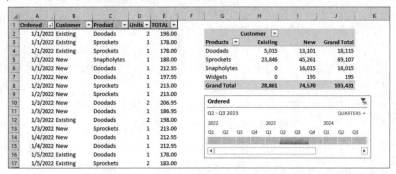

图 27-22　使用日程表按日期筛选数据透视表

配套学习资源网站

配套学习资源网站 www.wiley.com/go/excel365bible 中提供了一个使用日程表的工作簿，文件名为 pivot table timeline.xlsx。

当然，可以同时为数据透视表使用切片器和日程表。日程表与切片器具有相同类型的格式选项，使得你可以创建富有吸引力的交互式仪表板，以简化数据透视表的筛选。

27.7　引用数据透视表中的单元格

创建数据透视表后，可能还需要创建引用此数据透视表中的一个或多个单元格的公式。图 27-23 中的数据透视表显示了连续三年的收入和支出信息。此数据透视表中隐藏了字段 Month，因此显示的是年份的合计。

配套学习资源网站

配套学习资源网站 www.wiley.com/go/excel365bible 中提供了此工作簿，文件名为 pivot table referencing.xlsx。

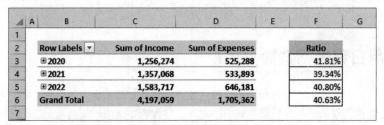

图 27-23　F 列中的公式引用了数据透视表中的单元格

F 列包含一些公式，此列不是数据透视表的一部分。这些公式用于计算每年的“支出收入”比率。在这里，通过指向数据透视表中的单元格创建了公式。你可能会认为单元格 F3 中的公式将会如下所示：

```
=D3/C3
```

但实际上，单元格 F3 中的公式是：

```
=GETPIVOTDATA("Sum of Expenses",$B$2,"Year",2020)
/GETPIVOTDATA("Sum of Income",$B$2,"Year",2020)
```

当使用指向方法创建引用数据透视表中单元格的公式时，Excel 会用更复杂的 GETPIVOTDATA 函数取代那些简单的单元格引用。如果手动输入这些单元格引用(而不是指向它们)，Excel 就不会使用 GETPIVOTDATA 函数。为什么要使用 GETPIVOTDATA 函数？因为使用该函数能够保证当数据透视表的布局发生改变时，公式将继续引用期望的单元格。

图 27-24 显示的是展开年份从而显示出月份明细数据之后的数据透视表。可以看到，F 列中的公式仍然显示了正确结果，尽管所引用的单元格的位置已发生改变。如果使用简单的单元格引用，则在展开年份后，公式将返回错误的结果。

	A	B	C	D	E	F	G
1							
2		Row Labels	Sum of Income	Sum of Expenses		Ratio	
3		⊟2020	1,256,274	525,288		41.81%	
4		Jan	98,085	42,874		39.34%	
5		Feb	98,698	44,167		40.80%	
6		Mar	102,403	43,349		40.63%	
7		Apr	106,044	43,102			
8		May	105,361	45,005			
9		Jun	105,729	44,216			
10		Jul	105,557	43,835			
11		Aug	109,669	41,952			
12		Sep	107,233	44,071			
13		Oct	105,048	43,185			
14		Nov	107,446	44,403			
15		Dec	105,001	45,129			
16		⊟2021	1,357,068	533,893			
17		Jan	109,699	46,245			
18		Feb	109,146	45,672			

图 27-24 展开数据透视表的年份字段后，使用 GETPIVOTDATA 函数的公式将继续显示正确的结果

警告

使用 GETPIVOTDATA 函数时需要注意：它检索的数据必须是可见的。如果修改了数据透视表之后，使得 GETPIVOTDATA 函数所使用的值变得不可见，则公式将返回一个错误。

提示

在创建公式的过程中，当指向数据透视表单元格时，如果出于某些原因不希望 Excel 使用 GETPIVOTDATA 函数，则可以选择“数据透视表分析”|“数据透视表”|“选项”|“生成 GetPivotData”命令。此命令是一个开关命令。

27.8 创建数据透视图

数据透视图是在数据透视表中所显示的数据汇总的图形表达方式。如果你熟悉在 Excel

中创建图表的过程,那么在创建和自定义数据透视图时将不会遇到任何问题。Excel 的所有图表功能在数据透视图中都能实现。

交叉引用

第 18 章和第 19 章介绍了 Excel 中的图表。

Excel 提供了几种创建数据透视图的方法,如下所示。

- 选中现有数据透视表中的任意单元格,然后选择"数据透视表分析"|"工具"|"数据透视图"命令。
- 选择现有数据透视表中的任意单元格,然后选择"插入"|"图表"|"数据透视图"命令。
- 选择"插入"|"图表"|"数据透视图"|"数据透视图"命令。 如果活动单元格不在数据透视表中,Excel 会提示你输入数据源,并创建数据透视图。
- 选择"插入"|"图表"|"数据透视图"|"数据透视图和数据透视表"命令。Excel 会提示你输入数据源,并创建数据透视表和数据透视图。仅当活动单元格不在一个数据透视表中时,此命令才可用。

27.8.1 数据透视图示例

图 27-25 显示的是用于跟踪各地区每日销售情况的表的一部分。Date 字段包含了一整年的日期(不含周末),Region 字段包含了地区名称(Eastern、Southern 或 Western),Sales 字段包含了销售额。

	A	B	C
1	Date	Region	Sales
2	1/1/2022	Eastern	10,909
3	1/1/2022	Southern	8,079
4	1/1/2022	Western	4,650
5	1/2/2022	Eastern	11,126
6	1/2/2022	Southern	8,131
7	1/2/2022	Western	4,521
8	1/5/2022	Eastern	11,224
9	1/5/2022	Southern	8,161
10	1/5/2022	Western	4,274
11	1/6/2022	Eastern	11,299
12	1/6/2022	Southern	8,071
13	1/6/2022	Western	4,365
14	1/7/2022	Eastern	11,265
15	1/7/2022	Southern	8,082

图 27-25 这些数据将被用来创建一个数据透视图

配套学习资源网站

可在配套学习资源网站 www.wiley.com/go/excel365bible 中找到此工作簿,文件名为 sales by region pivot chart.xlsx。

图 27-26 显示了使用这些数据创建的数据透视表。字段 Date 在"行"区域中,并将每天的日期按月份进行分组。字段 Region 在"列"区域中。字段 Sales 在"值"区域中。

⊿	A	B	C	D
1				
2				
3	Sum of Sales	Column Label ▾		
4	Row Labels ▾	Eastern	Southern	Western
5	Jan	259,416	170,991	100,708
6	Feb	255,487	134,812	99,740
7	Mar	284,294	140,918	103,848
8	Apr	273,772	144,346	124,772
9	May	268,057	119,220	131,716
10	Jun	282,089	122,156	133,071
11	Jul	289,019	120,989	162,555
12	Aug	258,844	97,790	162,644
13	Sep	264,537	106,315	193,012
14	Oct	273,592	104,383	213,761
15	Nov	279,259	93,118	223,203
16	Dec	309,802	104,962	260,102
17	Grand Total	3,298,168	1,460,000	1,909,132
18				

图 27-26　这个数据透视表按地区和月份汇总销售额

　　数据透视表显然要比原始数据更易于理解，而数据透视图又比数据透视表更容易看出趋势。

　　要创建数据透视图，请选中数据透视表中的任一单元格，然后选择"数据透视表分析"|"工具"|"数据透视图"命令。Excel 将显示"插入图表"对话框，在其中可以选择图表类型。在本例中，选择"折线图"，并单击"确定"按钮。Excel 将创建数据透视图，如图 27-27 所示。通过该图表，可以很容易地看出 Western 区域的销售额是向上的趋势，Southern 区域的销售额是下降的趋势，Eastern 区域的销售额相对平稳。

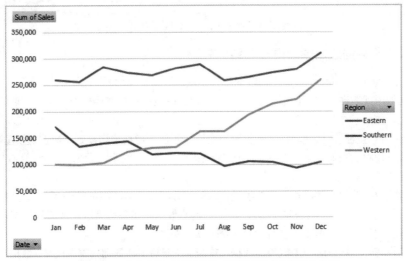

图 27-27　这个数据透视图使用了数据透视表中显示的数据

　　数据透视图中包括一些字段按钮，允许筛选图表中的数据。要删除其中的一些或全部字段按钮，请选择数据透视图，并使用"数据透视图分析"|"显示/隐藏"组中的"字段按钮"控件。

当选择数据透视图时,功能区中将出现一个新的上下文选项卡:"格式"。"格式"选项卡中的命令与标准 Excel 图表的操作命令几乎完全一样,因此可任意选择一种方式来操作数据透视图。"设计"选项卡包含不同的命令,相比在数据透视表中单击时显示的"设计"选项卡,在单击数据透视图时显示的"设计"选项卡中的命令更加适合应用到图表。"数据透视图分析"选项卡中包含"数据透视表分析"选项卡中的一些命令,如"刷新"和"插入切片器"。

如果更改了作为基础的数据透视表,则数据透视图会自动进行调整,以显示新的汇总数据。图 27-28 显示的是将 Date 分组改为季度后的数据透视图。

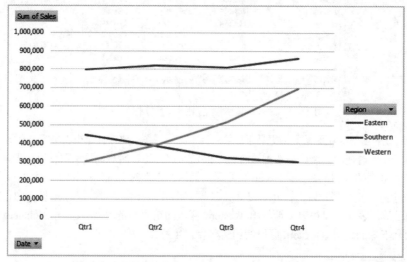

图 27-28 如果修改数据透视表,则数据透视图也将发生变化

27.8.2 关于数据透视图的更多介绍

在使用数据透视图时,需要注意以下一些事项。

- **数据透视表和数据透视图是以双向链接连接起来的。**如果其中一个发生结构或筛选变化,则另一个也将发生同样的变化。
- **当数据透视图被激活时,"数据透视表字段"任务窗格将切换到"数据透视图字段"任务窗格。**在此任务窗格中,"图例(系列)"取代了"列"区域,"轴(类别)"取代了"行"区域。
- **数据透视图中的字段按钮与数据透视表的字段标题包含相同的控件。**利用这些控件能够筛选在数据透视表和数据透视图中显示的数据。如果使用这些按钮对数据透视图进行更改,则这些更改同样会反映到数据透视表中。
- **如果有一个数据透视图链接到数据透视表,并删除了其基础数据透视表,数据透视图将仍然存在。**数据透视图的"系列"公式含有原始数据,存储在数组中。
- **默认情况下,数据透视图会被嵌入到含有数据透视表的工作表中。**要将数据透视图移动到其他工作表(或图表工作表),请选择"数据透视图分析"|"操作"|"移动图表"命令。
- **可以从一个数据透视表创建多个数据透视图,还可以分别操作这些图表,以及设置图表格式。**但是,所有图表都显示相同的数据。

- 当选择一个正常的图表时，将在右侧显示这些图标：图表元素、图表样式和图表筛选器。数据透视图不会显示"图表筛选器"图标。
- 切片器和日程表也可用于数据透视图。请参见本章前面的示例。
- 不要忘记主题。可以选择"页面布局"|"主题"|"主题"命令来改变工作簿的主题，更改主题之后，数据透视表和数据透视图都会反映新主题。

27.9　使用数据模型

到目前为止，本章重点讲述的是用单一数据表创建数据透视表，而"数据模型"功能增强了数据透视表。通过使用"数据模型"，可在一个数据透视表中使用多个数据表。这需要创建一个或多个"表关系"以使数据可以联系在一起。

一个工作簿只能有一个数据模型。在一个工作簿中建立的数据模型将用于使用该数据模型的所有数据透视表。不能让一个数据透视表使用一个数据模型，而让相同工作簿中的另一个数据透视表使用另一个数据模型。

> **注意**
> 数据模型是在 Excel 2013 中引入的功能，所以使用此功能的工作簿与以前的版本不兼容。

> **交叉引用**
> 第 V 部分将详细介绍数据模型。

图 27-29 显示了单个工作簿中的 3 个表的部分内容(每一个表位于其自身工作表中，并显示在单独窗口中)。3 个表名为 Orders、Customers 和 Regions。Orders 表包含产品订单信息，Customers 表包含公司客户信息，Regions 表包含每个州的区域标识符。

请注意，Orders 和 Customers 表都有一个 CustomerID 列，Customers 和 Regions 表都有一个 State 列。这些公共列将用于生成各表之间的关系。

这些关系是"一对多"关系。对于 Orders 表中的每一行，在 Customers 表中只有一个对应行，该行由 CustomerID 列确定。对于 Customers 表中的每一行，在 Orders 表中可有多个对应行。Orders 表是"一对多"关系中"多"的一方，而 Customers 表是"一"的一方。类似的，对于 Customers 表中的每一行，在 Regions 表中只有一个对应行，该行由 State 列决定。对于 Regions 表中的每一行，在 Customers 表中可有多个对应行。

> **配套学习资源网站**
> 该示例可在配套学习资源网站 www.wiley.com/go/excel365bible 中找到。可以使用名为 data model.xlsx 的工作簿学习这里的示例，名为 data model complete.xlsx 的工作簿展示了最终的数据透视表。

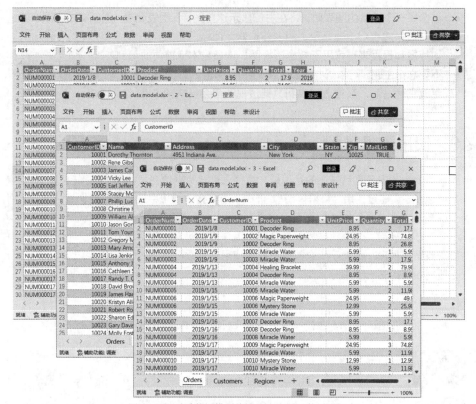

图 27-29　通过数据模型将这 3 张表用于数据透视表

> **注意**
> 与用单个表创建的数据透视表不同，通过数据模型创建的数据透视表存在一些限制。最值得注意的是，不能创建分组，也不能创建计算字段或计算项。

本示例的目标是按州、地区和年份汇总销售信息。请注意，销售和日期信息位于 Orders 表中，州信息位于 Customers 表中，地区信息位于 Regions 表中。因此，所有这 3 个表将用于生成此数据透视表。

首先，使用 Orders 表创建数据透视表(在一个新工作表中)，请执行以下步骤。

(1) 选择 Orders 表中的任一单元格，并选择"插入"|"表格"|"数据透视表"命令，将显示"创建数据透视表"对话框。

(2) 选中"将此数据添加到数据模型"复选框，然后单击"确定"按钮。请注意，当使用数据模型时，"数据透视表字段"任务窗格有所不同。该任务窗格包含两个选项卡："活动"和"全部"。"活动"选项卡只列出了 Orders 表，"全部"选项卡列出了工作簿中的全部表。

图 27-30 显示了"数据透视表字段"任务窗格中的"全部"选项卡，所有 3 个表都已展开，以显示列标题。要更改任务窗格的布局，可单击"工具"下拉控件，并选择"字段节和区域节并排"。

图 27-30　使用数据模型后的"数据透视表字段"任务窗格

由于创建数据透视表时选中了"将此数据添加到数据模型"复选框，Orders 表成为数据模型的一部分，另外两个表目前还不是数据模型的一部分。

(3) **选择"数据"|"数据工具"|"关系"命令，然后单击"新建"按钮**。图 27-31 显示了当单击"新建"按钮时打开的"创建关系"对话框。该对话框是空的，因为我们还没有建立关系。

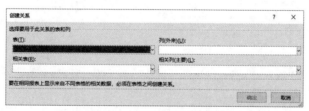

图 27-31　"创建关系"对话框

(4) **将 Orders 表与 Customers 表关联起来**。在上半部分选择"数据模型表：Orders"和CustomerID，在下半部分选择"工作表表格：Customers"和 CustomerID。将你的"创建关系"对话框中的配置与图 27-32 进行比较，确认无误后单击"确定"按钮。

图 27-32　将 Orders 表与 Customers 表关联起来

(5) **将 Customers 表与 Regions 表关联起来**。在"管理关系"对话框中单击"新建"按钮，像上一个步骤那样创建一个关系(参见图 27-33)。注意，Customers 表现在是数据模型的一部分。在上一步创建关系时，将 Customers 表添加到了数据模型中。

图 27-33 将 Customers 表与 Regions 表通过州关联起来

(6) **建立数据透视表**。关闭"管理关系"对话框。将 Region 和 StateName 字段移动到"行"区域，将 Year 字段移动到"列"区域，将 Total 字段移动到"值"区域。图 27-34 显示了执行这个步骤后的数据透视表(图 27-34 中的一些数据被折叠起来，以便能够展示更大的数据透视表部分)。

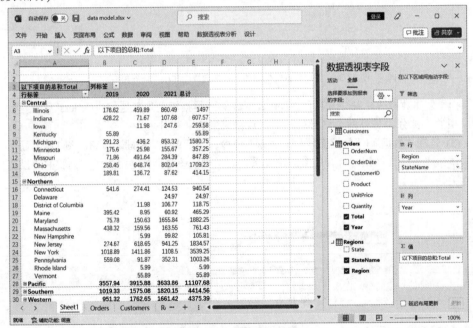

图 27-34 基于数据模型的数据透视表

现在就完成了基于 3 个表的数据透视表。剩下的就是做一些格式设置操作了。可以根据你自己的偏好设置数据透视表的格式。要使数据透视表看起来类似于 data model complete.xlsx 中那样，可执行下面的步骤。

(1) **添加切片器**。选择"数据透视表分析"|"筛选"|"插入切片器"命令，选择"全部"选项卡，然后选择 Product 和 MailList。

(2) **设置切片器的格式**。右击 MailList 切片器，选择"大小和属性"。在"格式切片器"任务窗格的"位置和布局"节中，将"列数"属性改为2。

(3) **设置值的格式。**在数据透视表中右击任意值，选择“数字格式”。在“设置单元格格式”对话框中，选择“数值”，将“小数位数”设为 2，并选中“使用千位分隔符”复选框。

(4) **添加地区分类汇总。**右击任意 Region 项(如 Central)，选择“字段设置”。在“分类汇总和筛选”选项卡中，选择“自动”。

(5) **在地区之间添加一个空行。**在“字段设置”对话框的“布局和打印”选项卡中，选中“在每个项标签后插入空行”复选框。

图 27-35 显示了最终的、设置好格式的数据透视表。

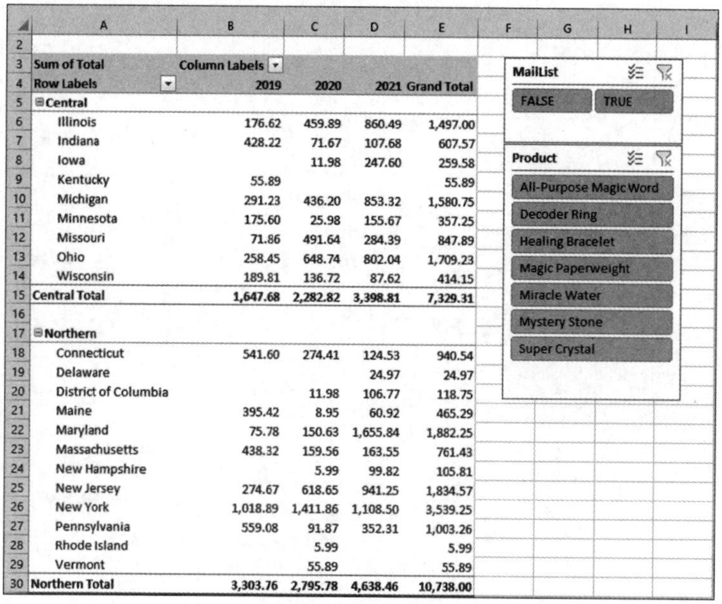

Sum of Total	Column Labels			
Row Labels	2019	2020	2021	Grand Total
⊟Central				
Illinois	176.62	459.89	860.49	1,497.00
Indiana	428.22	71.67	107.68	607.57
Iowa		11.98	247.60	259.58
Kentucky	55.89			55.89
Michigan	291.23	436.20	853.32	1,580.75
Minnesota	175.60	25.98	155.67	357.25
Missouri	71.86	491.64	284.39	847.89
Ohio	258.45	648.74	802.04	1,709.23
Wisconsin	189.81	136.72	87.62	414.15
Central Total	1,647.68	2,282.82	3,398.81	7,329.31
⊟Northern				
Connecticut	541.60	274.41	124.53	940.54
Delaware			24.97	24.97
District of Columbia		11.98	106.77	118.75
Maine	395.42	8.95	60.92	465.29
Maryland	75.78	150.63	1,655.84	1,882.25
Massachusetts	438.32	159.56	163.55	761.43
New Hampshire		5.99	99.82	105.81
New Jersey	274.67	618.65	941.25	1,834.57
New York	1,018.89	1,411.86	1,108.50	3,539.25
Pennsylvania	559.08	91.87	352.31	1,003.26
Rhode Island		5.99		5.99
Vermont		55.89		55.89
Northern Total	3,303.76	2,795.78	4,638.46	10,738.00

图 27-35 对数据模型数据透视表应用了格式设置

提示

当使用数据模型创建数据透视图时，可以将数据透视表转换为公式。如果需要相同的汇总信息，但需要自动更新这些汇总信息，而不必刷新数据透视表，将数据透视表转换为公式就很有用。在数据透视表中选择任一单元格，然后选择“数据透视表分析”|“计算”|“OLAP 工具”|“转换为公式”命令。数据透视表将被使用公式的单元格替换，这些公式使用 CUBEMEMBER 和 CUBEVALUE 函数。虽然该区域不再是数据透视表，但是在数据更改时公式也会更新。

第 **28** 章

执行电子表格模拟分析

本章要点

- 一个模拟分析示例
- 模拟分析的类型
- 手动模拟分析
- 创建单输入模拟运算表和双输入模拟运算表
- 使用方案管理器
- 借助人工智能分析数据

Excel 中最吸引人的功能之一是可以创建动态模型。动态模型中使用的公式会在所用的单元格值改变时，立即执行重新计算。当系统地更改单元格中的值，并观察对特定公式单元格的影响时，就是在执行模拟分析操作。

模拟分析是指提出某些问题的过程，如提出"如果将贷款利率更改成 7.5％会怎样?"，或者"如果将产品价格提高 5%会怎样?"等问题。

如果用户正确地创建了工作表，则回答上述这样的问题时，只需要插入新数据并观察重新计算的结果即可。如果不知道应该提出什么问题，可以让 Excel 分析数据，提出关于如何汇总数据的一些建议。Excel 提供了一些实用的工具来帮助用户进行模拟分析。

28.1 模拟分析示例

图 28-1 显示了一个用于计算抵押贷款的相关信息的工作表模型，这个工作表分为两部分：输入单元格和结果单元格(其中包含公式)。

配套学习资源网站

此工作表可在配套学习资源网站 www.wiley.com/go/excel365bible 中找到，文件名是 mortgage loan.xlsx。

Mortgage Loan Worksheet	
Input Cells	
Purchase Price:	$385,500
Down Payment:	10%
Loan Term (Months):	360
Interest Rate (APR):	3.10%
Result Cells	
Loan Amount:	$346,950
Monthly Payment:	$1,482
Total Payments:	$533,352
Total Interest:	$186,402

图 28-1　此简单工作表模型使用 4 个输入单元格生成结果

通过这个工作表，可以很容易地回答出以下模拟分析问题：

- 如果可以协商按更低的价格买入房产会怎样?
- 如果贷方要求 20%的预付定金会怎样?
- 如果能够获得 40 年的抵押贷款会怎样?
- 如果利率增长到 3.50%会怎样?

只需要改变 C4:C7 区域中的单元格值，并观察对从属单元格(C10:C13)的影响，即可回答上述这些问题。当然，也可以同时更改多个输入单元格的值。

避免在公式中使用硬编码值

此抵押贷款计算的简单示例说明了关于电子表格设计的一个重要事项：应始终将工作表设置为具有最大的灵活性。有关电子表格设计的最基本原则如下：

“不要在公式中使用硬编码值，而应该将数值存储在独立的单元格中，并在公式里使用单元格引用。”

术语“硬编码”是指在公式参数中使用值或常量，而不是单元格引用。在此抵押贷款示例中，所有公式都使用了单元格引用作为参数，而不是使用实际输入值。

例如，图 28-1 的单元格 C11 中 PMT 函数的贷款期限参数可以使用值 360，而不是引用单元格 C6 中的值。但使用单元格引用有两个好处：首先，对公式中使用的值不会有疑问(它们没有深藏在公式中)；其次，可以非常方便地更改值：在单元格中键入新值比编辑公式更容易。

当仅涉及一个公式时，在公式中使用数值看起来并不是太大的问题，但是想象一下，当一个工作表中散布数百个含有硬编码值的公式时，会是什么样子？

28.2　模拟分析的类型

Excel 可以处理比上述示例复杂得多的模型。要使用 Excel 执行模拟分析，有 3 种基本选择。

- **手动模拟分析**：插入新值，并观察对公式单元格的影响。
- **模拟运算表**：创建特定类型的表，用于当系统地更改一个或两个输入单元格值时，显示选定公式单元格的结果。
- **方案管理器**：创建命名的方案，并生成将使用分级显示或数据透视表的报表。

本章其余部分将讨论这些模拟分析类型。

28.2.1 执行手动模拟分析

手动模拟分析并不需要太多的解释。实际上，本章开始时所列举的示例已经可以说明它是如何完成的。手动模拟分析的基本思想是：你具有一个或多个输入单元格，而且这些单元格将影响一个或多个公式单元格。可以通过改变这些输入单元格的值，来观察公式的计算结果。你可能需要打印结果，或将每个"方案"保存到新的工作簿中。术语"方案"指的是输入单元格的值的特定组合。

手动模拟分析的使用非常普遍，人们常在没有意识到正在进行模拟分析的情况下已经使用这种方法了。这种执行模拟分析的方法当然没有什么问题，但是你仍然需要了解其他一些方法。

交叉引用

如果输入单元格不位于公式单元格附近，则可考虑使用"监视窗口"在一个可移动的窗口中监视公式的结果。第 3 章讨论过这种功能。

28.2.2 创建模拟运算表

模拟运算表是另一种类型的模拟分析。模拟运算表是一个动态区域，用于为变化的输入单元格汇总公式单元格。创建模拟运算表的过程很简单，但它们也存在一些限制。特别是，一个模拟运算表一次只能处理一个或两个输入单元格。这些限制将在各个示例中得到清楚的说明。

注意

本章后面将要讨论的方案管理器(参见"使用方案管理器"小节)可以生成一个能够汇总任意数量的输入单元格和结果单元格的报表。

不要混淆模拟运算表和标准的表格(通过选择"插入"|"表格"|"表格"命令创建)，这两个功能是完全独立的。

1. 创建单输入模拟运算表

单输入模拟运算表可显示一个或多个公式对单个输入单元格中的不同值所生成的结果，图 28-2 显示了单输入模拟运算表的常规布局。你需要自己手动设置此表，Excel 不会自动执行这些操作。

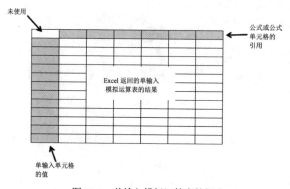

图 28-2 单输入模拟运算表的组成

可以将模拟运算表放在工作表中的任意位置，模拟运算表的左侧列包含单个输入单元格的多个不同值，最上一行包含对位于工作表其他位置的公式的引用。可以使用一个或任意数目的公式引用。模拟运算表左上角的单元格保留为空。Excel 将根据输入单元格的每个值进行计算，并将结果添加到每个公式引用的下面。

这个示例使用的是本章前面用到的抵押贷款工作表(参见"模拟分析示例")。本练习的目的是创建一个可以显示 4 个公式单元格的数值(贷款金额、每月还款、还款总额、总利息)的模拟运算表，这些数值分别对应于 2.75%～4.75%的利率，并以 0.25%为增幅进行递增。

配套学习资源网站

此工作簿可在配套学习资源网站 www.wiley.com/go/excel365bible 中找到，文件名为 mortgage loan data table.xlsx。

图 28-3 显示的是一个模拟运算表区域的设置，第 3 行由工作表中的公式引用组成。例如，单元格 F3 包含公式 "=C10"，单元格 G3 包含公式 "=C11"。第 2 行和 D 列包含的是可选的描述性标签，这些信息并不是模拟运算表的实际组成部分。E 列包含了 Excel 将在表中使用的单输入单元格的值(利率)。

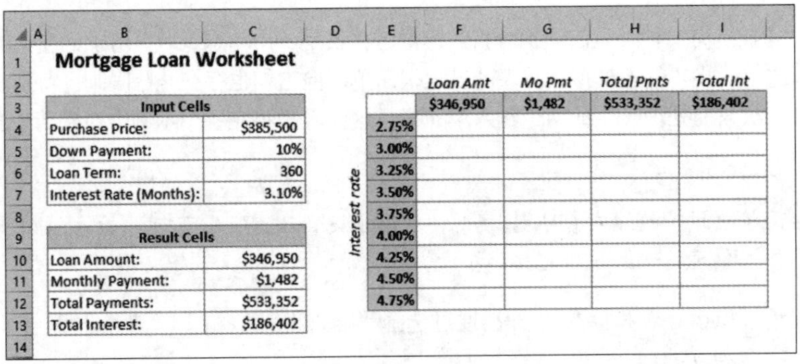

图 28-3 准备创建一个单输入模拟运算表

要创建这个表，首先需要选择整个模拟运算表区域(在本例中为 E3:I12)，然后选择"数据"|"预测"|"模拟分析"|"模拟运算表"命令。Excel 将显示"模拟运算表"对话框，如图 28-4 所示。

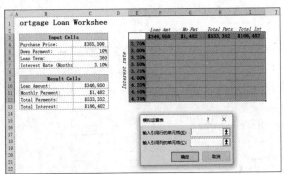

图 28-4 "模拟运算表"对话框

必须指定包含输入值的工作表单元格，因为输入单元格的变量显示在模拟运算表的左侧列中，所以要将此单元格引用放在"输入引用列的单元格"字段中。输入 C7 或者单击工作表中的单元格，将"输入引用行的单元格"字段保留为空。单击"确定"按钮，Excel 将使用计算出的结果填充该表(参见图 28-5)。

	A	B	C	D	E	F	G	H	I
1		**Mortgage Loan Worksheet**							
2						Loan Amt	Mo Pmt	Total Pmts	Total Int
3		**Input Cells**				$346,950	$1,482	$533,352	$186,402
4		Purchase Price:	$385,500		2.75%	$346,950	$1,416	$509,901	$162,951
5		Down Payment:	10%		3.00%	$346,950	$1,463	$526,592	$179,642
6		Loan Term:	360		3.25%	$346,950	$1,510	$543,581	$196,631
7		Interest Rate (Months):	3.10%		3.50%	$346,950	$1,558	$560,866	$213,916
8					3.75%	$346,950	$1,607	$578,441	$231,491
9		**Result Cells**			4.00%	$346,950	$1,656	$596,301	$249,351
10		Loan Amount:	$346,950		4.25%	$346,950	$1,707	$614,443	$267,493
11		Monthly Payment:	$1,482		4.50%	$346,950	$1,758	$632,860	$285,910
12		Total Payments:	$533,352		4.75%	$346,950	$1,810	$651,548	$304,598
13		Total Interest:	$186,402						
14									

图 28-5　单输入模拟运算表的结果

警告

使用模拟运算表会清空 Excel 的撤消列表，导致无法撤消在使用此命令之前所执行的操作。

利用该表，可以查看在不同利率下计算出的贷款额。请注意，Loan Amt 列(F 列)不会变，这是因为单元格 C10 中的公式不依赖于利率。

如果在执行此命令后，对 Excel 输入到单元格中的内容进行检查，将会看到这些数据是通过一个多单元格数组公式生成的：

`{=TABLE(,C7)}`

多单元格数组公式是一个单独的公式，它可以生成多个单元格的结果(参见第 10 章)。因为模拟运算表使用了公式，所以，如果更改了第一行中的单元格引用，或者在第一列中插入了不同的利率，则 Excel 将更新所生成的表。

注意

既可以将单输入模拟运算表垂直排列(像本例那样)，也可以将其水平排列。如果要将输入单元格的值置于一行，则需要在"模拟运算表"对话框的"输入引用行的单元格"框中键入输入单元格引用。

2. 创建双输入模拟运算表

顾名思义，双输入模拟运算表允许更改两个输入单元格。图 28-6 显示了该类模拟运算表的设置。虽然它看起来与单输入模拟运算表很类似，但双输入模拟运算表与单输入模拟运算表之间有一个重要的区别：它一次只能显示一个公式的结果。对于单输入模拟运算表，可以在表的顶行中放置任意多个公式或公式引用。而对于双输入模拟运算表，顶行保存的是第二个输入单元格的数值，表的左上角单元格包含的是单个结果公式的引用。

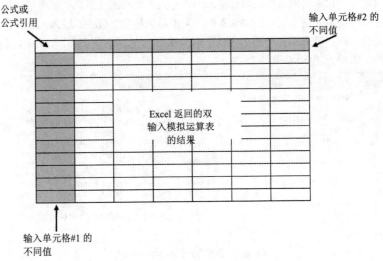

图 28-6　双输入模拟运算表的设置

　　利用抵押贷款工作表，可以创建一个双输入模拟运算表，以显示针对两个输入单元格(例如，利率和预付定金百分比)的不同组合，公式所得到的结果(如月还款)。若要查看对其他公式的影响，只需要创建多个模拟运算表即可——每个需要汇总的公式单元格对应于一个模拟运算表。

　　本节中的示例将使用图 28-7 所示的工作表来展示双输入模拟运算表。在这个示例中，公司要进行一个直邮广告的促销活动，以销售其商品。此工作表用于计算该促销活动所带来的净利润。

配套学习资源网站

　　此工作簿可在配套学习资源网站 www.wiley.com/go/excel365bible 中找到，文件名是 direct mail data table.xlsx。

	A	B	C
1		**Direct Mail Profit Model**	
2			
3		**Input Cells**	
4		Number mailed:	275,000
5		Response rate:	2.50%
6			
7		**Parameters**	
8		Printing costs per unit:	$0.15
9		Mailing costs per unit:	$0.28
10		Responses:	6,875
11		Profit per response:	$18.50
12		Gross profit:	$127,188
13		Printing + mailing costs:	$118,250
14		Net Profit	$8,937
15			

图 28-7　此工作表用于计算直邮广告促销活动所带来的净利润

这个模型使用了两个输入单元格：邮寄的促销活动广告数目和预期的回应率。下列各项将出现在 Parameters 区域中。

- **每份邮寄品的印刷费用**：印刷每份邮寄品的费用。单位印刷费用与印刷数量相关，当数量小于 200 000 份时，单位印刷费用为 0.20 美元；当数量在 200 001～299 000 之间时，单位印刷费用为 0.15 美元；当数量大于 300 000 时，单位印刷费用为 0.10 美元。本例将使用以下公式：

=IF(C4<200000,0.2,IF(C4<300000,0.15,0.1))

- **每份邮寄品的邮寄费用**：这是一个固定成本，为 0.28 美元。
- **回应数量**：根据回应率和邮寄数量的结果计算得出，该单元格中的公式如下。

=C4*C5

- **每个回应的利润**：这是一个固定值，公司认为每笔订单带来的平均利润是 18.50 美元。
- **毛利润**：这是一个简单的公式，将每个回应的利润乘以回应数量：

=C10*C11

- **印刷加邮寄费用**：该公式用于计算此促销活动的总支出：

=C4*(C8+C9)

- **净利润**：该公式用于计算最终值——毛利润减去印刷和邮寄费用。

=C12-C13

如果在两个输入单元格中输入不同的值，将看到净利润的变化相当大，而且经常会成为负值，表示净亏损。

图 28-8 显示了一个双输入模拟运算表的设置，此模拟运算表用于汇总在不同的数量(邮寄数量)和回应率组合下的净利润；该表位于 B17:J27 区域中。单元格 B17 包含一个引用净利润单元格的公式。

=C14

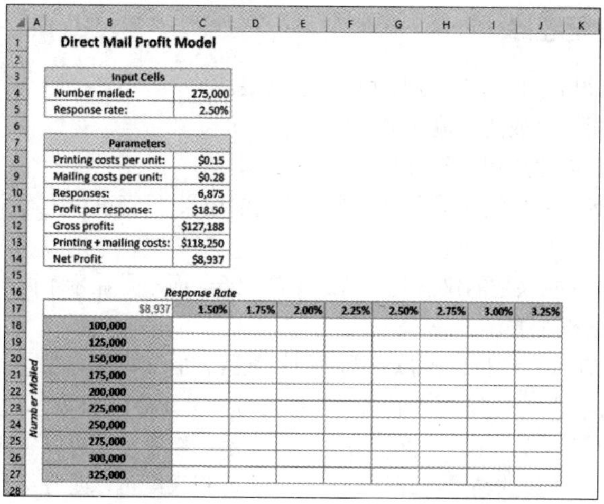

图 28-8　准备创建一个双输入模拟运算表

要创建这个模拟运算表，请执行以下操作。

(1) 在 C17:J17 区域中输入回应率值。

(2) 在 B18:B27 区域中输入邮寄数量值。

(3) 在单元格 B17 中输入公式=C14。

(4) 选择 **B17:J27** 区域，然后选择"数据"|"预测"|"模拟分析"|"模拟运算表"命令，将显示"模拟运算表"对话框。

(5) 指定 C5 为行输入单元格(回应率)，指定单元格 C4 为列输入单元格(邮寄数量)。

(6) 单击"确定"按钮。Excel 将填充模拟运算表。

图 28-9 显示了计算结果。可以看到，不少回应率和邮寄数量组合会导致亏损而不是盈利。

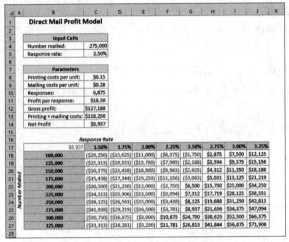

图 28-9 双输入模拟运算表的结果

与单输入模拟运算表一样，此模拟运算表也是动态的。可以改变单元格 B17 中的公式，从而引用另一个单元格(如毛利润)。或者，也可以输入不同的回应率和邮寄数量值。

28.2.3 使用方案管理器

尽管模拟运算表很有用，但它们也存在一些局限。

- 每次只能改变一个或两个输入单元格。
- 模拟运算表的创建过程并不直观。
- 双输入模拟运算表只能显示一个公式单元格的结果(尽管可以为多个公式创建多个额外的表)。
- 许多情况下，你感兴趣的仅仅是一些选定的组合，而不是显示了两个输入单元格的所有可能组合的整个表。

方案管理器功能使得自动执行模拟分析模型的某些方面变得很容易。可以为任意多的变量存储不同的输入值集合(在方案管理器术语中称为可变单元格)，并为每个集合命名。然后，可以按名称选择一个值集合，Excel 将使用这些值显示工作表。还可以生成汇总报表，以显示不同的值组合对任意数量的结果单元格的影响。汇总报表既可以是分级显示，也可以是数据透视表。

例如，年度销售预测可能取决于几个因素，因此，可以定义 3 个方案：最佳情况、最差情况和最可能情况。然后，通过从列表中选择不同的方案名称，即可切换到不同的方案。Excel 将会在工作表中以适当的输入值进行替换，并重新计算公式。

1. 定义方案

为了介绍方案管理器，本节将首先提供一个使用了简单生产模型的示例，如图 28-10 所示。

配套学习资源网站

此工作簿可在配套学习资源网站 www.wiley.com/go/excel365bible 中找到，文件名是 production model scenarios.xlsx。

这个工作表包含两个输入单元格：每小时劳动成本(单元格 B2)和单位原料成本(单元格 B3)。该公司生产 3 种产品，每种产品的生产需要不同的生产时间和原材料数量。

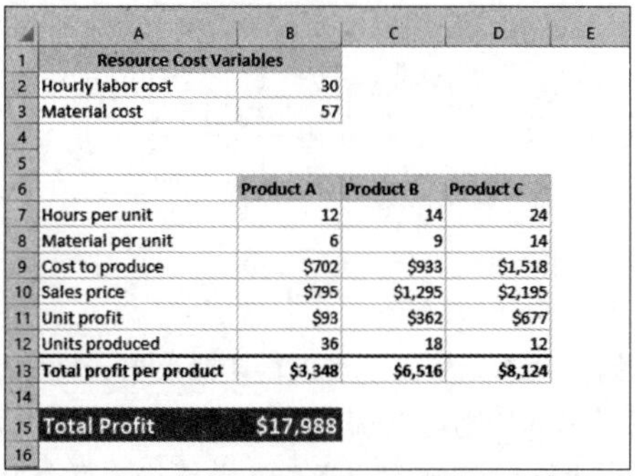

	A	B	C	D	E
1	Resource Cost Variables				
2	Hourly labor cost	30			
3	Material cost	57			
4					
5					
6		Product A	Product B	Product C	
7	Hours per unit	12	14	24	
8	Material per unit	6	9	14	
9	Cost to produce	$702	$933	$1,518	
10	Sales price	$795	$1,295	$2,195	
11	Unit profit	$93	$362	$677	
12	Units produced	36	18	12	
13	Total profit per product	$3,348	$6,516	$8,124	
14					
15	Total Profit	$17,988			
16					

图 28-10　一个用于说明方案管理器的简单生产模型

表中的公式用于计算每种产品的总利润(第 13 行)和总的合并利润(单元格 B15)。管理者希望预测总利润，但不能确定每小时劳动成本和原材料成本分别是多少，他们有 3 个方案，如表 28-1 所示。

表 28-1　生产模型的 3 个方案

方案	每小时劳动成本	原材料成本
最佳情况	30	57
最差情况	38	62
最可能情况	34	59

最佳情况方案具有最低的劳动成本和原材料成本，最差情况方案具有最高的劳动成本和原材料成本，第三种情况，即最有可能的情况，则具有这些输入单元格的中间值。管理者需要为最差情况做好准备，他们同时也对最佳情况很感兴趣。

选择“数据”|“预测”|“模拟分析”|“方案管理器”命令，可显示“方案管理器”对话框。当第一次打开此对话框时，它将告诉你没有已定义的方案，不必奇怪，因为这时才刚开始使用它。当添加一个命名方案后，该方案就会出现在此对话框的方案列表中。

提示

建议为可变单元格和所有希望检验的结果单元格创建名称。Excel 将在各对话框和它生成的报表中使用这些名称。如果使用了名称，就可以更方便地跟踪所发生的变化，也可以使报表更具可读性。

要添加方案,请在"方案管理器"对话框中单击"添加"按钮,Excel 将显示"添加方案"对话框,如图 28-11 所示。

图 28-11   使用"添加方案"对话框创建命名方案

此对话框包括 4 个部分,如下所示。

- **方案名**:可以为方案使用任何名称。
- **可变单元格**:方案的输入单元格。既可以直接输入单元格地址,也可以指向单元格。如果为单元格创建了名称,则可以输入名称。这里允许使用不相邻的单元格;如果要指向多个单元格,可按住 Ctrl 键并单击各单元格。每个命名的方案既可以使用相同的可变单元格集合,也可以使用不同的可变单元格。最多可以对一个方案使用 32 个可变单元格。
- **备注**:默认情况下,Excel 将显示方案创建者的姓名及方案创建日期。既可以修改该内容,也可以在其中增加或删除内容。如果很好地命名了方案,可能不需要添加备注。但是,一些方案非常复杂,此时添加更多信息不仅对你自己有用,对使用工作簿的其他人也会提供帮助。
- **保护**:只有在保护工作表并选中"保护工作表"对话框中的"方案"选项时,这里的两个保护选项(用于防止更改方案和隐藏方案)才有效。对方案进行保护可以防止别人修改此方案。被隐藏的方案不会出现在"方案管理器"对话框中。

在这个示例中,定义了表 28-1 中所示的 3 个方案。可变单元格是 Hourly cost(B2)和 Material cost(B3)。

在"添加方案"对话框中输入信息后,单击"确定"按钮。Excel 将显示"方案变量值"对话框,如图 28-12 所示。此对话框将为前一个对话框中所指定的每个可变单元格显示一个字段。为方案中的每个单元格输入相应的值。单击"确定"按钮后,将返回"方案管理器"对话框,并在列表中显示你命名的方案。如果要创建更多的方案,请继续单击"添加"按钮,以回到"添加方案"对话框。

图 28-12   在"方案变量值"对话框中输入方案的值

> **使用"方案"下拉列表**
>
> "方案"下拉列表中显示所有已定义的方案，可用于快速显示方案。奇怪的是，这个有用的工具并没有出现在功能区中。但是，如果你使用"方案管理器"，则可将此"方案"控件添加到快速访问工具栏中，方法如下：
>
> (1) 右击快速访问工具栏，并在快捷菜单中选择"自定义快速访问工具栏"命令。将显示"Excel 选项"对话框，并已在其中选择"快速访问工具栏"选项卡。
>
> (2) 在"从下列位置选择命令"下拉列表中选择"不在功能区中的命令"。
>
> (3) 向下滚动列表，并选择"方案"。
>
> (4) 单击"添加"按钮。
>
> (5) 单击"确定"按钮，关闭"Excel 选项"对话框。
>
> 此外，也可以将"方案"控件添加到功能区中。有关如何自定义快速访问工具栏和功能区的详细信息，请参见第 8 章。

2. 显示方案

在定义好所有方案并返回到"方案管理器"对话框后，已定义的所有方案的名称将显示在此对话框中。选择其中一个方案，然后单击"显示"按钮(或双击方案名称)，Excel 将在可变单元格中插入对应的值，并计算工作表以显示方案的结果。图 28-13 显示了一个关于选择方案的示例。

图 28-13　选择要显示的方案

3. 修改方案

在创建方案后，可能还需要对它们进行更改。请执行以下步骤进行更改：

(1) 单击"方案管理器"对话框中的"编辑"按钮，可以对方案中的可变单元格的一个或多个值进行修改。

(2) 从"方案"列表中选择要更改的方案，然后单击"编辑"按钮，将显示"编辑方案"对话框。

(3) 单击"确定"按钮，将出现"方案变量值"对话框。

(4) 进行修改之后，单击"确定"按钮返回"方案管理器"对话框。注意，Excel 将自动更新"备注"框中的信息，以指明方案的修改时间。

4. 合并方案

在工作组环境下，可能会出现几个人使用同一个电子表格模型的情况，以及几个人定义多个方案的情况。例如，市场部对于输入单元格的内容可能有某种意见，财务部门可能有另一种意见，而CEO则可能还有其他意见。

Excel 可以方便地将这些不同的方案合并到一个工作簿中。在合并方案之前，应确保已打开要在其中执行合并操作的工作簿。

(1) 单击"方案管理器"对话框中的"合并"按钮。

(2) 在所显示的"合并方案"对话框的"工作簿"下拉列表中，选择含有待合并方案的工作簿。

(3) 在"工作表"下拉列表中，选择含有待合并方案的工作表，并单击"添加"按钮。请注意，在滚动"工作表"列表时，对话框底部将显示每个工作表中所含有的方案的数目。

(4) 单击"确定"按钮。将返回到前一个对话框，此对话框现在将显示需要从其他工作簿中合并的方案的名称。

5. 生成方案报表

如果已创建了多个方案，则可能需要通过创建方案摘要报表来为工作内容形成文档。单击"方案管理器"对话框中的"摘要"按钮，Excel 将显示"方案摘要"对话框。

有两种类型的报表可供选择。

- **方案摘要**：这种摘要报表将以工作表分级显示的形式显示。
- **方案数据透视表**：这种摘要报表将以数据透视表的形式显示。

交叉引用
有关分级显示的更多信息，请参见第24章。有关数据透视表的更多信息，请参见第26章。

对于简单的方案管理，标准的方案摘要报表即已足够。如果有许多定义有多个结果单元格的方案，则方案数据透视表将提供更高的灵活性。

此外，"方案摘要"对话框还要求指定结果单元格(即含有所需公式的单元格)。在本例中，选择B13:D13和B15(一个多重选择)来生成报表，以显示每种产品的利润以及总利润。

注意
在使用"方案管理器"时，可能会发现其存在一个主要的局限性：一个方案可使用的可变单元格不能多于32个。如果试图使用更多的可变单元格，则会显示错误信息。

Excel 将创建一个新工作表用来存储摘要表。图28-14显示了"方案摘要"形式的报表。如果为可变单元格和结果单元格分配了名称，则该表将使用这些名称。否则，它将列出单元格引用。

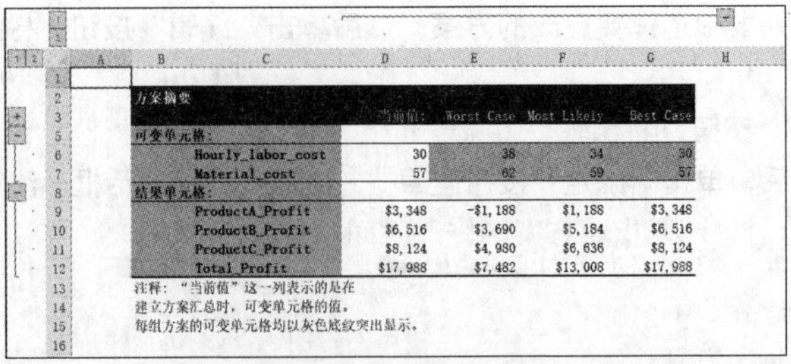

图28-14 方案管理器生成的方案摘要报表

28.3 借助人工智能分析数据

Excel 的"分析数据"功能使用人工智能来分析你的数据,提供关于如何汇总数据的建议,并允许你使用自然语言提出关于数据的问题。这种功能以前被叫做"创意",旧版本中可能仍然使用这个名称。

28.3.1 使用 Excel 的建议

图 28-15 显示了一个表格的一部分内容,该表格包含一个月内开户的银行账户的数据。包含在表格中的数据(即结构化的数据)最便于 Excel 生成有用的结果。

	A	B	C	D	E	F	G	H
1	Date	Weekday	Amount	AcctType	OpenedBy	Branch	Customer	
2	4/1/2022	Friday	5,000	IRA	New Accts	Central	Existing	
3	4/1/2022	Friday	10,000	CD	Teller	North County	Existing	
4	4/1/2022	Friday	500	Checking	New Accts	Central	Existing	
5	4/1/2022	Friday	11,779	CD	Teller	Central	New	
6	4/1/2022	Friday	4,623	Savings	New Accts	North County	Existing	
7	4/1/2022	Friday	8,721	Savings	New Accts	Westside	New	
8	4/1/2022	Friday	15,276	Savings	New Accts	North County	Existing	
9	4/1/2022	Friday	5,000	Savings	New Accts	Westside	Existing	
10	4/1/2022	Friday	12,000	CD	New Accts	Westside	Existing	
11	4/1/2022	Friday	13,636	CD	New Accts	North County	Existing	
12	4/1/2022	Friday	7,177	Savings	Teller	North County	Existing	
13	4/1/2022	Friday	6,837	Savings	New Accts	Westside	Existing	
14	4/1/2022	Friday	3,171	Checking	New Accts	Westside	Existing	
15	4/1/2022	Friday	50,000	Savings	New Accts	Central	Existing	
16	4/1/2022	Friday	4,690	Checking	New Accts	North County	New	
17	4/1/2022	Friday	12,438	Checking	New Accts	Central	Existing	
18	4/1/2022	Friday	5,000	Checking	New Accts	North County	Existing	
19	4/1/2022	Friday	7,000	Savings	New Accts	North County	New	

图 28-15 一个月内开户的银行账号

要查看 Excel 的建议,可以选择表格中的任意单元格,然后选择"开始"|"分析"|"分析数据"命令。Excel 将快速分析数据,然后显示"分析数据"任务窗格。

"分析数据"任务窗格的顶部包含一个文本框,可以在这里查询数据。下一节将讨论查询。查询节的下方是 Which fields interest you the most?链接。此链接显示数据中的字段的列表。可以取消选中不感兴趣的字段,以减少 Excel 的建议,从而只关注某些字段。图 28-16 显示了银行账户数据的字段列表。

"分析数据"任务窗格的底部显示了 Excel 针对数据汇总提供的建议。这是 Excel 认为你可能感兴趣的数据透视表和数据透视图的一个列表。在每个建议下方有一个链接,单击该链接将在工作表中插入该数据透视表或数据透视图。还有一个"它是否有帮助?"链接,可以使用它提供反馈,说明你认为 Excel 的建议是否有用。图 28-17 显示了插入一个建议的结果。这创建了一个名为"建议 1"的新工作表,并在该工作表中添加了数据透视表和数据透视图。

图 28-16 取消选中字段名称以减少 Excel 的建议

从这个示例可以看到，Excel 并没有显示所有可以创建的数据透视表。它判断出，CD 相比其他账户类型具有异常高的存款额。它并不真的知道账户类型或存款额是什么，但它的机器学习引擎能够在没有理解上下文的情况下，发现数据之间的关系。

"分析数据"任务窗格显示了有限数量的建议。但是，在这些建议的下方，有一个链接，单击该链接可以显示所有可用的建议。你可以根据需要，在工作簿中添加任意多的建议。

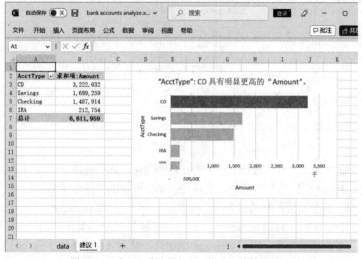

图 28-17 在新工作表中插入一个建议的数据透视图

28.3.2 查询分析的数据

除了建议数据透视表和数据透视图之外，"分析数据"功能还允许你使用自然语言提出关于数据的问题。术语"自然语言"是指，你不需要知道任何特殊的关键字或语法，例如在编写 Excel 公式时使用的语法。你可以简单地输入问题，就像你在说话一样。

在查询文本框的下方，有几个建议的查询。你可以单击任何建议，把它插入文本框中。

Excel 基于该查询，建议使用一个数据透视图来显示现有客户和新客户的存款额之间的差异。你可以插入建议的数据透视图，在文本框中输入一个新查询，或者使用文本框中的左向箭头返回最初的结果。

第 26 章使用数据透视表来回答关于银行账户数据的问题。

"分析数据"功能重复该问题，把它认为重要的单词(如 daily)加粗，把它不理解的单词(如 deposit)加上删除线。你知道，开户时支付的金额是存款，但 deposit 这个词没有包含在任何列标题中，也没有包含在数据中，所以 Excel 无法理解它。

得到的结果与第 26 章的数据透视表不匹配。主要区别是，"分析数据"功能建议使用公式，而不是数据透视表或数据透视图。另一个区别是，"分析数据"只对新客户的存款额求和。你从上下文信息中知道，这些银行账户是新开的账户，但是 Excel 不知道这一点，所以错误地假定我们只想对新客户的存储额求和。

将查询修改为"What is the daily total amount by branch?"，也不会得到一个数据透视表。从查询中删除单词 new 得到了更好的结果。Excel 为什么选择几百个包含超过 750 个字符的公式，而不是数据透视表，原因尚不明确。

使用单变量求解和规划求解来分析数据

本章要点

- 反向执行模拟分析
- 单一单元格单变量求解
- 规划求解简介
- 规划求解示例

第 28 章讨论了模拟分析，即通过更改输入单元格的数值，以观察其他从属单元格中的结果的过程。本章将从相反的视角考察这一过程：知道公式单元格中的预期结果时，找到一个或多个输入单元格的值。

29.1 反向执行模拟分析

请考虑下面的模拟分析问题："如果销售额增长 20%，则总利润是多少？"如果正确建立了工作表模型，则可以通过更改一个或多个单元格中的数值，查看利润单元格中将会发生的变化。本章中的示例采用了相反的方式，如果知道公式的结果应该是什么，则 Excel 可以告诉你在生成相应结果时，需要在一个或多个输入单元格中输入什么数值。换句话说，可以提出类似这样的问题："如果要实现 120 万美元的利润，则销售额需要增长多少？"Excel 提供了两个相关的工具。

- **单变量求解**：确定需要在一个输入单元格中输入的数值，从而在从属(公式)单元格中生成所需的结果。
- **规划求解**：确定需要在多个输入单元格中输入的数值，从而生成所需的结果。此外，由于可以为问题指定额外的约束条件，因此可以获得强大的问题解决能力。

29.2 单一单元格单变量求解

单一单元格单变量求解是一个相当简单的概念。Excel 将确定输入单元格中的什么值可以在公式单元格中生成所需结果。下面的示例演示了单一单元格单变量求解的工作过程。

29.2.1 单变量求解示例

图 29-1 显示的是在第 28 章中所使用的抵押贷款工作表，此工作表中共有 4 个输入单元格(C4:C7)和 4 个公式单元格(C10:C13)。此工作表一开始是一个用于说明模拟分析的示例。本例将演示相反的方法，本例不是通过提供不同的输入单元格值来观察计算公式，而是使 Excel 自行确定能够生成预期结果的输入值。

	A	B	C	D
1		Mortgage Loan Worksheet		
2				
3		Input Cells		
4		Purchase Price:	$409,000	
5		Down Payment:	20%	
6		Loan Term (Months):	360	
7		Interest Rate (APR):	3.10%	
8				
9		Result Cells		
10		Loan Amount:	$327,200	
11		Monthly Payment:	$1,397	
12		Total Payments:	$502,991	
13		Total Interest:	$175,791	
14				

图 29-1 包含输入单元格和公式单元格的抵押贷款计算器

配套学习资源网站

此工作簿可在配套学习资源网站 www.wiley.com/go/excel365bible 中找到，文件名是 mortgage loan.xlsx。

假设你要购买一处新住宅，并且每月可以支付 1100 美元的还款额。此外，贷方可以提供一笔为期 30 年的固定利率为 3.10%的按揭贷款，并且需要首付 20%的房款。现在的问题是：你能够支付的最高购买价格是多少？换句话说，就是单元格 C4(购买价格)中为何值才能使单元格 C11(月还款额)中的公式的结果为 1100 美元。在本例中，可以不断增大单元格 C4 中的数值，直到单元格 C11 中的数值显示为 1100 美元。如果使用更复杂的模型，则 Excel 通常能够更高效地得到结果。

要回答上述问题，首先需要根据已知内容设置输入单元格，具体如下：

- 在单元格 C5 中输入 20%(首付百分比)。
- 在单元格 C6 中输入 360(按月计算的贷款周期)。
- 在单元格 C7 中输入 3.1%(年利率)。

接下来，选择“数据”|“预测”|“模拟分析”|“单变量求解”命令。Excel 将显示“单变量求解”对话框。完成此对话框的过程类似于造句。需要通过更改单元格 C4 的值，将单元格 C11 设为 1100。可以通过输入单元格引用或者通过使用鼠标指向，在对话框中输入此信息(见图 29-2)。完成输入后，单击“确定”按钮即可开始单变量求解过程。

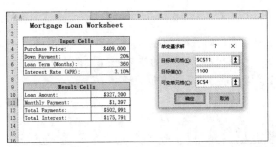

图 29-2 "单变量求解"对话框

很快 Excel 将显示"单变量求解状态"对话框(如图 29-3 所示),此对话框中显示了目标值与 Excel 计算出的数值。在这个示例中,Excel 发现了一个精确的值。工作表将在单元格 C4 中显示所计算出的值($322,002)。当使用这个值时,每月还款额为 1100 美元。此时,有两种选择:

- 单击"确定"按钮,使用计算出的值替代初始值。执行此操作后,可使用"撤消"按钮返回原来的值。
- 单击"取消"按钮,将工作表恢复为在选择"单变量求解"命令之前的状态。

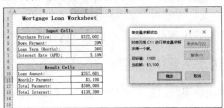

图 29-3 使用"单变量求解"获取答案

29.2.2 有关单变量求解的更多信息

Excel 并不是总能找到可生成所需结果的值,有时,确实不存在解。这种情况下,"单变量求解状态"对话框会显示相应的提示。

但在其他一些情况下,Excel 可能报告无解,而你却相当确定存在一个解。如果发生这种情况,则可以尝试使用下列选项:

- 将"单变量求解"对话框(参见图 29-2)中"可变单元格"字段的当前值调整为更接近于解的值,然后重新执行命令。
- 调整"Excel 选项"对话框(选择"文件"|"选项"命令)的"公式"选项卡中的"最多迭代次数"设置。增大迭代(或计算)次数可使 Excel 尝试寻找更多可能的解。
- 重新检查逻辑,并确保公式单元格确实依赖于所指定的可变单元格。

> **注意**
> 与所有计算机程序一样,Excel 的精确度是有限的。为了说明此精确度限制,请在单元格 A2 中输入 "=A1^2"。然后使用"单变量求解"对话框,找到能使公式返回 16 的单元格 A1(为空)的值。Excel 得出的值为 4.000 022 69,此值接近于 16 的平方根,但并不精确。可以在"Excel 选项"对话框的"公式"选项卡中调整单变量求解的精确度(将"最大误差"的值调小一些)。

> **注意**
>
> 某些情况下,输入单元格中的多个数值会得出相同的预期结果。例如,如果单元格 A1 中包含 - 4 或+4,则公式 "=A1^2" 所返回的值都是 16。在使用单变量求解时,如果存在多个可能的解,则 Excel 将提供最接近于当前值的解。

29.3 规划求解简介

Excel 的单变量求解功能非常有用,但也存在一些局限性。例如,单变量求解只能对一个可调整单元格进行求解,并且只能返回一个解。Excel 中功能强大的 "规划求解" 工具对此概念进行了扩展,使得你可以执行以下操作:

- 指定多个可调整单元格。
- 指定对可调整单元格中的数值的约束。
- 生成可对特定工作表单元格求最大值或最小值的解。
- 为一个问题生成多个解。

单变量求解是相对简单的操作,而规划求解则要复杂得多。事实上,规划求解可能是 Excel 中最难掌握(最容易使人沮丧)的一个功能,并不是适合每个人使用。大部分 Excel 用户都不需要使用此功能。然而,许多用户发现此功能非常强大,值得多花一些时间来学习它。

29.3.1 适合通过规划求解来解决的问题

适合通过规划求解来解决的问题的范围相对较窄。一般来说,符合以下条件的情况适合通过规划求解功能来解决:

- 目标单元格依赖于其他单元格和公式。通常,你需要对目标单元格求最大值或最小值,或者将其设置为等于某些值。
- 目标单元格依赖于一组单元格(称为可变单元格),规划求解功能可以对该组单元格进行调整以影响目标单元格。
- 解必须遵循一定的约束或限制。

正确建立工作表后,可以使用规划求解来调整可变单元格,并在目标单元格中生成所需的结果,同时满足所定义的所有约束条件。

> **找不到规划求解命令?**
>
> 可以通过选择 "数据" | "分析" | "规划求解" 命令来访问规划求解功能。如果此命令不可用,则需要安装 "规划求解" 加载项。这个过程非常简单:
>
> (1) 选择 "文件" | "选项" 命令,将显示 "Excel 选项" 对话框。
>
> (2) 选择 "加载项" 选项卡。
>
> (3) 在对话框底部,从 "管理" 下拉列表中选择 "Excel 加载项" 命令,然后单击 "转到" 按钮,Excel 将显示 "加载项" 对话框。
>
> (4) 选中 "规划求解加载项" 复选框,然后单击 "确定" 按钮。
>
> 完成上述步骤后,将在启动 Excel 时载入规划求解加载项。

29.3.2　一个简单的规划求解示例

这里首先使用一个简单的示例来介绍规划求解，然后使用几个更复杂的示例来说明规划求解能够执行的工作。

图 29-4 显示的是一个用于计算 3 种产品的利润的工作表。B 列显示了每种产品的单位数量，C 列显示了每种产品的单位利润，D 列含有一些公式，用于将单位产品利润乘以产品单位数量来计算每种产品的总利润。

⊿	A	B	C	D	E
1					
2		Units	Profit/Unit	Profit	
3	Product A	25	$13	$325	
4	Product B	25	$18	$450	
5	Product C	25	$22	$550	
6	**Total**	**75**		**$1,325**	
7					

图 29-4　使用规划求解功能确定单位数量以实现总利润最大化

配套学习资源网站

此工作簿可在配套学习资源网站 **www.wiley.com/go/excel365bible** 中找到，文件名为 three products.xlsx。

你可以很容易地发现，最大的利润来自于产品 C，因此，实现总利润最大化的逻辑解决方案是只生产产品 C。然而，如果事情真的这样简单，那么就不需要规划求解这样的工具了。和大多数情况一样，这家公司必须符合一定的条件：

● 总生产能力是每天生产 300 件产品。

● 公司需要 50 件产品 A 来满足现有订单要求。

● 公司需要 40 件产品 B 来满足预计的订单要求。

● 由于产品 C 的市场需求相对有限，因此公司不希望所生产的产品 C 的数量超过 40 件。

以上 4 项约束条件使得问题更符合现实情况，也更具难度。事实上，上述这种问题非常适合于通过规划求解来解决。

使用规划求解的基本步骤如下所示。

(1) **使用数值与公式建立工作表。**确保单元格格式符合逻辑，例如，如果不能生产半个产品，则需要将这些单元格格式设置为不能含有小数值。

(2) 选择"数据"｜"分析"｜"规划求解"命令，将显示"规划求解参数"对话框。

(3) 指定目标单元格。

(4) 指定含有可变单元格的区域。

(5) 指定约束条件。

(6) 根据需要更改规划求解选项。

(7) 单击"求解"按钮，使用规划求解解决问题。

要启动规划求解功能来解决上述问题，请选择"数据"｜"分析"｜"规划求解"命令，Excel 将显示"规划求解参数"对话框。图 29-5 显示了已经为问题求解设置好的"规划求解参数"对话框。

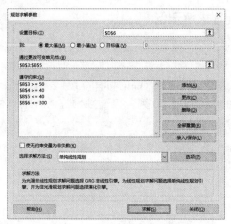

图 29-5 "规划求解参数"对话框

在本示例中，目标单元格是 D6——该单元格用于计算 3 种产品的总利润。

(1) 在"规划求解参数"对话框的"设置目标"字段中输入 D6。

(2) 因为目标是求该单元格的最大值，所以选择"最大值"选项。

(3) 在"通过更改可变单元格"字段中指定可变单元格(位于区域 B3:B5 中)。下一步是指定问题的约束条件。每次可添加一项约束条件，之后约束条件将出现在"遵守约束"列表中。

(4) 要添加一个约束条件，可单击"添加"按钮。Excel 将显示"添加约束"对话框，如图 29-6 所示。此对话框有 3 部分：单元格引用、运算符和约束值。

图 29-6 "添加约束"对话框

(5) 要设置第一个约束条件(总生产能力为 300 件产品)，在"单元格引用"中输入 B6。然后从运算符下拉列表中选择小于等于号(≤)，并在"约束"中输入 300。

(6) 单击"添加"按钮，然后添加其他约束条件。表 29-1 汇总了该问题的所有约束条件。

表 29-1 约束条件汇总

约束条件	表示为
生产能力为 300 件	B6≤300
至少生产 50 件产品 A	B3≥50
至少生产 40 件产品 B	B4≥40
最多生产 40 件产品 C	B5≤40

(7) 在输入最后一个约束条件后，单击"确定"按钮返回到"规划求解参数"对话框，此时，其中将列出 4 项约束条件。

(8) 对于"求解方法"，使用"单纯线性规划"。

(9) 单击"求解"按钮启动求解过程。可以在屏幕上观看求解过程的进度。Excel 很快会声明它找到了一个解。"规划求解结果"对话框如图 29-7 所示。

图 29-7　规划求解将在找到问题的解时显示此对话框

此时，有如下选择：

- 保留规划求解所得到的值。
- 恢复为原可变单元格的值。
- 创建任意一个或所有 3 个报告以描述规划求解所执行的任务。
- 单击"保存方案"按钮将解保存为一个方案，从而使"方案管理器"能够使用它。

交叉引用

请参阅第 28 章了解更多有关"方案管理器"的信息。

"规划求解结果"对话框的"报告"部分允许选择任意一个或所有 3 个可选报告。如果指定了任何报告选项，则 Excel 就会在一个新工作表上创建每个报告，并且每个报告都有适当的名称。图 29-8 所示是一个运算结果报告。在报告的"约束"部分，4 个约束中有 3 个显示为"到达限制值"，意味着已达到这些约束的限值，没有更多变化的空间。

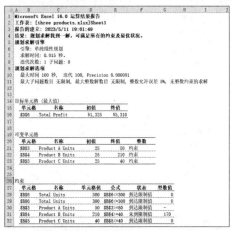

图 29-8　规划求解所生成的 3 个报告中的一个

这个简单的示例演示了规划求解是如何工作的。事实上，也可以同样快捷地通过手动试错解决这个特定的问题。当然，情况并不总是这样的。

警告

关闭"规划求解结果"对话框时(通过单击"确定"或"取消"按钮)时，"撤消"栈将会被清空。换句话说，不能撤消规划求解对工作簿做出的任何更改。

选择一种求解方法

规划求解提供了 3 种求解方法，即用于找出最优解的算法。数学优化算法不在本书的讨论范围内，但下面还是简单解释了这 3 种求解方案：

- 简单线性规划：这是默认方法，最适合对线性规划问题求解。如果对问题的输入和输出作图，得到一条直线，则这个问题就是一个线性规划问题。
- 非线性 GRG：这种方法用于平滑的非线性规划问题。这类问题的图形不是直线，但得到的曲线是连续的。
- 演化：使用这种方法时，最多只能希望得到一个好的解(而不是最优解)。如果使用 IF、CHOOSE、VLOOKUP 等函数，则说明你有一个非平滑、非线性的规划问题。

29.3.3 探索规划求解的选项

在讨论更复杂的示例之前，本节将首先对规划求解"选项"对话框进行说明。利用这个对话框，可以控制规划求解过程的很多方面，并且可以在工作表区域内载入和保存模型设定。

通常，只有在工作表中使用多组规划求解参数时，才需要保存模型。这是因为 Excel 会为工作表自动保存第一个规划求解模型(使用隐藏的名称)。如果要保存更多其他的模型，则 Excel 将会以对应于指定选项的公式的形式存储信息(所保存区域的最后一个单元格是一个数组公式，用于保存选项设置)。

规划求解报告自己无法求解(即使你知道应该存在一个解时)的情况也不罕见。通常，可以更改一个或多个规划求解选项，然后再次尝试求解。当在"规划求解参数"对话框中单击"选项"按钮后，Excel 将显示规划求解"选项"对话框，如图 29-9 所示。

图 29-9　可以控制规划求解在求解问题时的许多方面

下面的列表描述了规划求解的选项。

- **约束精确度**：指定单元格引用和约束公式必须满足约束条件的满足程度。如果指定较低的精确度，则 Excel 可能会更快速地求解问题。
- **使用自动缩放**：用于当问题在量级上存在巨大差异时，例如，当试图通过改变非常大的单元格数字来最大化百分比时。

- **显示迭代结果**：选中此复选框，可以使规划求解在每次迭代结束以后暂停，并显示结果。
- **忽略整数约束**：当选中此复选框时，规划求解将忽略指定特定单元格必须是整数的约束条件。使用此选项可能允许规划求解发现无法在其他情况下发现的解。
- **最大时间**：指定希望规划求解在求解一个问题时所花费的最长时间，以秒为单位。如果规划求解报告其求解时间超出了此时间限制，则可以增加用于求解问题的时间。
- **迭代次数**：输入需要规划求解尝试求解的最大次数。
- **最大子问题数目**：适用于复杂的问题。指定"演化"算法可研究的最大子问题数目。
- **最大可行解数目**：适用于复杂的问题。指定"演化"算法可研究的最大可行解数目。

> **注意**
> "选项"对话框中的其他两个选项卡包含了由"非线性 GRG"与"演化"算法所使用的其他一些选项。

29.4　规划求解示例

本章的剩余内容将讨论有关使用规划求解来求解各种问题的示例。

29.4.1　求解联立线性方程

本示例将介绍如何求解有 3 个变量的线性方程组。下面是一个线性方程组示例：

```
4x+y-2z=0
2x-3y+3z=9
-6x-2y+z=0
```

规划求解需要回答的问题是："当 x、y、z 的值分别是多少时，这 3 个等式都成立？"

图 29-10 显示了一个为解决该问题而创建的工作簿。该工作簿有 3 个命名单元格，以便增加公式的可读性：

x: C11
y: C12
z: C13

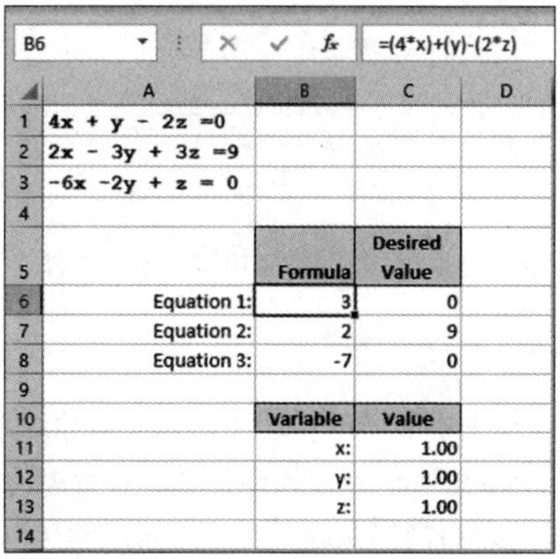

图 29-10　规划求解将尝试对这个线性方程组求解

这 3 个命名单元格都被初始化为 1.0(显然 1.0 不是此方程组的解)。

配套学习资源网站

此工作簿可以在配套学习资源网站 www.wiley.com/go/excel365bible 中找到，文件名是 linear equations.xlsx。

这 3 个方程分别由区域 B6:B8 中的公式表示。

```
B6: =(4*x)+(y)-(2*z)
B7: =(2*x)-(3*y)+(3*z)
B8: =-(6*x)-(2*y)+(z)
```

这些公式使用了命名单元格 x、y、z 中的值。区域 C6:C8 中含有这 3 个公式的“期望”结果。

规划求解将会调整 x、y、z(即可变单元格 C11:C13)中的值，从而使其满足下面的约束条件：

```
B6=C6
B7=C7
B8=C8
```

注意

因为这个问题不会尝试最大化或者最小化任何值，所以它没有目标单元格。但是，“规划求解参数”对话框仍然要求你为“设置目标”框指定公式。因此，只需要输入对任何含有公式的单元格的引用即可。

图 29-11 显示了所得到的解。当 x 为 0.75，y 为 - 2.0，z 为 0.5 时，3 个方程都成立。

注意

需要注意，线性方程组可能有一个解，也可能无解，还可能有无穷多个解。

	A	B	C	D
1	4x + y - 2z =0			
2	2x - 3y + 3z =9			
3	-6x -2y + z = 0			
4				
5		Formula	Desired Value	
6	Equation 1:	0	0	
7	Equation 2:	9	9	
8	Equation 3:	0	0	
9				
10		Variable	Value	
11		x:	0.75	
12		y:	-2.00	
13		z:	0.50	
14				

图 29-11 规划求解功能解出了线性方程

29.4.2 最小化运输成本

本例涉及的是在保持运输总成本最低的情况下，寻找运输选项的各种备选方案(参见图 29-12)。一家公司在洛杉矶、圣路易斯和波士顿都有仓库。全美的零售商发出订单，然后此公司从其中一个仓库发运产品。公司需要既满足 6 个零售商的产品需求，同时使总运费尽可能低廉。

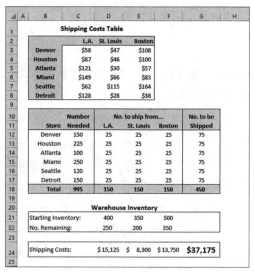

		L.A.	St. Louis	Boston		
Shipping Costs Table						
Denver		$58	$47	$108		
Houston		$87	$46	$100		
Atlanta		$121	$30	$57		
Miami		$149	$66	$83		
Seattle		$62	$115	$164		
Detroit		$128	$28	$38		

Store	Number Needed	No. to ship from...			No. to be Shipped
		L.A.	St. Louis	Boston	
Denver	150	25	25	25	75
Houston	225	25	25	25	75
Atlanta	100	25	25	25	75
Miami	250	25	25	25	75
Seattle	120	25	25	25	75
Detroit	150	25	25	25	75
Total	995	150	150	150	450

Warehouse Inventory			
Starting Inventory:	400	350	500
No. Remaining:	250	200	350
Shipping Costs:	$ 15,125	$ 8,300	$ 13,750	**$37,175**

图 29-12　此工作表确定了从各仓库将产品运送到零售商店的最经济方式

配套学习资源网站

此工作簿可在配套学习资源网站 www.wiley.com/go/excel365bible 中找到，文件名是 shipping costs.xlsx。

此工作表较为复杂，因此下面将分别解释每个部分。

- **运输费用表**：此表是位于区域 B2:E8 中的一个矩形区域，包含从每个仓库到每个零售商的单位产品运费。例如，从洛杉矶运送一件产品到丹佛的运费是 58 美元。
- **每家零售商的产品需求**：此信息在 C12:C17 中列出。例如，丹佛需要 150 件产品，休斯敦需要 225 件产品等。Cl8 含有用于计算总需求量的公式。
- **发运数量**：区域 D12:F17 中包含规划求解要更改的可调整单元格。本例已为这些单元格分配了初始值 25，以便为规划求解提供一个起始值。G 列包含的公式对公司要运送到每家零售商的产品数量求和。
- **仓库库存**：第 21 行包含每个仓库的库存数量，第 22 行包含用于从库存中减去发货数量(第 18 行)的公式。
- **计算出的运输成本**：第 24 行包含用于计算运输成本的公式。单元格 D24 包含下列公式，此公式被复制到单元格 D24 右侧的两个单元格中。

```
=SUMPRODUCT(C3:C8,D12:D17)
```

单元格 G24 是所有订单的总运输成本。

规划求解将按可满足以下条件的方式在 D12:F17 区域中填充数值：最小化运输成本，同时向每家零售商提供所需数量的产品。也就是说，此解将通过调整 D12:F17 单元格中的数值来最小化单元格 G24 中的数值，此解遵守下述约束条件。

- **每家零售商所需的产品数量必须等于所运送的数量**(换句话说，所有订单都得到满足)。这些约束如下所示：

```
C12=G12  C14=G14  C16=G16
C13=G13  C15=G15  C17=G17
```

- 每个仓库的剩余库存数量必须是非负值(即发运的产品数量不能超过可用的产品数量)。这些约束如下所示:

  D22>=0 E22>=0 F22>=0

- 由于运送数量为负数的产品没有意义,因此可调整单元格不能为负数。"规划求解参数"中提供了一个方便的选项:"使无约束变量为非负数"。请确保选中此复选框。

注意

在使用规划求解功能对此问题求解之前,可尝试手动求解这个问题。方法是在 D12:F17 区域中输入数值以求解最低的运费。当然,在这个过程中也需要确保遵守各约束条件。这样可帮助你更好地理解规划求解的能力。

设置问题是困难的地方。例如,必须输入 9 个约束条件。当指定所有必要的信息以后,单击"求解"按钮开始执行任务。随后规划求解将显示如图 29-13 所示的解。

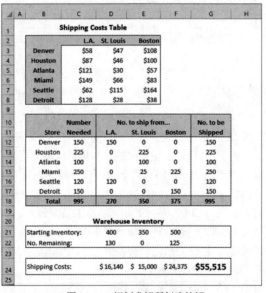

图 29-13　规划求解所创建的解

总运输成本是 55 515 美元,并且满足所有约束条件。注意,运送到迈阿密的产品来自于圣路易斯和波士顿的仓库,圣路易斯的仓库现在已经没货了。可以想象,你什么时候都不会想让一个仓库完全没货。如果出现这种情况,可以将单元格 D22:F22 的约束改为比某个最小可接受数量更大的值。

29.4.3 分配资源

本节中的示例是适合使用规划求解功能来求解的一种常见的问题类型。这类问题的本质是:对于使用不同数量的固定资源的几种产品,如何优化它们的生产数量。图 29-14 显示了简化后的一家玩具公司的示例。

	A	B	C	D	E	F	G	H	I	J
1				XYZ Toys Inc.						
2			Materials Needed							
3	Material	Toy A	Toy B	Toy C	Toy D	Toy E	Amt. Avail.	Amt. Used	Amt. Left	
4	Red Paint	0	1	0	1	3	625	250	375	
5	Blue Paint	3	1	0	1	0	640	250	390	
6	White Paint	2	1	2	0	2	1,100	350	750	
7	Plastic	1	5	2	2	1	875	550	325	
8	Wood	3	0	3	5	5	2,200	800	1,400	
9	Glue	1	2	3	2	3	1,500	550	950	
10	Unit Profit	$15	$30	$20	$25	$25				
11	No. to Make	50	50	50	50	50				
12	Profit	$750	$1,500	$1,000	$1,250	$1,250				
13	Total Profit	$5,750								
14										

图 29-14　使用规划求解确定在资源有限时的最大利润

配套学习资源网站

此工作簿可以在配套学习资源网站 www.wiley.com/go/excel365bible 中找到，文件名为 allocating resources.xlsx。

这家公司生产 5 种不同的玩具，每种玩具使用 6 种不同数量的原料。例如，玩具 A 需要使用 3 单位的蓝色油漆、2 单位的白色油漆、1 单位的塑料、3 单位的木头和 1 单位的胶水。G 列显示了当前每种原料的库存量。第 10 行显示了每种玩具的单位利润。

要生产的各种玩具的数量显示在 B11:F11 区域中，这些是规划求解将要得出的值(可变单元格)。本例的目标是：确定原料分配方式，使得总利润(B13)最大化。换句话说，规划求解要确定每种玩具的生产数量。本例中的约束条件相对比较简单：

- **确保产品所使用的原料不多于可用原料**。可以通过指定 I 列的每个单元格值大于或等于 0 来实现这个要求。
- **确保生产的产品数量不为负数**。可以通过指定"使无约束变量为非负数"选项来满足这个要求。

图 29-15 显示了由规划求解生成的结果，它显示的产品组合可产生 12 365 美元的利润，并使用完除胶水之外的所有原料。

	A	B	C	D	E	F	G	H	I	J
1				XYZ Toys Inc.						
2			Materials Needed							
3	Material	Toy A	Toy B	Toy C	Toy D	Toy E	Amt. Avail.	Amt. Used	Amt. Left	
4	Red Paint	0	1	0	1	3	625	625	0	
5	Blue Paint	3	1	0	1	0	640	640	0	
6	White Paint	2	1	2	0	2	1,100	1,100	0	
7	Plastic	1	5	2	2	1	875	875	0	
8	Wood	3	0	3	5	5	2,200	2,200	0	
9	Glue	1	2	3	2	3	1,500	1,353	147	
10	Unit Profit	$15	$30	$20	$25	$25				
11	No. to Make	194	19	158	40	189				
12	Profit	$2,903	$573	$3,168	$1,008	$4,713				
13	Total Profit	$12,365								
14										

图 29-15　使用规划求解确定原料的分配方式以实现总利润最大化

29.4.4　优化投资组合

本示例显示了如何使用规划求解来帮助优化投资组合，以获得最大的回报。投资组合包含几项投资,每项投资具有不同的收益。另外,还有一些约束条件,其中涉及降低风险和多样化目标。如果没有这些约束,那么投资组合就变成不必用大脑思考的事情:应该把所有钱都投在回报率最高的投资项目上。

本例涉及一个信用合作社(即一个金融机构,吸收成员的资金,并将这些资金贷给其他成员、在银行定期存款和进行其他类型的投资)。此信用合作社将一部分投资收益以红利或存款利息的方式分配给成员。

此假想的信用合作社的投资必须遵守有关规定,并且董事会也将提出他们对投资的一些限制,这些规定和限制组成了问题的约束条件。图 29-16 显示了用于解决此问题的工作簿。

图 29-16　此工作表被设置为在一定的约束条件下实现信用合作社的最大投资回报

配套学习资源网站

此工作簿可以在配套学习资源网站 www.wiley.com/go/excel365bible 中找到,文件名为 investment portfolio.xlsx。

分配 500 万美元的投资组合时必须遵守以下约束条件。

- 用于新车贷款项目的投资金额至少是用于二手车贷款项目的投资金额的 3 倍(二手车贷款的投资风险性更大)。该约束表示为:

C5>=C6*3

- 汽车贷款的投资额至少占投资组合的 15%。该约束表示为:

D14>=.15

- 用于无抵押贷款的投资额不得多于投资组合的 25%。该约束表示为:

E8<=.25

- 至少有 10%的投资金额用于银行定期存款。该约束表示为:

E9>=.10

- 投资总额为 5 000 000 美元。
- 所有投资额必须为正数或零。

可变单元格为 C5:C9,目标是在单元格 D12 中得到最大的总回报率。本例已在可变单元格中输入起始值 1 000 000。在使用上述这些参数运行规划求解时,它得到的解如图 29-17 所示,总回报率是 9.25%。

▲	A	B	C	D	E	F
1	Portfolio Amount:	$5,000,000				
2						
3						
4	Investment	Pct Yield	Amount Invested	Yield	Pct. of Portfolio	
5	New Car Loans	6.90%	562,500	38,813	11.25%	
6	Used Car Loans	8.25%	187,500	15,469	3.75%	
7	Real Estate Loans	8.90%	2,500,000	222,500	50.00%	
8	Unsecured Loans	13.00%	1,250,000	162,500	25.00%	
9	Bank CDs	4.60%	500,000	23,000	10.00%	
10	TOTAL		$5,000,000	$462,281	100.00%	
11						
12			Total Yield:	9.25%		
13						
14			Auto Loans	15.00%		
15						

图 29-17　投资组合优化的结果

有关规划求解的更多知识

　　规划求解是一个复杂的工具，本章仅仅是粗略地讲述其浅层知识。如果要了解更多信息，请访问 Frontline Systems 网站(www.solver.com)。Frontline Systems 是开发 Excel 规划求解工具的公司。它的网站上有一些指南和很多有用信息，其中包括一个可下载的详细手册。还可以找到更多 Excel 规划求解产品，它们可以用于处理更复杂的问题。

第 **30** 章

使用分析工具库分析数据

本章要点

- 分析工具库的概述
- 使用分析工具库
- 分析工具库工具简介

虽然 Excel 主要是为商业用户设计的，但是教育、研究、统计和工程等其他领域的用户也使用这个软件。分析工具库加载项就是 Excel 为这些非商业用户设计的。但是，分析工具库中的许多功能对商业应用也是很有用的。

30.1 分析工具库概述

分析工具库是一种用于提供分析功能的加载项，一般情况下 Excel 中是没有此功能的。

这些分析工具所提供的功能对于科学、工程和教育界的人士非常实用，对于那些普通电子表格的功能不能满足需要的商业用户就更不用说了。

本节概述了可使用分析工具库执行的分析类型。本章将介绍以下工具：

- 方差分析(3 种类型)
- 相关系数
- 协方差
- 描述统计
- 指数平滑
- F 检验
- 傅里叶分析
- 直方图
- 移动平均
- 随机数发生器
- 排位与百分比排位
- 回归
- 抽样

- t 检验(3 种类型)
- z 检验

如你所见，分析工具库加载项在 Excel 中提供了许多功能。然而这些过程也存在局限性，而且在某些情况下，你也许更愿意自己创建公式来进行某些计算。

30.2 安装分析工具库加载项

分析工具库是以加载项的形式实现的。在使用分析工具库之前，需要确保已安装该加载项。单击"数据"选项卡，如果发现"分析"组中显示了"数据分析"命令，则表示已安装了分析工具库。如果不能访问"数据"|"分析"|"数据分析"命令，则需要按以下步骤安装此加载项。

(1) 选择"文件"|"选项"，以显示"Excel 选项"对话框。

(2) 单击"加载项"选项卡。

(3) 在对话框底部，从"管理"下拉菜单中选择"Excel 加载项"命令，然后单击"转到"按钮，Excel 将显示"加载项"对话框。

(4) 选中"分析工具库"复选框，不需要选中"分析工具库-VBA"加载项。

(5) 单击"确定"按钮关闭"加载项"对话框。

30.3 使用分析工具

只需要熟悉特定的分析类型，就会发现使用分析工具库加载项中的过程是相对比较简单的。要使用这些工具，可选择"数据"|"分析"|"数据分析"命令，这样将显示如图 30-1 所示的"数据分析"对话框。滚动列表，直到找到所需的分析工具，然后选择该工具，并单击"确定"按钮。Excel 将显示出一个对应所选过程的新对话框。

图 30-1 从"数据分析"对话框中选择工具

通常，需要指定一个或多个输入区域，以及一个输出区域(指定输出区域左上角的单元格即可)。除此之外，也可以选择在一个新的工作表或工作簿中放置结果。这些过程所需的其他信息量各不相同。可以在许多对话框中指定是否在数据区域中包含标签。如果包含的话，则可以指定整个区域，包括标签，并且告诉 Excel 第一列(或行)包含标签，然后，Excel 即可在生成的表格中使用这些标签。大多数工具还提供了不同的输出选项，可以根据需要选择它们。

警告

分析工具库生成输出结果的方式并不总是一致的。在某些情况下，这些过程使用公式来生成结果。因此，你可以更改数据，结果将自动更新。而在另一些过程中，Excel 会将结果存储为数值，因此，如果更改数据，结果并不会反映所做的更改。

30.4　分析工具库工具简介

本节将介绍分析工具库中的各个工具并提供一个示例。由于篇幅限制，无法对这些过程中的每一个可用选项进行说明。但是，如果需要使用高级分析工具，那么你很可能已经知道如何使用未在此说明的大多数选项。

在使用这些工具之前，建议阅读 Excel 帮助系统中的相应部分。

> **配套学习资源网站**
>
> 配套学习资源网站 www.wiley.com/go/excel365bible 中包含一个显示了本节讨论的所有工具的输出的工作簿，文件名是 atp examples.xlsx。该工作簿中还包含一些基于公式的解决方案，它们有时要优于使用分析工具库。

30.4.1　方差分析工具

"方差分析"(有时被简称为 anova)是一种统计检验，用于判断两个或更多样本是否是从同一总体中抽取的。使用分析工具库中的工具可以执行 3 种类型的方差分析。

- **单因素方差分析**：单向方差分析，每组数据只有一个样本。
- **可重复双因素分析**：双向方差分析，每组数据有多个样本(或重复)。
- **无重复双因素分析**：双向方差分析，每组数据有一个样本(或重复)。

图 30-2 显示的是用于单因素方差分析的对话框，α 代表检验的统计置信级。

图 30-2　为单因素方差分析指定参数

此检验的输出包括：每个样本的平均数和方差、F 值、F 的临界值和 F 的有效值(P 值)。

30.4.2　相关系数工具

相关系数是一个被广泛使用的统计量，用于测量两组数据一起发生变化的程度。例如，如果一个数据集中的较大值通常与第二个数据集中的较大值相关，则这两组数据就存在正相关系数。相关的程度以一个系数表示，此系数从-1.0(完全负相关)到+1.0(完全正相关)。相关系数为 0 说明两个变量不相关。

图 30-3 显示的是"相关系数"对话框。指定输入区域，该区域可以包括任意数目的变量，这些变量按行或列排列。

图 30-3　"相关系数"对话框

输出结果由一个相关系数矩阵组成，该矩阵显示了每个变量相对于其对应变量的相关系数。

> **注意**
> 生成的相关系数矩阵不会使用公式来计算结果。因此，一旦任何数据发生变化，则相关系数矩阵将变得无效。可以使用 CORREL 函数创建一个相关系数矩阵，从而使得在数据发生变化时，此矩阵可以自动发生相应的变化。

30.4.3　协方差工具

协方差工具可生成与相关系数工具所生成的矩阵类似的矩阵。与相关系数一样，协方差可以测量两个变量一起发生变化的程度。具体来说，协方差是每个数据点对与其各自平均数的偏差的乘积的平均数。

因为协方差工具不生成公式，所以你可能更希望使用 COVAR 函数计算协方差矩阵。

30.4.4　描述统计工具

描述统计工具产生的表格可以使用一些标准统计量来描述数据。图 30-4 显示了一些示例输出。

	A	B	C	D	E	F	G	H	I	J	K
1	W. Coast Sample	Midwest Sample	E. Coast Sample		*W. Coast Sample*		*Midwest Sample*		*E. Coast Sample*		
2	35	41	52								
3	32	35	29		Mean	39.25	Mean	46	Mean	41.35	
4	46	36	43		Standard Error	1.84801	Standard Error	2.10763	Standard Error	1.56487	
5	57	45	45		Median	37.5	Median	45.5	Median	41.5	
6	45	44	28		Mode	37	Mode	52	Mode	37	
7	28	62	35		Standard Deviation	8.26454	Standard Deviation	9.42561	Standard Deviation	6.99831	
8	60	61	37		Sample Variance	68.3026	Sample Variance	88.8421	Sample Variance	48.9763	
9	37	62	32		Kurtosis	1.47266	Kurtosis	-0.477	Kurtosis	-0.2803	
10	34	36	37		Skewness	1.18011	Skewness	0.14121	Skewness	-0.2486	
11	33	52	41		Range	32	Range	34	Range	26	
12	37	46	54		Minimum	28	Minimum	28	Minimum	28	
13	32	52	44		Maximum	60	Maximum	62	Maximum	54	
14	38	38	42		Sum	785	Sum	920	Sum	827	
15	41	28	48		Count	20	Count	20	Count	20	
16	38	50	46		Confidence Level(95.0%)	3.86793	Confidence Level(95.0%)	4.41132	Confidence Level(95.0%)	3.27531	
17	42	52	47								
18	29	48	39								
19	40	38	40								
20	37	44	41								
21	44	50	47								
22											

图 30-4　描述统计工具的输出

因为此过程的输出是由数值(而非公式)组成的，所以只有在确定数据不会发生变化时才能使用此过程，否则，就需要重新执行此过程，也可以通过使用公式来生成上述所有统计信息。

30.4.5　指数平滑工具

“指数平滑”是一种基于先前数据点和先前预测的数据点来预测数据的方法。可以指定 0~1 的阻尼系数(也称为平滑常量)，此系数用于确定先前数据点和先前预测的数据点的相对权重数，也可以要求使用标准的误差和图表。

指数平滑过程可生成使用所指定的阻尼系数的公式。因此，如果数据发生变化，Excel 将更新公式。

30.4.6　F-检验(双样本方差检验)工具

“F-检验”是一种常用的统计检验，它可以比较两个总体方差。图 30-5 显示的是一个小型数据集和 F-检验输出。

	A	B
1	Group 1	Group 2
2	96	39
3	78	53
4	72	51
5	78	48
6	65	51
7	66	42
8	69	44
9	87	42
10	68	50
11		

F-Test Two-Sample for Variances

	Group 1	Group 2
Mean	75.44444	46.66667
Variance	109.5278	25
Observations	9	9
df	8	8
F	4.381111	
P(F<=f) one-tail	0.025855	
F Critical one-tai	3.438103	

图 30-5　F-检验工具的输出

此检验的输出由下列内容组成：两个样本中每个样本的平均值和方差、F 值、F 的临界值和 F 的有效值。

30.4.7　傅里叶分析工具

傅里叶分析工具可以对数据区域执行“快速傅里叶”变换。使用傅里叶分析工具，可以变换被限制为下列大小的区域：1、2、4、8、16、32、64、128、256、512 或 1024 个数据点。此过程可以接收并生成复数，这些数字被表示为文本字符串，而不是数值。

30.4.8　直方图工具

此工具可用于生成数据分布和直方图。它接受一个输入区域和一个接收区域，接收区域是用于指定直方图的每列的限值的区域。如果忽略接收区域，则 Excel 将创建 10 个等间距的接收区域，每个接收区域的大小由以下公式确定：

```
=(MAX(input_range)- MIN(input_range))/10
```

直方图工具的输出如图 30-6 所示。可以指定按照在每个接收区域中的出现频率对生成的直方图进行排序。

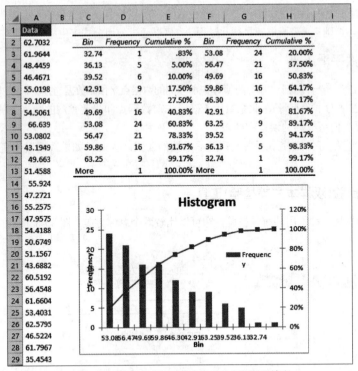

图 30-6 使用直方图工具来生成分布和图形输出

如果指定了"柏拉图"(排序直方图)选项，则接收区域必须包含数值，而不能包含公式。如果公式出现在接收区域中，则 Excel 就无法正确地排序，工作表将显示错误值。直方图工具不能使用公式，因此，如果改变了任何输入数据，就必须重新执行直方图过程以更新结果。

交叉引用

有关生成频率分布的其他方法，请参见第 27 章。Excel 还支持两种图表类型：直方图和排序直方图。它们处理数据区域，不要求独立的接收区域。第 18 章提供了相关示例。

30.4.9 移动平均工具

移动平均工具可帮助平滑变化幅度大的数据系列，此过程通常与图表结合在一起使用。Excel 通过计算指定数目数值的移动平均来执行平滑操作。许多情况下，移动平均有助于确定趋势，而此趋势在其他情况下会因为数据噪声而变得模糊。

图 30-7 显示了移动平均工具所生成的一个图表。当然，也可以指定需要 Excel 为每个平均值使用的数值的数量。如果选中"移动平均"对话框中的"标准误差"复选框，则 Excel 将计算标准误差，并在移动平均公式旁边放置用于这些计算的公式。标准误差值表示实际值与计算出的移动平均数间的变化程度。

输出中的前几个单元格是#N/A，这是因为没有足够的数据点来计算这些初始值的平均值。

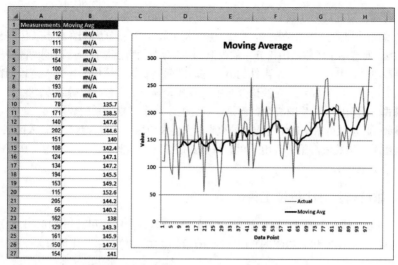

图 30-7　由移动平均工具生成的数据创建的一个图表

30.4.10　随机数发生器工具

尽管 Excel 中含有一些内置的函数可用于计算随机数，但随机数发生器工具要灵活得多，这是因为可以指定随机数的分布类型。图 30-8 显示了"随机数发生器"对话框，其"参数"部分将随你所选择的分布类型而有所变化。

图 30-8　此对话框允许生成多种多样的随机数

"变量个数"是指所需的列的数量，"随机数个数"是指所需的行的数量。例如，要将 200 个随机数分布在 10 列 20 行中，就需要在上述这些字段中分别指定 10 和 20。

在"随机数基数"字段中，可以指定一个起始值，Excel 将在其随机数发生器算法中使用此值。通常将该字段保持为空。如果要生成相同的随机数序列，则可以指定 1～32 767 的基数(只能是整数值)。使用"随机数发生器"对话框中的"分布"下拉菜单可以建立如下分布类型。

- **均匀**：每个随机数具有相同的选中可能性。可以指定上限和下限值。
- **正态**：随机数对应于正态分布。可以指定正态分布的平均数和标准偏差。

- **柏努利**: 随机数为 0 或 1, 具体由所指定的成功概率来决定。
- **二项式**: 根据指定的成功概率, 此选项基于特定数目的尝试的柏努利分布来返回随机数。
- **泊松**: 此选项生成服从泊松分布的数值。泊松分布的特点是在一个时间间隔中发生的离散事件, 其中发生单个事件的概率与时间间隔长短成比例。参数 λ 是预期在时间间隔内发生的事件数。在泊松分布中, 参数 λ 等于平均数, 也等于方差。
- **模式**: 此选项不产生随机数, 而是在指定的步长中重复一系列数字。
- **离散**: 此选项可指定选中特定值的概率。它要求使用一个包含两列的输入区域, 第一列用于存储数值, 第二列用于存储每个数值被选中的概率。第二列中各概率的总和必须是 100%。

30.4.11 排位与百分比排位工具

此工具可以创建一个表格, 其中显示了区域中每个数值的序数和百分比排位, 也可以使用 Excel 函数(以 RANK 和 PERCENTILE 开头的函数)生成排位和百分比排位。

30.4.12 回归工具

此工具(参见图 30-9)可以通过工作表数据计算回归分析。可以使用回归来分析趋势、预测未来、建立预测模型, 并且通常情况下也可用来对一系列表面上无关的数据进行有用的分析。

图 30-9 "回归"对话框

回归分析能够决定一个区域中的数据(因变量)随着一个或多个其他区域中数据(自变量)的值的变化而发生变化的程度。通过使用 Excel 计算的数值, 可用数学方法表达这种关系。可以使用这些计算来创建数据的数学模型, 并通过使用自变量的一个或多个不同数值来预测因变量。此工具可以执行简单回归和多重线性回归, 并自动地计算和标准化残差。

"回归"对话框包含许多选项, 如下所示。

- **Y 值输入区域**: 包含因变量的区域。
- **X 值输入区域**: 包含自变量的一个或多个区域。
- **常数为零**: 如果选中, 将使得回归具有为零的常量(意味着回归线通过原点; 当 X 值为零时, 所预测的 Y 值也为零)。
- **置信度**: 回归的置信级别。

- **残差：**对话框中此部分的 4 个选项可用于指定是否在输出中包含残差。残差是预测值与观察值之间的差值。
- **正态概率图：**生成正态概率图的图表。

30.4.13　抽样工具

抽样工具可从输入值区域生成随机样本。抽样工具可以通过创建大型数据库的子集，来帮助你使用大型数据库。

此过程中有两个选项：周期与随机。如果选择周期样本，则 Excel 将从输入区域中每隔 n 个数值选择一个样本，其中 n 是你指定的周期。如果选择随机样本，则只要指定需要 Excel 选择的样本的大小即可，每个值被选中的概率是一样的。

30.4.14　t-检验工具

t-检验工具用于判断两个小样本间是否存在统计意义上重要的差异。分析工具库可以执行下列 3 种类型的“t-检验”。

- **平均值的成对二样本分析：**适用于成对样本，对每个主体有两个观测值(如检验前和检验后)。样本的大小必须是相同的。
- **双样本等方差假设：**适用于独立(而非成对)的样本。Excel 假设两个样本的方差相等。
- **双样本异方差假设：**适用于独立(而非成对)的样本。Excel 假设两个样本的方差不相等。

图 30-10 显示了“t-检验”平均值的成对二样本分析的输出。其中指定了显著水平(α)和两个平均值间的假设差异(零假设)。

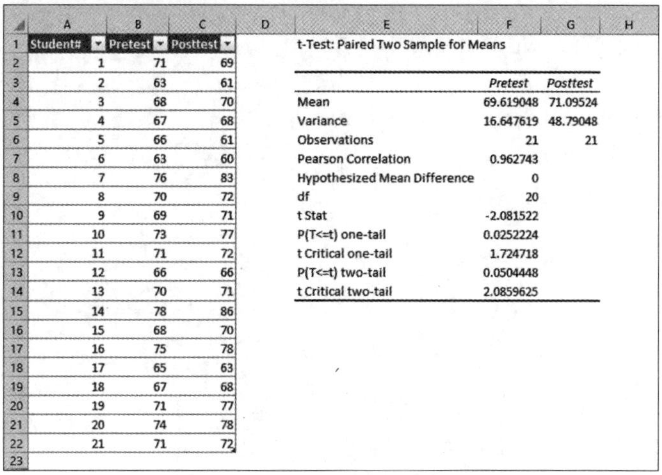

Student#	Pretest	Posttest
1	71	69
2	63	61
3	68	70
4	67	68
5	66	61
6	63	60
7	76	83
8	70	72
9	69	71
10	73	77
11	71	72
12	66	66
13	70	71
14	78	86
15	68	70
16	75	78
17	65	63
18	67	68
19	71	77
20	74	78
21	71	72

t-Test: Paired Two Sample for Means

	Pretest	Posttest
Mean	69.619048	71.09524
Variance	16.647619	48.79048
Observations	21	21
Pearson Correlation	0.962743	
Hypothesized Mean Difference	0	
df	20	
t Stat	-2.081522	
P(T<=t) one-tail	0.0252224	
t Critical one-tail	1.724718	
P(T<=t) two-tail	0.0504448	
t Critical two-tail	2.0859625	

图 30-10　成对“t-检验”对话框的输出

30.4.15　z-检验工具(双样本平均差检验)

t-检验工具用于小样本，z-检验工具用于较大的样本或总体。必须知道两个输入区域的方差。一般来说，当样本少于 30 个，并且不知道总体的标准偏差时，应该使用 t-检验工具。对于其他情况，则使用 z-检验工具。

第 **31** 章

保护工作成果

本章要点
- 保护工作表
- 保护工作簿
- 保护 Visual Basic 工程
- 创建 PDF 和检查文档

在 Excel 论坛中,"保护"的概念得到了广泛关注。看起来许多用户都想了解如何防止各种工作簿元素被改写或复制。Excel 有几种与保护相关的功能,本章将对这些功能进行介绍。

31.1 保护类型

Excel 与保护相关的功能可分为以下 3 类。
- **工作表保护**:保护全部或部分工作表,防止其被修改,或者将修改操作限制为只有某些用户可以执行。
- **工作簿保护**:防止在工作簿中插入或删除工作表,并要求使用密码打开工作簿。
- **Visual Basic(VB)保护**:使用密码防止其他用户查看或修改你的 VBA 代码。

> **警告**
> 在讨论这些功能之前,首先应该了解 Excel 安全性的局限。使用密码保护工作的某些方面并不能完全保证它的安全。密码破解工具(和一些简单的技巧)已经存在了很长一段时间。使用密码可以在大多数情况下发挥效果,但如果有人真想获取你的数据,则他通常可以找到一种办法。如果必须具有绝对的安全性,也许 Excel 并不是合适的工具。

31.2 保护工作表

你可能会因为各种原因而需要保护工作表,其中一个常见的原因是防止你自己或他人意外地删除公式或关键数据。一种典型的情况是,对工作表进行保护,使得数据可以被改变,但不能改变其中的公式。

要保护工作表，请激活工作表，并选择"审阅"|"保护"|"保护工作表"命令。Excel将显示"保护工作表"对话框，如图 31-1 所示。提供密码的操作是可选操作。如果输入一个密码，则必须使用该密码取消对工作表的保护。如果接受"保护工作表"对话框中的默认选项(并且如果没有取消锁定任何单元格)，则不能对工作表上的任何单元格进行修改。

图 31-1 使用"保护工作表"对话框保护工作表

要取消对受保护工作表的保护，可以选择"审阅"|"保护"|"撤消工作表保护"命令。如果工作表是使用密码保护的，将提示你输入密码。

31.2.1 取消锁定单元格

在许多情况下，可能需要在工作表受保护时更改某些单元格。例如，工作表中可能有一些为公式输入数据的单元格。在这种情况下，可能希望用户能够更改输入单元格，但不能更改公式单元格。每个单元格都有一个"锁定"属性，该属性用于确定当工作表受保护时，是否可以更改单元格。

默认情况下，所有单元格都是被锁定的，工作表则是未保护的。要更改锁定属性，请选择单元格或单元格区域，右击，然后从快捷菜单中选择"设置单元格格式"(或按 Ctrl+1 键)。选择"设置单元格格式"对话框的"保护"选项卡(参见图 31-2)，清除"锁定"复选框中的复选标记，然后单击"确定"按钮。

图 31-2 使用"设置单元格格式"对话框的"保护"选项卡更改单元格或区域的锁定属性

注意

"设置单元格格式"对话框的"保护"选项卡中还有一个属性:隐藏。如果选中此复选框,则当工作表受保护时,单元格的内容不会出现在编辑栏中,而单元格在工作表中不隐藏。你可能需要设置公式单元格的隐藏属性,以防止用户在选中单元格时看到公式。

在取消锁定所需的单元格之后,选择"审阅"|"保护"|"保护工作表"命令来保护工作表。这样做之后,可以更改未锁定的单元格。但如果尝试更改已锁定的单元格,则 Excel 会显示警告消息,如图 31-3 所示。

图 31-3 在尝试更改已锁定的单元格时,Excel 会显示警告消息

注意:

只有当已经保护工作表时,"锁定"属性才有作用。在未保护的工作表中,锁定和未锁定单元格的行为是相同的。

31.2.2 工作表保护选项

"保护工作表"对话框(如图 31-1 所示)中有一些选项,用于确定当工作表受到保护时,用户可以执行的操作。

- **选定锁定单元格**:如果选中,则用户可以使用鼠标或键盘选择已锁定的单元格,但不能更改它们。默认情况下已启用此设置。
- **选定未锁定的单元格**:如果选中,则用户可以使用鼠标或键盘选择未锁定的单元格。默认情况下已启用此设置。
- **设置单元格格式**:如果选中,则用户可以对锁定的单元格应用格式。
- **设置列格式**:如果选中,则用户可以隐藏或更改列的宽度。
- **设置行格式**:如果选中,则用户可以隐藏或更改行的高度。
- **插入列**:如果选中,则用户可以插入新列。
- **插入行**:如果选中,则用户可以插入新行。
- **插入超链接**:如果选中,则用户可以插入超链接(即使是在锁定的单元格中也可以)。
- **删除列**:如果选中,则用户可以删除列。
- **删除行**:如果选中,则用户可以删除行。
- **排序**:如果选中,则用户可以对区域内的数据进行排序,前提是区域中不包含任何锁定的单元格。
- **使用自动筛选**:如果选中,则用户可以使用现有的自动筛选。
- **使用数据透视表和数据透视图**:如果选中,则用户可以更改数据透视表的布局,或者创建新的数据透视表。此设置也适用于数据透视图。
- **编辑对象**:如果选中,则用户可以更改对象(如形状)和图表,以及插入或删除注释。
- **编辑方案**:如果选中,则用户可以使用方案管理功能。

> **交叉引用**
> 有关如何创建和使用方案的信息，请参见第 28 章。

> **提示**
> 当工作表被保护，并且设置了"选定未锁定的单元格"选项时，按 Tab 键即可移动到下一个未锁定的单元格(跳过锁定的单元格)，从而可以更容易地输入数据。

31.2.3 分配用户权限

Excel 还可以对受保护工作表上的不同区域分配用户级别权限。可以指定在工作表受保护的情况下，哪些用户可以编辑特定的区域。还可以要求用户提供密码才能进行更改。

此功能很少使用，并且设置过程相当复杂。但如果需要此级别的保护，则可以对其进行设置。

(1) 如果工作表受保护，则取消保护工作表。

(2) 选择"审阅"|"保护"|"允许编辑区域"命令，将打开如图 31-4 所示的"允许用户编辑区域"对话框。

(3) 单击"新建"按钮，打开"新区域"对话框。

(4) 填写"标题""引用单元格"和"区域密码"框，然后单击"权限"按钮。

(5) 单击"添加"按钮，打开"选择用户或组"对话框。

(6) 键入 Windows 或域用户名，然后单击"确定"按钮。

(7) 接受默认的"允许"设置，或者将其改为"拒绝"，然后单击"确定"按钮。

(8) 单击"确定"按钮，关闭剩余对话框。

(9) 保护工作表。可以在关闭"允许用户编辑区域"对话框之前，单击该对话框中的"保护工作表"按钮，也可以使用功能区的"审阅"选项卡中的"保护工作表"命令。

图 31-4 "允许用户编辑区域"对话框

31.3 保护工作簿

Excel 提供了两种方法来保护工作簿。

- 要求使用密码才能打开工作簿。
- 防止用户添加、删除、隐藏和取消隐藏工作表。

这两种方法并不是互斥的，所以可以同时应用到工作簿。以下各节将分别对每一种方法进行讨论。

31.3.1 需要密码才能打开工作簿

在 Excel 中，可以使用密码来保存工作簿。之后，任何人在试图打开该工作簿时必须输入密码。

要为工作簿添加密码，请执行下列步骤：

(1) 选择 "文件" | "信息" | "保护工作簿" | "用密码进行加密" 命令，将显示 "加密文档" 对话框，如图 31-5 所示。

(2) 键入密码，然后单击 "确定" 按钮。

(3) 再次键入密码，然后单击 "确定" 按钮。

(4) 保存工作簿。

图 31-5　在 "加密文档" 对话框中指定工作簿密码

> **注意**
> 只需要执行上述这些步骤一次即可，而不必在每次重新保存工作簿时都指定密码。

要从工作簿中删除密码，需要重复同样的过程。但是，在步骤(2)中，需要从 "加密文档" 对话框中删除现有的密码符号，然后单击 "确定" 按钮，并保存工作簿。

图 31-6 显示了在尝试打开用密码保存的文件时出现的 "密码" 对话框。

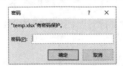

图 31-6　打开此工作簿时需要提供密码

Excel 提供了另一种命令为文档添加密码的方式：

(1) 选择 "文件" | "另存为" 命令，然后单击 "浏览" 按钮，将显示 "另存为" 对话框。

(2) 单击 "工具" 下拉列表，然后选择 "常规选项"，将显示 "常规选项" 对话框。

(3) 在 "打开权限密码" 框中输入密码。

(4) 单击 "确定" 按钮。系统将要求你重新输入密码，然后返回 "另存为" 对话框。

(5) 在 "另存为" 对话框中，确保文件名、位置和类型正确，然后单击 "保存" 按钮。

> **注意**
> "常规选项" 对话框中有另一个密码字段：修改权限密码。如果在此框中输入了密码，则文件将以只读模式(不能以相同的名称保存)打开，除非用户知道密码。如果使用 "建议只读" 复选框而不输入密码，则 Excel 将建议以只读模式打开文件，但用户可以忽略此建议。

31.3.2 保护工作簿的结构

要防止他人(或你自己)在工作簿中执行某些操作，可以保护工作簿的结构。当工作簿的结构受到保护时，用户不能执行以下操作：

- 添加工作表
- 删除工作表
- 隐藏工作表
- 取消隐藏工作表
- 重命名工作表
- 移动工作表

要保护工作簿的结构，请执行下列操作：

(1) 选择"审阅"|"保护"|"保护工作簿"命令，将显示"保护结构和窗口"对话框(参见图 31-7)。

图 31-7　"保护结构和窗口"对话框

(2) 选中"结构"复选框。

(3) (可选)输入密码。

(4) 单击"确定"按钮。

功能区中的"保护工作簿"工具将改变颜色，指出你已经启用工作簿保护。要取消保护工作簿的结构，请再次选择"审阅"|"保护"|"保护工作簿"命令。这将关闭工作簿保护，功能区中的工具也将恢复正常颜色。如果已使用密码保护工作簿的结构，则会提示输入密码。

31.4　VBA 工程保护

如果工作簿包含 VBA 宏，则可能需要保护 VBA 工程，以防止其他人查看或修改你的宏。要保护 VBA 工程，请执行以下操作：

(1) 按 Alt+F11 键启动 VB 编辑器。

(2) 在"工程"窗口中选择你的工程。

(3) 选择"工具"|"VBAProject 属性"命令，将显示"工程属性"对话框。

(4) 选择"保护"选项卡(参见图 31-8)。

(5) 选中"查看时锁定工程"复选框。

(6) 输入密码(两次)。

(7) 单击"确定"按钮，然后保存文件。当文件关闭并重新打开之后，如果要查看或修改 VBA 代码，则必须提供密码。

交叉引用
第 Ⅵ 部分将讨论 VBA 宏。

图 31-8　使用密码保护 VBA 工程

31.5　相关主题

除了 Excel 内置的安全性功能之外，还有其他一些与保护 Excel 内容有关的功能和技术。

31.5.1　将工作表保存为 PDF 文件

便携式文档格式(Portable Document Format，PDF)文件格式是一种被广泛使用的以只读方式呈现信息的方式，使用该格式可以精确地控制布局。可以从很多来源获取用于显示 PDF 文件的软件。Excel 可以创建 PDF 文件，但不能打开它们。

XPS 是另一种"电子纸"格式，是 Microsoft 开发的替代 PDF 格式的方案。但是，很少有第三方支持 XPS 格式。

要将工作表保存为 PDF 或 XPS 格式，请选择"文件"|"导出"|"创建 PDF/XPS 文档"|"创建 PDF/XPS"命令。将显示"发布为 PDF 或 XPS"对话框，在其中可以指定文件名和存储位置，并设置其他一些选项。

31.5.2　将工作簿标记为最终版本

Excel 允许将工作簿标记为"最终版本"。此操作将对工作簿执行两个更改：
- 使工作簿变为只读，从而使用户无法使用相同名称保存该文件。
- 使工作簿变为"只能查看"状态，因此无法对其执行任何更改。

当打开一个标记为最终版本的文档时，会在功能区下面显示一条消息。可以通过单击"仍然编辑"按钮来覆盖其"最终"状态。

要将工作簿标记为最终版本，可选择"文件"|"信息"|"保护工作簿"|"标记为最终"命令，将显示一个对话框，用于确认选择。如果单击"确定"按钮，将显示另一个消息框，解释将工作簿标记为最终的含义。一旦将工作簿标记为最终版本，状态栏将显示一个带对钩的工作表图标，指出活动工作簿已被标记为最终版本。

> **警告**
> 将工作簿标记为最终版本并不是健壮的安全措施，任何打开工作簿的人都可以取消其最终状态。因此，这种方法并不能保证别人无法更改工作簿。

31.5.3　检查工作簿

如果要向其他人分发工作簿，则可能需要让 Excel 检查文件中的隐藏数据和个人信息。此工具可以找到有关你、你的组织或工作簿的隐藏信息。在某些情况下，你可能并不希望与他人分享这些信息。

要检查工作簿，请选择"文件"|"信息"|"检查问题"|"检查文档"命令。这样将打开"文档检查器"对话框，如图 31-9 所示。单击"检查"按钮，Excel 将显示检查结果，并允许你删除所找到的项。

图 31-9　"文档检查器"对话框可标识出工作簿中的隐藏信息和个人信息

警告

如果 Excel 在"文档检查器"中标识出某些项，这并不一定意味着应该删除它们。换句话说，不应该盲目地使用"全部删除"按钮来删除 Excel 所找到的项。例如，可能有一个隐藏工作表，用于某个重要目的。Excel 将标识出此隐藏工作表，并使得你很容易将其删除。为了安全起见，总是确保在运行"文档检查器"之前备份你的工作簿。

可在"文件"|"信息"|"检查问题"菜单中使用其他两个命令。

● **检查辅助功能**：检查工作簿中可能会令身体不便人士难以阅读的内容。
● **检查兼容性**：检查工作簿中是否有无法在以前 Excel 版本中正常工作的功能。

交叉引用

请参见第 6 章了解更多有关如何检查文件兼容性的信息。

31.5.4　使用数字签名

Excel 允许在工作簿中添加数字签名，使用数字签名与在纸质文件上签名类似。数字签名有助于确保工作簿的真实性，并确保自签名以来内容没有被修改过。

在签署工作簿后，此签名将一直有效，直到你修改并重新保存该文件为止。

1. 获取数字 ID

要对工作簿进行数字签名，必须从认证机构获得证书，此机构能够验证你的签名的真实性。需要支付的价格各不相同，具体取决于认证公司。

2. 对工作簿签名

Excel 支持两种类型的数字签名：可见签名和不可见签名。

要添加可见的数字签名，请选择"插入" | "文本" | "添加签名行" | "Microsoft Office 签名行"命令。将显示其"签名设置"对话框，并会提示你输入签名信息。在添加签名框之后，双击它即可显示"签名"对话框，在这里，可以通过输入姓名或上传签名扫描图像的方式来进行实际的签名操作。对文档签名后，会将文档标记为最终版本。如果对文档进行任何更改，将使签名无效。

要添加不可见的数字签名，请选择"文件" | "信息" | "保护工作簿" | "添加数字签名"命令。如果以任何方式更改了所签署的工作簿，则数字签名将变得无效。如果需要验证工作簿的完整性，但不需要以可见的方式将这种完整性信息传达给用户，就可以使用数字签名。

第 **V** 部分

了解 Power Pivot 和 Power Query

第 V 部分带你走入 Power Pivot 和 Power Query 的世界。在本部分，你将学习如何使用外部数据和 Power Pivot 数据模型开发出强大的报表；还将探索 Power Query 的丰富工具集如何帮助你节省时间，自动完成数据清理，并且大大增强你的数据分析和报表制作能力。

本部分内容

第**32**章

Power Pivot 简介

本章要点

- Power Pivot 基础知识
- 链接到 Excel 数据
- 管理关系
- 从其他数据源载入数据

Microsoft 在意识到商业智能(Business Intelligence，BI)变革的重要性以及 Excel 在这场变革中占据的地位后，做了巨大投入来改进 Excel 的 BI 能力，并特别关注 Excel 的自助 BI 能力，使 Excel 能够更好地管理和分析日益增长的可用数据源的信息。

Power Pivot 是其关键成果。有了 Power Pivot，用户能够在不同的大型数据源之间建立关系，并将包含数十万行数据的数据源合并到 Excel 的一个分析引擎中。

本章将概述 Power Pivot 的这些能力，探讨一些关键的功能和优势。

32.1 了解 Power Pivot 的内部数据模型

Power Pivot 本质上是一个 SQL Server Analysis Services 引擎，通过直接在 Excel 中运行的一个内存进程提供。此引擎的技术名称为 xVelocity 分析引擎。但是，在 Excel 中，常将其称为内部数据模型。

每个 Excel 工作簿都包含一个内部数据模型，即 Power Pivot 内存引擎的一个实例。本节将概述如何使用 Power Pivot 内部数据模型导入和集成不同数据源。

32.1.1 Power Pivot 功能区

任何订阅了 Office 365 Pro Plus 的用户都可以查看和激活 Power Pivot 选项卡(参见图 32-1)。使用独立版的 Excel 2013 或更高版本的用户也能够访问 Power Pivot 选项卡。

注意，组织常常根据自己制定的安装政策来安装 Excel。在一些组织中，安装了 Excel，但没有激活 Power Pivot 加载项，所以无法看到 Power Pivot 选项卡。如果看不到如图 32-1 所示的 Power Pivot 选项卡，则可以通过下面的步骤激活该选项卡：

(1) 在 Excel 功能区中，单击"文件"|"选项"命令。

(2) 在左侧选择"加载项"选项，然后在"管理"下拉列表中，选择"COM 加载项"。

(3) 在可用的 COM 加载项类别中，选中"Microsoft Power Pivot for Excel"复选框，然后单击"确定"按钮。

(4) 关闭并重启 Excel。

图 32-1　Power Pivot 功能区界面

兼容性问题

自从 Excel 2010 发布以后，Microsoft 已经提供了多个 Power Pivot 加载项版本。你需要意识到，在不同的 Excel 版本中，可能使用了不同版本的 Power Pivot。如果在分享 Power Pivot 工作簿时，一些用户使用早期版本的 Excel，而另一些用户使用更新版本的 Excel，则应该保持小心。如果工作簿中包含的 Power Pivot 模型是用 Power Pivot 加载项的更早版本创建的，那么打开并刷新这种工作簿将自动升级底层的模型。此后，使用老版本加载项的用户将不能在该工作簿中使用 Power Pivot 模型。

一般来说，如果创建 Power Pivot 工作簿时使用的 Excel 版本与你的版本相同或更低，并不会导致问题。但是，如果创建 Power Pivot 工作簿时使用的 Excel 版本比你的版本更高，那么你将无法使用该工作簿。

32.1.2　将 Excel 表格链接到 Power Pivot

使用 Power Pivot 的第一步是填充数据。既可以从外部数据源导入数据，也可以链接到当前工作簿中的 Excel 表格。我们首先讲解链接方法，看一下如何将 3 个 Excel 表格链接到 Power Pivot。

配套学习资源网站

本章的大部分示例可在配套学习资源网站 www.wiley.com/go/excel365bible 中找到，文件名为 Power Pivot Intro.xlsx。

在本例中，我们在 3 个不同的工作表中包含 3 个数据集(见图 32-2)：Customers、Invoice Header 和 Invoice Details。

	A	B	C	D	E	F	G
1	CustomerID	CustomerName	Address	Country	City	State	Zip
2	DOLLISCO0001	Dollis Cove Resort	765 Kingway	Canada	Charlottetown	PEI	C1A 1W3
3	GETAWAYI0001	Getaway Inn	234 E Cannon Ave.	USA	Saginaw	MI	48605

　　Customers　InvoiceHeader　InvoiceDetails　⊕

	A	B	C
1	InvoiceDate	InvoiceNumber	CustomerID
2	5/8/2005	ORDST1025	BAKERSEM0001
3	4/12/2007	STDINV2251	BAKERSEM0001

　　Customers　**InvoiceHeader**　InvoiceDetails

	A	B	C	D	E
1	InvoiceNumber	Quantity	UnitCost	UnitPrice	
2	ORDST1022	1	59.29	119.95	
3	ORDST1015	1	3290.55	6589.95	

　　Customers　InvoiceHeader　**InvoiceDetails**

图 33-2　我们希望使用 Power Pivot 来分析 Customers、Invoice Header 和 Invoice Details 工作表中的数据

Customers 数据集包含基本信息，如 Customer ID、Customer Name、Address 等。Invoice Header 数据集包含的数据将具体订单与具体客户联系起来。Invoice Details 数据集包含每个订单的详细信息。

我们希望按客户和月份分析收入。显然，我们需要采用某种方式将这 3 个表格连接起来，然后才能进行分析。在过去，我们需要绕来绕去，多次使用 VLOOKUP 或其他巧妙的公式。但是，有了 Power Pivot 之后，只需要单击几次鼠标就能够建立这些关系。

1. 准备 Excel 表格

将 Excel 数据链接到 Power Pivot 时，最好的做法是先将 Excel 数据转换为显式命名的表格。虽然从技术上讲，并不是必须这么做，但是给表格起容易理解的名称有助于在 Power Pivot 数据模型中跟踪和管理数据。如果你不首先将数据转换为表格，则 Excel 将替你完成这项工作，并给表格起一些没有价值的名称，如表 1、表 2 等。

执行下面的步骤，将每个数据集转换为一个 Excel 表格：

(1) **进入 Customers 选项卡，在数据区域内的任意位置单击。**

(2) **按 Ctrl+T 键。**这将打开"创建表"对话框，如图 32-3 所示。

图 32-3　将数据区域转换为 Excel 表格

(3) **在"创建表"对话框中，确保表格区域是正确的，并且选中了"表包含标题"复选框。单击"确定"按钮。**

(4) **现在，功能区中应该显示"表设计"选项卡。单击该选项卡，使用"表名称"输入框给表格起一个描述性名称**(见图 32-4)。这将确保在把该表格添加到内部数据模型后，你仍然能够识别它。

图 32-4　给新创建的 Excel 表格起一个描述性名称

(5) **为 Invoice Header 和 Invoice Details 数据集重复步骤(1)~(4)。**

2. 将 Excel 表格添加到数据模型

一旦将数据转换为 Excel 表格，就可以把它们添加到 Power Pivot 数据模型。执行下面的步骤，使用 Power Pivot 选项卡将新创建的 Excel 表格添加到数据模型中：

(1) **单击 Customers 表格内的任意单元格。**

(2) **单击功能区的 Power Pivot 选项卡，然后单击"添加到数据模型"命令。**Power Pivot 将创建表格的一个副本并激活 Power Pivot 窗口(如图 32-5 所示)。

虽然 Power Pivot 窗口看起来类似于 Excel，但实际上是一个独立的程序。注意，Customers 表格的网格有行号，但是没有列引用。另外还要注意，不能编辑表格内的数据。这些数据只是你导入的实际 Excel 表格的一个快照。

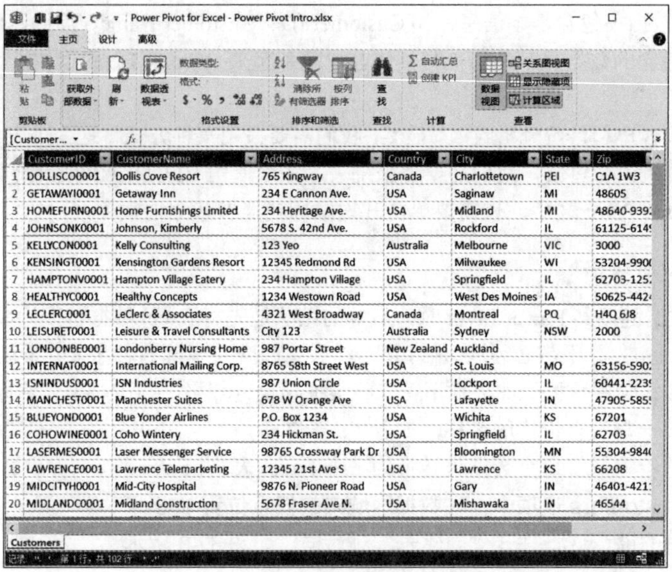

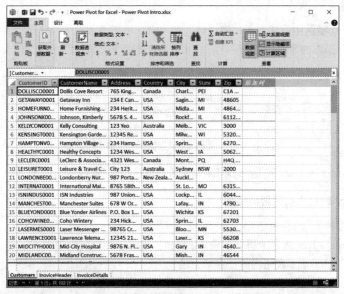

图 32-5　Power Pivot 窗口显示了数据模型中当前存在的全部数据

另外，观察屏幕底部的 Windows 任务栏会发现，Power Pivot 和 Excel 是不同的窗口。通过在任务栏中单击，可以在 Excel 和 Power Pivot 窗口之间切换。

为 Invoice Header 和 Invoice Details 表格重复步骤(1)和(2)。将所有 Excel 表格导入数据模型后，Power Pivot 窗口将在单独的选项卡中显示每个数据集，如图 32-6 所示。

图 32-6　在 Power Pivot 中，添加到数据模型的每个表格将显示在自己的选项卡中

注意

因为刚刚导入 Power Pivot 的数据来自当前工作簿内的一个 Excel 表格，Power Pivot 将把

它们视为链接的表格。这意味着尽管 Power Pivot 中显示的数据是添加它们时的一个快照,但当编辑 Excel 中的源表格时,这些数据会自动更新。链接的表格是在数据改变时自动刷新的唯一一种数据源。在本章后面将会看到,来自外部数据源的数据需要被显式刷新。

3. 创建 Power Pivot 表之间的关系

现在,Power Pivot 知道数据模型中有 3 个表,但不知道这 3 个表之间的关系。我们需要定义 Customers、Invoice Header 和 Invoice Details 表之间的关系,把这些表连接起来。这可以在 Power Pivot 窗口中直接完成。

> **提示**
>
> 如果不小心关闭了 Power Pivot 窗口,可以单击 Power Pivot 功能区选项卡中的“管理”命令重新打开它。或者,可以单击“数据”选项卡中的“管理数据模型”命令。

(1) 激活 Power Pivot 窗口,单击“主页”选项卡中的“关系图视图”按钮。Power Pivot 将显示一个界面,其中显示了数据模型中的所有表的图形表示(见图 32-7)。

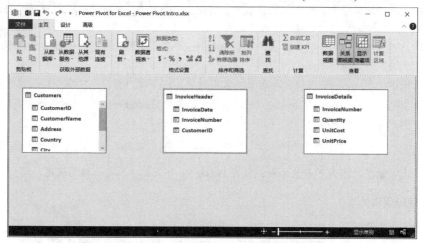

图 32-7　关系图视图显示了数据模型中的全部表

通过单击拖动标题栏,可在关系图视图中四处移动各个表。这里的思想是识别每个表的主索引键并把它们连接起来。在本例中,可使用 CustomerID 字段将 Customers 表和 Invoice Header 表连接起来,使用 InvoiceNumber 字段将 Invoice Header 和 Invoice Details 表连接起来。

(2) 单击 Customers 表中的 CustomerID 字段,并拖动一条线到 Invoice Header 表的 CustomerID 字段(如图 32-8 所示)。

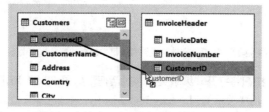

图 32-8　要创建一个关系,只需要在表的字段之间单击拖动一条线

(3) 单击 Invoice Header 表中的 InvoiceNumber 字段，并拖动一条线到 Invoice Details 表的 InvoiceNumber 字段。

现在，关系图将如图 32-9 所示。注意，Power Point 在你刚才连接的表之间显示了一条线。用数据库术语来说，这种线条称为"连接"或"连接线"。

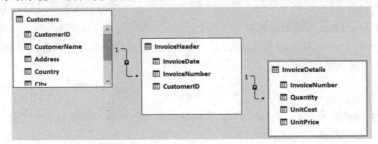

图 32-9　创建关系时，Power Pivot 关系图将在表之间显示连接线

Power Pivot 中的连接是一对多连接。这意味着将一个表连接到另一个表时，其中一个表有唯一的记录，这些记录有唯一的索引数字，而在另一个表中，可能许多记录有相同的索引数字。

注意，连接线上有一个箭头，从一个表指向另一个表。这些连接线中的箭头总是指向有重复索引的表。

在本例中，Customers 表包含不重复的客户列表，每个客户有自己的唯一标识符。该表中没有重复的 CustomerID。在 Invoice Header 表中，每个 CustomerID 可能包含在许多行中，表示每个客户可能有许多订单。

> **提示**
> 要关闭关系图并重新显示数据表，可在 Power Pivot 窗口中单击"数据视图"按钮。

4. 管理现有关系

如果想要编辑或删除数据模型中的两个表之间的关系，可以执行下面的步骤：

(1) 激活 Power Pivot 窗口，选择"设计"选项卡，然后单击"管理关系"命令。

(2) 在如图32-10所示的"管理关系"对话框中，单击想要管理的关系，然后选择"编辑"或"删除"按钮。

图 32-10　使用"管理关系"对话框来编辑或删除现有关系

(3) 单击"编辑"按钮将打开"编辑关系"对话框，如图 32-11 所示。可以注意到，对话框中突出显示了用于构成关系的列。在这个对话框中，通过选择合适的列，可以重新定义关系。还可以使用"活动"复选框控件来禁用或启用关系。

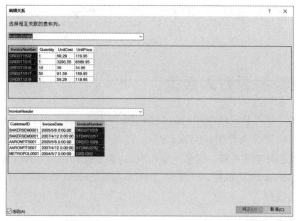

图 32-11　使用"编辑关系"对话框来调整表和字段名，以重新定义选定的关系

5. 在报表中使用 Power Pivot 数据

定义了 Power Pivot 数据模型中的关系之后，实际上就能够使用这些数据了。对于 Power Pivot 而言，就是使用数据透视表进行分析。事实上，所有 Power Pivot 数据都是用数据透视表的框架呈现的(第 26 章和第 27 章介绍了数据透视表)。

(1) 激活 Power Pivot 窗口，选择"主页"选项卡，然后单击"数据透视表"命令按钮。

(2) 指定将数据透视表放在新工作表上还是现有工作表上。

(3) 像使用其他任何标准数据透视表进行分析时那样，使用"数据透视表字段"列表建立自己需要的分析。

图 32-12 中显示的数据透视表包含数据模型中的全部表。在标准的数据透视表中，只能使用一个表中的字段，但与之不同，模型中定义的关系却允许我们使用任何表中的任意字段。有了这个配置，我们实际上就能够以熟悉的数据透视表的形式使用强大的跨表分析引擎。在这个示例中，我们在计算每个客户的平均单价。

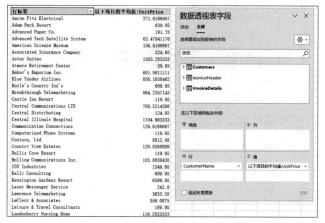

图 32-12　Power Pivot 驱动的数据透视表可聚合多个表的数据

在没有引入 Power Pivot 之前，实现这种分析很麻烦。需要构建 VLOOKUP 公式，从 Customers 找到 Invoice Header 数据，然后再构建一组 VLOOKUP 公式，从 Invoice Header 找

到 Invoice Details 数据。在完成创建公式的工作后，还需要找到一种方式来聚合数据，以计算每个客户的平均单价。

32.2　从其他数据源载入数据

在本节将会看到，并不是只能使用 Excel 工作簿中已经具有的数据。Power Pivot 能够从工作簿之外的外部数据源导入数据。Power Pivot 的强大之处在于能够合并不同数据源的数据，并且在这些数据之间建立关系。这意味着在理论上，创建出的 Power Pivot 数据模型能够包含一些来自 SQL Server 表的数据、一些来自 Microsoft Access 数据库的数据，甚至一些来自一次性文本文件的数据。

32.2.1　从关系数据库载入数据

Excel 分析人员最常用的数据源之一是关系数据库。有些分析人员常常使用 Microsoft Access、SQL Server 或 Oracle 数据库的数据。本节将介绍如何从外部数据库系统载入数据。

1. 从 SQL Server 载入数据

SQL Server 数据库是存储企业级数据时最常用的数据库之一。大部分 SQL Server 数据库由 IT 部门管理和维护。要连接到 SQL Server 数据库，需要 IT 部门帮助你获得数据库的读权限，然后才能从中检索数据。

当获得数据库的访问权限后，打开 Excel，然后选择"Power Pivot"|"管理"命令，激活 Power Pivot 窗口。

激活 Power Pivot 窗口之后，从"主页"选项卡中选择"从其他源"命令按钮。这将激活"表导入向导"对话框，如图 32-13 所示。选择 Microsoft SQL Server 选项，然后单击"下一步"按钮。

图 32-13　激活"表导入向导"并选择 Microsoft SQL Server 选项

"表导入向导"将要求提供连接到选定数据库所需的全部信息，包括服务器地址、登录凭据和其他数据库名称。选择不同类型的数据源时，向导将显示不同的字段。当连接到外部数据源时，常用的字段如下所示。

- **友好的连接名称**：该字段允许为外部源指定你自己使用的名称。通常会输入一个描述性强的、容易阅读的名称。

- **服务器名称**：这是服务器的名称，该服务器包含要连接到的数据库。当 IT 部门授予你访问权限时，将告诉你服务器名称。

- **登录到服务器**：这些是你的登录凭据。根据 IT 部门如何授予你访问权限，可能需要选择"使用 Windows 身份验证"或"使用 SQL Server 身份验证"选项。"使用 Windows 身份验证"选项实际上意味着服务器将通过你的 Windows 登录信息识别你的身份。"使用 SQL Server 身份验证"选项意味着 IT 部门为你创建了唯一的用户名和密码。如果选择"使用 SQL Server 身份验证"选项，则需要提供用户名和密码。需要注意的是，至少需要有目标数据库的 READ 权限，才能从中取出数据。

- **保存我的密码**：如果想在工作簿中存储你的用户名和密码，则选中"保存我的密码"复选框。这样一来，当其他人使用时，连接仍然可被刷新。这个选项显然存在安全问题，因为任何人都可以查看连接属性以及你的用户名和密码。只有当 IT 部门为你设置应用程序账户(即专门为多人使用创建的账户)时，才应该使用此选项。

- **数据库名称**：每个 SQL Server 都可以包含多个数据库。在这里输入要连接的数据库的名称。当 IT 部门授予你访问权限时，将告诉你数据库的名称。

当输入所有相关信息后，单击"下一步"按钮，进入下一个界面。在这个界面中，既可以从表和视图的列表中进行选择，也可以使用 SQL 语法编写自己的查询。后者需要编写自己的 SQL 脚本。大部分时候，都会从表的列表中做出选择。

"表导入向导"将读取数据库并显示所有可用的表和视图的一个列表。表的图标类似一个网格，视图的图标则类似于两个箱子叠放在一起。

只需要选中想要导入的表和视图即可。Friendly Name 列允许输入一个新名称，用于在 Power Pivot 中引用对应的表。

> **提示**
>
> 当选择一个或更多表后，可以单击"选择相关表"按钮，告诉 Power Pivot 扫描并自动选择与选中表有关系的其他表。当把包含几十个表的大型数据库用作数据源时，这种功能使用起来很方便。

需要重点记住，导入一个表时，将导入该表的所有列和记录。这可能会影响 Power Pivot 数据模型的大小和性能。很多时候，只需要使用导入的表的一部分列。这种情况下，可以使用"预览并筛选"按钮。

单击表名，使其显示为蓝色，然后单击预览并筛选按钮。"表导入向导"将激活一个预览界面。在这个界面中，可看到表中的所有可用列以及一些样本行。

每个列标题旁边有一个复选框，指出该列将随表一起导入。通过清除复选标记，可告诉 Power Pivot 不要在数据模型中包含该列。

还可以选择筛选掉某些记录。单击预览界面中的下拉箭头将激活一个筛选菜单，可指定一些条件，筛选掉不想要的记录。其工作方式类似于 Excel 中的标准筛选功能。

当选择完数据并应用了必要的筛选后，在"表导入向导"对话框中单击"完成"按钮，启动导入过程。导入日志显示了导入进度，并在完成导入后总结了导入操作。

从 SQL Server 载入数据的最后一个步骤是检查和创建任何必要的关系。激活 Power Pivot 窗口，单击"主页"选项卡中的 Diagram View(图表视图)按钮。Power Pivot 将显示关系图界面，在这里可以根据需要查看和编辑关系(参见本章前面的"创建 Power Pivot 表之间的关系"一节)。

> **提示**
>
> 如果发现需要调整对导入的数据应用的筛选，可以再次打开(预览并筛选)界面。只需要在 Power Pivot 窗口中选择目标表，然后激活"编辑表属性"对话框；方法是选择"设计"|"表属性"命令。你会发现，这个对话框基本上与"表导入向导"中的(预览并筛选)界面相同。在该对话框中，可以选择之前筛选掉的列、编辑记录筛选器、清除筛选器，甚至使用一个不同的表/视图。

2. 从其他关系数据库系统载入数据

数据保存在 Microsoft Access、Oracle、dBase 还是 MySQL 中并不重要，你可以从几乎任何关系数据库系统载入数据。只要安装了合适的数据库驱动程序，就可以将 Power Pivot 连接到数据。

> **注意**
>
> 要连接到任何数据库系统，计算机上必须安装该系统的驱动程序。SQL Server 和 Access 是 Microsoft 的产品，你会遇到的大部分计算机上都安装了它们的驱动程序。对于其他数据库系统，则需要显式安装其驱动程序。这通常是 IT 部门完成的工作，他们要么在计算机上安装公司软件时安装数据库的驱动程序，要么在有人请求时安装。如果找不到数据库系统需要的驱动程序，可联系 IT 部门。

激活 Power Pivot 窗口，在"主页"选项卡中单击"从其他源"按钮。这将激活前面在图32-13 中显示的"表导入向导"。

从众多选项中选择合适的关系数据库系统。如果需要从 Oracle 导入数据，则选择 Oracle。如果需要从 Sybase 导入数据，则选择 Sybase。

连接到这些关系数据库系统的步骤与前面导入 SQL Server 数据时看到的步骤基本相同。但是，根据所选数据库系统的需要，可能会看到不同的对话框。

可以理解的是，Microsoft 并不能为市场上存在的每种数据库系统都创建一个命名连接选项。因此，在列表中可能找不到自己的数据库系统。此时，可选择"其他(OLEDB/ODBC)"选项。选择此选项时，将打开"表导入向导"，其第一个界面要求输入数据库系统的连接字符串。

32.2.2　从平面文件载入数据

平面文件指的是文件中包含某种形式的表格数据，但记录之间不存在结构层次或关系。Excel 文件和文本文件是最常见的平面文件。大量重要数据都在平面文件中维护。本节将介绍如何把平面文件数据源导入 Power Pivot 数据模型中。

1. 从外部 Excel 文件载入数据

在本章前面，通过将同一个工作簿中包含的数据载入 Power Pivot 中创建了链接表。相比其他类型的导入数据，链接表有一个明显优势：它们能够立即响应工作簿中的源数据的变化。如果更改了工作簿中的某个表的数据，Power Pivot 数据模型中的链接表将自动变化。链接表提供的实时交互是一种很方便的特性。

链接表也有一个缺点：源数据必须与 Power Pivot 数据模型在同一个工作簿中。这并不总是现实的。很多情况下，需要在分析中考虑 Excel 数据，但是这些数据包含在另一个工作簿中。此时，可以使用 Power Pivot 的"表导入向导"来连接到外部 Excel 文件。

激活 Power Pivot 窗口，单击"主页"选项卡中的"从其他源"按钮。这将激活"表导入向导"对话框。如图 32-14 所示，在对话框中向下滚动，选择"Excel 文件"选项，然后单击"下一步"按钮。

图 32-14　激活"表导入向导"并选择"Excel 文件"选项

"表导入向导"将要求提供所有必要的信息，以连接到目标工作簿。在这个界面中，需要提供以下信息。

- **友好的连接名称**：该字段允许为外部源指定自己使用的名称。通常会输入一个具有描述性的、易于阅读的名称。
- **Excel 文件路径**：输入目标 Excel 工作簿的完整路径。可以使用"浏览"按钮找到并选择想要提取信息的工作簿。
- **使用第一行作为列标题**：大部分时候，Excel 数据会具有列标题。一定要选中"使用第一行作为列标题"复选框，以确保在导入数据时能够将列标题识别为标题。

输入所有相关信息后，单击"下一步"按钮进入下一个界面，如图 32-15 所示。在这个界面中，可以看到选中 Excel 工作簿中的全部工作表。选中想要导入的工作表。"友好名称"列允许输入一个新名称，该名称将用于在 Power Pivot 中引用该表。

> **提示**
> 当从外部 Excel 文件读取数据时，Power Pivot 不只允许选择整个工作表，还允许选择命名区域。当只想导入工作表中的一个数据子集时，这种功能很方便。

图 32-15 选择想要导入的工作表

如本章前面所述，可以根据需要，使用 Preview & Filter 按钮筛选掉不想要的列和记录。如果不需要进行筛选，就继续在"表导入向导"中操作，完成导入过程。

同样，一定要检查已经载入 Power Pivot 中的其他表，并且创建与这些表的关系。

> **注意**
> 需要注意的是，载入外部 Excel 数据并不能获得链接表那样的交互性。与导入数据库表一样，从外部 Excel 文件导入的数据只是一个快照。需要刷新数据连接，才能看到外部 Excel 文件中新添加的数据(参见本章后面的"手动刷新 Power Pivot 数据"一节)。

2. 从文本文件载入数据

文本文件是用来分发数据的另一种类型的平面文件。这些文件通常是遗留系统和网站的输出文件。Excel 一直能够导入文本文件。使用 Power Pivot 时，能够进一步将文本文件与其他数据源整合起来。

激活 Power Pivot 窗口，然后单击"主页"选项卡中的"从其他源"按钮。这将激活图 32-14 中显示的"表导入向导"对话框。选择"文本文件"选项，然后单击"下一步"按钮。

"表导入向导"将要求提供所有必要的信息，以连接到目标文本文件。在这个界面中，需要提供以下信息。

- **友好的连接名称**：该字段允许为外部源指定自己使用的名称。通常会输入一个具有描述性的、易于阅读的名称。
- **文件路径**：输入目标文本文件的完整路径。可以使用"浏览"按钮找到并选择想要提取信息的文件。
- **列分隔符**：选择文本文件中用来分隔列的字符。在做出选择之前，需要知道文本文件中的列是如何分隔的。例如，逗号分隔文件使用逗号来分隔列。制表符分隔文件使用制表符来分隔列。"表导入向导"中的下拉列表包含常用分隔符：制表符、逗号、分号、空格、冒号和竖线。
- **使用第一行作为列标题**：如果文本文件包含标题行，那么一定要选中"使用第一行作为列标题"复选框，以确保在导入数据时能够将列标题识别为标题。

你将立即看到文本文件中的数据的预览。与我们讨论过的其他数据源一样，通过移除列名旁边的复选标记，可以筛选掉不想要的行。也可以使用每个列旁边的下拉箭头来应用记录筛选器。

单击“完成”按钮将立即启动导入过程。完成后，文本文件中的数据将成为 Power Pivot 数据模型中的一部分。同样，一定要检查已经载入 Power Pivot 中的其他表，并且创建与这些表的关系。

3. 从剪贴板载入数据

Power Pivot 包含一个有趣的选项，可从剪贴板直接载入数据，即粘贴从其他地方复制的数据。这种选项是一种一次性方法，用来将有用的信息快速添加到 Power Pivot 数据模型中。

考虑这种选项时，记住这种选项没有真正的数据源。整个过程只是你在手动复制粘贴。没有办法刷新数据，也没有办法回溯你从什么地方复制了数据。

假设你收到了一个 Word 文档，其中在一个表格中包含了分行列表。你希望把这个静态的分行列表包含到 Power Pivot 数据模型中，如图 32-16 所示。

	A	B	C	D	E	F	G
1	CustomerID	CustomerName	Address	Country	City	State	Zip
2	DOLLISCO0001	Dollis Cove Resort	765 Kingway	Canada	Charlottetown	PEI	C1A 1W3
3	GETAWAYI0001	Getaway Inn	234 E Cannon Ave.	USA	Saginaw	MI	48605
4	HOMEFURN0001	Home Furnishings Limited	234 Heritage Ave.	USA	Midland	MI	48640-9392
5	JOHNSONK0001	Johnson, Kimberly	5678 S. 42nd Ave.	USA	Rockford	IL	61125-6149
6	KELLYCON0001	Kelly Consulting	123 Yeo	Australia	Melbourne	VIC	3000
7	KENSINGT0001	Kensington Gardens Resort	12345 Redmond Rd	USA	Milwaukee	WI	53204-9900
8	HAMPTONV0001	Hampton Village Eatery	234 Hampton Village	USA	Springfield	IL	62703-1252
9	HEALTHYC0001	Healthy Concepts	1234 Westown Road	USA	West Des Moines	IA	50625-4424
10	LECLERC0001	LeClerc & Associates	4321 West Broadway	Canada	Montreal	PQ	H4Q 6J8
11	LEISURET0001	Leisure & Travel Consulta	City 123	Australia	Sydney	NSW	2000
12	LONDONBE0001	Londonberry Nursing Home	987 Portar Street	New Zealand	Auckland		
13	INTERNAT0001	International Mailing Cor	8765 58th Street Wes	USA	St. Louis	MO	63156-5902
14	ISNINDUS0001	ISN Industries	987 Union Circle	USA	Lockport	IL	60441-2239
15	MANCHEST0001	Manchester Suites	678 W Orange Ave	USA	Lafayette	IN	47905-5855
16	BLUEYOND0001	Blue Yonder Airlines	P.O. Box 1234	USA	Wichita	KS	67201
17	COHOWINE0001	Coho Wintery	234 Hickman St.	USA	Springfield	IL	62703
18	LASERMES0001	Laser Messenger Service	98765 Crossway Park	USA	Bloomington	MN	55304-9840
19	LAWRENCE0001	Lawrence Telemarketing	12345 21st Ave S	USA	Lawrence	KS	66208
20	MIDCITYH0001	Mid-City Hospital	9876 N. Pioneer Road	USA	Gary	IN	46401-4211
21	MIDLANDC0001	Midland Construction	5678 Fraser Ave N.	USA	Mishawaka	IN	46544
22	MULTITEC0001	Multitech Office Componen	1234 Sunlight Place	USA	Iowa City	IA	52230-1233
23	MAGNIFIC0001	Magnificent Office Images	987 45 Ave.	Canada	Winnipeg	MB	R2S 3S7
24	MAHLERST0001	Mahler State University	4321 McDaniels Rd	USA	Minneapolis	MN	55404-4000
25	NETWORKS0001	Network Solutions	PO Box 2345	USA	Lake Zurich	IL	60047-1115

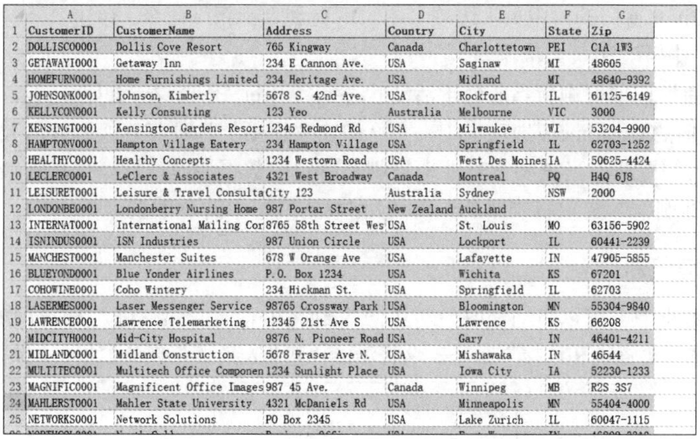

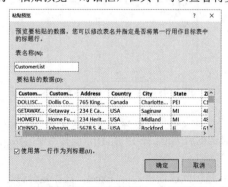

图 32-16　可以从 Microsoft Word 中直接复制数据

可以复制表格，然后进入 Power Pivot 窗口并单击“主页”选项卡中的“粘贴”命令。这将激活图 32-17 中显示的“粘贴预览”对话框，在其中可以查看将要粘贴的内容。

图 32-17　“粘贴预览”对话框提供了一个查看粘贴内容的机会

对话框中的选项并不多。可以指定一个名称，用来在 Power Pivot 中引用该表，还可以指定第一行是否是标题。

单击"确定"按钮将把粘贴的数据导入 Power Pivot 中。现在，可以调整数据格式并创建需要的关系。

32.2.3　刷新和管理外部数据连接

当把外部数据源的数据载入 Power Pivot 时，实际上就创建了该数据源在当时的静态快照。Power Pivot 在其内部数据模型中使用这个静态的快照。

随着时间过去，外部数据源可能发生变化，会新增记录。但是，Power Pivot 仍使用其快照，所以如果不创建另一个快照，Power Pivot 就不能包含数据源的变化。

通过创建数据源的另一个快照来更新 Power Pivot 数据模型的操作称为"刷新数据"。既可以手动刷新，也可以设置自动刷新。

1. 手动刷新 Power Pivot 数据

在 Power Pivot 窗口的"主页"选项卡中，可看到"刷新"命令。单击其下拉箭头，将显示两个选项："刷新"和"全部刷新"。

使用"刷新"选项可刷新当前处于活动状态的 Power Pivot 表。也就是说，如果你位于 Power Pivot 窗口的 Customers 选项卡中，那么单击"刷新"选项将连接到外部数据源，只请求 Customers 表的更新。当需要策略性地只刷新特定的数据源时，这个选项的效果很好。

使用"全部刷新"选项将刷新 Power Pivot 数据模型中的全部表。

2. 设置自动刷新

通过配置数据源，可以自动获取最新数据并刷新 Power Pivot。进入 Excel 功能区的"数据"选项卡，选择"查询和连接"命令。这将激活"查询&连接"任务窗格，如图 32-18 所示。

图 32-18　"查询&连接"任务窗格

单击任务窗格顶部的"连接"选项，然后双击想要管理的连接。

当打开"连接属性"对话框后(如图 32-19 所示)，选择"使用状况"选项卡。该选项卡中包含下面的选项。

- **刷新频率(X 分钟)**：选中此选项将告诉 Excel，在指定分钟数后自动刷新选中的数据连接。这将刷新与该连接关联的所有表。

- **打开文件时刷新数据**：选中此选项将告诉 Excel，当打开该工作簿时自动刷新选中的数据连接。当打开工作簿时，与该连接关联的所有表都将刷新。
- **全部刷新时刷新此连接**：本节前面提到，通过使用 Power Pivot 的"主页"选项卡中的"全部刷新"命令，可以刷新为 Power Pivot 提供数据的全部连接。如果数据连接会从某个外部数据源导入几百万行数据，那么你可能不希望每次执行"全部刷新"命令时计算机的速度变慢。对于这种情况，可以清除"全部刷新时刷新此连接"复选框的勾选标记。这实际上告诉该连接忽略"全部刷新"命令。

图 32-19　配置"连接属性"对话框，使选中的数据连接自动刷新

3. 编辑数据连接

有时，当创建完源数据连接后，可能需要对其进行编辑。刷新数据只是创建相同数据源的另一个快照，但是编辑源数据连接则允许重新配置连接。下面给出了一些理由，说明为什么需要编辑数据连接。

- 服务器或数据源文件的位置已经改变。
- 服务器或数据源文件的名称已经改变。
- 需要编辑登录凭据或身份验证模式。
- 需要添加在最初导入时漏掉的表。

在 Power Pivot 窗口中，进入"主页"选项卡，然后单击"现有连接"按钮。将打开如图 32-20 所示的"现有连接"对话框。Power Pivot 连接将列在"Power Pivot 数据连接"子标题下。你只需要选择需要编辑的数据连接。

选择目标数据连接后，注意一下"编辑"和"打开"按钮。单击哪个按钮取决于需要修改什么。

图 32-20 使用"现有连接"对话框来重新配置 Power Pivot 源数据连接

- **"编辑"按钮**：允许重新配置服务器地址、文件路径和身份验证设置。
- **"打开"按钮**：允许从现有连接导入一个新表。如果最初载入数据时不小心漏掉了某个表，那么这个选项很方便。

第**33**章

直接操作内部数据模型

本章要点

- 直接为内部数据模型提供数据
- 管理内部数据模型中的关系
- 使用"查询&连接"任务窗格

每个工作簿都有一个内部数据模型,它一开始只是一个空容器。在你使用 Power Pivot 的过程中,这个内部数据模型会填充你添加的表和连接。

在前面的章节中,我们使用 Power Pivot 功能区界面来操作内部数据模型。本章将会介绍,通过结合使用数据透视表和 Excel 数据连接,能够直接操作内部数据模型,而不需要借助 Power Pivot 功能区界面。

> **配套学习资源网站**
>
> 本章的大部分示例可在配套学习资源网站 www.wiley.com/go/excel365bible 中找到,文件名为 Internal Data Model.xlsx。

33.1 直接为内部数据模型提供数据

假设你有如图 33-1 所示的 Transactions 表。在另一个工作表中,有一个 Employees 表(如图 33-2 所示),包含关于员工的信息。

	A	B	C	D
1	Sales_Rep	Invoice_Date	Sales_Amount	Contracted Hours
2	4416	1/5/2007	111.79	2
3	4416	1/5/2007	111.79	2
4	160006	1/5/2007	112.13	2
5	6444	1/5/2007	112.13	2
6	160006	1/5/2007	145.02	3
7	52661	1/5/2007	196.58	4
8	6444	1/5/2007	204.20	4
9	51552	1/5/2007	225.24	2
10	55662	1/6/2007	86.31	2
11	1336	1/6/2007	86.31	2
12	60224	1/6/2007	86.31	2
13	54564	1/6/2007	86.31	2
14	56146	1/6/2007	89.26	2
15	5412	1/6/2007	90.24	1

图 33-1　这个表按员工编号显示交易信息

	A	B	C	D
1	Employee_Number	Last_Name	First_Name	Job_Title
2	21	SIOCAT	ROBERT	SERVICE REPRESENTATIVE 3
3	42	BREWN	DONNA	SERVICE REPRESENTATIVE 3
4	45	VAN HUILE	KENNETH	SERVICE REPRESENTATIVE 2
5	104	WIBB	MAURICE	SERVICE REPRESENTATIVE 2
6	106	CESTENGIAY	LUC	SERVICE REPRESENTATIVE 2
7	113	TRIDIL	ROCH	SERVICE REPRESENTATIVE 2
8	142	CETE	GUY	SERVICE REPRESENTATIVE 2
9	145	ERSINEILT	MIKE	SERVICE REPRESENTATIVE 2
10	162	GEBLE	MICHAEL	SERVICE REPRESENTATIVE 2
11	165	CERDANAL	ALAIN	SERVICE REPRESENTATIVE 3
12	201	GEIDRIOU	DOMINIC	TEAMLEAD 1

图 33-2　这个表提供了员工信息:名、姓和职位

你需要创建一个分析，按职位显示销售额。一般来说，创建这种分析很困难，因为销售信息和职位信息包含在两个不同的表中。但是，通过使用内部数据模型，只需要单击几次鼠标就能够完成这个任务。

首先需要做的是将数据表转换为 Excel 表格对象，这样才能被内部数据模型识别：

(1) 在 TransactionMaster 数据表内单击鼠标，选择"插入"|"表格"命令。这将激活"创建表"对话框。

(2) 选择表区域，然后单击"确定"按钮。需要显式命名表格对象。这样，在内部数据模型中就容易识别它们。如果不命名表格，内部数据模型将把它们显示为"表 1""表 2"等。

(3) 在表格内部单击鼠标，选择"表设计"选项卡。在"属性"组中可看到"表名称"输入框。为表输入一个新名称(对于这个表，输入 Transactions)。此时，就能够将表格的数据提供给内部数据模型。

(4) 选择"数据"|"现有连接"命令。

(5) 在"现有连接"对话框中，选择"表格"选项卡。将看到现有表格对象的一个列表，如图 33-3 所示。

图 33-3　"现有连接"对话框列出了所有可用的表格对象

(6) 双击 Transactions 表格对象。这将激活"导入数据"对话框，如图 33-4 所示。

(7) 选择"仅创建连接"选项，然后单击"确定"按钮。

图 33-4　使用"导入数据"对话框，将表格对象添加到内部数据模型

为 Employees 表重复上面的步骤。

现在，两个表都已被载入内部数据模型。在"现有连接"对话框中可以查看内部数据连接。如图 33-5 所示，内部数据模型的名称是"工作簿数据模型中的表"。

图 33-5　可以显式地选择内部数据模型作为数据透视表的源

可以执行下面的步骤来创建需要的数据透视表：

(1) 选择"数据"|"获取和转换数据"|"现有连接"命令。

(2) 在"现有连接"对话框中，选择"表格"选项卡。

(3) 双击"工作簿数据模型中的表"项。

(4) 这将打开"导入数据"对话框。如图 33-6 所示，我们将选择在新工作表上创建新数据透视表。单击"确定"按钮确认选择。

图 33-6　在新工作表上创建新数据透视表

现在，如果有必要，可以单击新创建的数据透视表来激活"数据透视表字段"列表。选择"全部"选项卡，如图 33-7 所示。这将在字段列表中显示所有可用的表。

图 33-7　在"数据透视表字段"列表中选择"全部"选项卡，以查看内部数据模型中包含的两个表

(5) **正常建立数据透视表**。在本例中,将 Job_Title 添加到"行"区域,将 Sales_Amount 添加到"值"区域。

从图 33-8 中可以看到,数据透视表的结果看起来不太对。数据透视表为所有职位显示了相同的总销售额。这是因为我们刚刚导入的两个表之间还不存在关系。

图 33-8 如果数据透视表中的表之间不存在关系,Excel 会提示创建表之间的关系

Excel 将立即识别出你使用了内部数据模型中的两个表,并提示你创建它们之间的关系。可以选择让 Excel 自动检测表之间的关系,也可以单击"创建"按钮。最好的做法始终是自己创建关系,以免 Excel 创建错误的关系。

(6) **单击"创建"按钮**。Excel 将激活如图 33-9 所示的"创建关系"对话框。在此对话框中,选择表和字段来定义关系。在图 33-9 中可以看到,Transactions 表有一个 Sales_Rep 字段,它与 Employees 表的 Employee_Number 字段相关联。

图 33-9 使用"表"和"列"下拉列表创建合适的关系

创建了关系后,一个数据透视表中实际上使用了两个表的数据来创建需要的分析。图 33-10 显示了最终数据透视表。

注意

在图 33-9 中,注意右下角下拉列表的名称是"相关列(主要)"。"主要"的意思是内部数据模型使用相关表的这个字段作为主键。

主键是一个字段,只包含非空的唯一值(没有重复值,也没有空值)。数据模型中必须有主键字段,以避免出现聚合错误和重复值。你创建的每个关系都必须有一个字段作为主键。

因此,在图 33-9 的场景中,Employees 表的 Employee_Number 字段只能有唯一值,但不能有空值或 null 值。这是 Excel 在连接多个表时能够确保数据完整性的唯一方法。

图 33-10 已经实现按职位显示销售额的目标

33.2 管理内部数据模型中的关系

当把表分配给内部数据模型后,可能需要调整表之间的关系。要修改数据透视表内的关系,需要激活"管理关系"对话框。

在数据透视表内的任何位置单击,然后在功能区选择"数据透视表分析"选项卡,并选择"关系"命令,这将打开如图 33-11 所示的对话框。

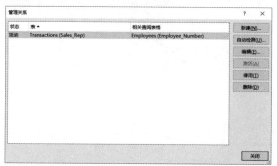

图 33-11 "管理关系"对话框能使你修改内部数据模型中的关系

此对话框中包含以下命令。

- **新建:** 在内部数据模型的两个表之间创建一个新的关系。
- **自动检测:** 让 Power Pivot 根据表中的数据自动检测并创建关系。
- **编辑:** 修改选中的关系。
- **激活:** 启用选中的关系,告诉 Excel 在聚合和分析内部数据模型中的数据时考虑该关系。
- **停用:** 停用选中的关系,告诉 Excel 在聚合和分析内部数据模型中的数据时不再考虑该关系。
- **删除:** 删除选中的关系。

33.3　管理查询和连接

在功能区中单击"数据"选项卡，然后选择"查询和连接"命令。Excel 将激活"查询&连接"任务窗格，如图 33-12 所示。这个任务窗格显示了当前工作簿内的全部连接和查询。

图 33-12　使用"查询&连接"任务窗格来管理内部数据模型中的查询和连接

如果你收到一个自己不熟悉的工作簿，则最好激活"查询&连接"任务窗格，看看工作簿的内部数据模型中是否包含任何外部连接或查询。

右击任何项将打开适合该项的一个快捷菜单，从中可以选择刷新连接、删除连接或编辑连接。

第**34**章

向 Power Pivot 添加公式

本章要点

- 创建自己的计算列
- 使用 DAX 创建计算列
- 创建计算度量值
- 使用 Cube 函数摆脱数据透视表

当使用 Power Pivot 分析数据时，常常发现需要扩展分析，通过执行计算来包含不在原数据集中的数据。Power Pivot 提供了一组健壮的函数，称为数据分析表达式(也称为 DAX 函数)，使用它们能够执行数学运算、递归计算、数据查找等。

本章将介绍 DAX 函数并说明在 Power Pivot 数据模型中构建自己的计算的基本规则。

> **配套学习资源网站**
> 本章的大部分示例可在配套学习资源网站 www.wiley.com/go/excel365bible 中找到，文件名为 Power Pivot Formulas.xlsx。

34.1 使用计算列增强 Power Pivot 数据

计算列是你自己创建的列，通过在列中使用自己的公式来增强 Power Pivot 表。在 Power Pivot 窗口中直接输入计算列后，它们就成为数据透视表使用的源数据的一部分。计算列在行级别工作。也就是说，在计算列中创建的公式基于每一行中的数据执行运算。例如，假设 Power Pivot 表中有一个 Revenue 列和一个 Cost 列。你可以创建一个新列来计算[Revenue]-[Cost]。这种计算很简单，对数据集中的每一行都有效。

计算度量值用来针对数据聚合执行更加复杂的计算。这些计算直接应用于数据透视表，创建出一种在 Power Pivot 窗口中看不到的虚拟列。当需要基于行的聚合分组计算时，例如将[Year2]的和减去[Year1]的和，就需要使用计算度量值。

34.1.1 创建你的第一个计算列

创建计算列的过程与在 Excel 表中创建公式没有太大区别。下面用一些示例数据来说明这个过程。执行下面的步骤来创建计算列。

(1) 打开 Power Pivot Formulas.xlsx 示例文件，通过在 Power Pivot 功能区选项卡中单击"管理"按钮来激活 Power Pivot 窗口，然后选择 Invoice Details 选项卡。

(2) 注意表的最右侧有一个带有"添加列"标签的空列。单击该列的第一个空单元格。

(3) 在编辑栏(如图 34-1 所示)中输入下面的公式：

```
=[UnitPrice]*[Quantity]
```

(4) 按 Enter 键，该公式将填充整个列。

(5) Power Pivot 将自动把该列重命名为"计算列 1"。双击列标签，将该列重命名为 Total Revenue。

	InvoiceN...	Quantity	UnitCost	UnitPrice	Total Revenue
1	ORDST1022	1	59.29	119.95	119.95
2	ORDST1015	1	3290.55	6589.95	6589.95
3	ORDST1016	10	35	34.95	349.5
4	ORDST1017	50	91.59	189.95	9497.5
5	ORDST1018	1	59.29	119.95	119.95
6	INV1010	1	674.5	1349.95	1349.95
7	INV1011	1	91.25	189.95	189.95
8	INV1012	1	303.85	609.95	609.95
9	ORDST1020	1	59.29	119.95	119.95

[Total Revenue] ▼　fx =[UnitPrice]*[Quantity]

图 34-1　在编辑栏中为计算列输入期望的运算

注意

通过双击列名称并输入新名称，可以重命名 Power Pivot 窗口中的任何列。或者，可以右击任何列，然后选择"重命名列"选项。

提示

也可以通过单击而不是输入的方式来创建计算列。例如，我们不手动输入"=[UnitPrice]*[Quantity]"，而是先输入等号，单击 UnitPrice 列，输入星号(*)，再单击 Quantity 列。注意，你还可以输入自己的静态数据。例如，通过输入公式"=[UnitPrice]*1.10"，可以添加一个 10% 的税。

你添加的每个计算列自动在连接到 Power Pivot 数据模型的数据透视表的字段列表中可用。图 34-2 显示了 Total Revenue 计算列出现在"数据透视表字段"列表中。可以像使用数据透视表中的其他任何字段一样使用这些计算列。

提示

如果没有看到"数据透视表字段"列表，只需要右击数据透视表，然后选择"显示字段列表"命令。

注意

如果需要编辑计算列中的公式，则在 Power Pivot 窗口中找到该计算列，单击它，然后直接在编辑栏中进行修改。

交叉引用

有关如何从 Power Pivot 创建数据透视表的更多信息，请参考第 32 章。

图 34-2　计算列会自动显示在"数据透视表字段"列表中

34.1.2　设置计算列的格式

我们常常需要修改 Power Pivot 列的格式，以恰当匹配列中的数据。例如，你可能想要将数字显示为货币格式、删除小数位或者以特定方式显示日期。

并不是只能设置计算列的格式。通过执行下面的步骤，可以设置在 Power Pivot 窗口中看到的任何列的格式：

(1) 在 Power Pivot 窗口中，单击想要设置格式的列。

(2) 在 Power Pivot 窗口的"主页"选项卡中，找到"格式设置"分组(见图 34-3)。

(3) 使用合适的选项调整列的格式。

图 34-3　通过使用 Power Pivot 窗口的"主页"选项卡中的格式设置工具，可以设置数据模型中任何列的格式

提示

Excel 数据透视表的老用户知道，在修改数据透视表的数字格式时，一次修改一个数据字段是很痛苦的。Power Pivot 格式设置的一个很方便的地方是，在 Power Pivot 窗口中对列应用的任何格式将自动应用到连接该数据模型的所有数据透视表。

34.1.3　在其他计算中引用计算列

与 Excel 中的所有计算一样，Power Pivot 允许将计算列作为一个变量在另一个计算列中进行引用。图 34-4 用一个新的计算列 Gross Margin 演示了这一点。注意，编辑栏中的计算使用了之前创建的[Total Revenue]计算列。

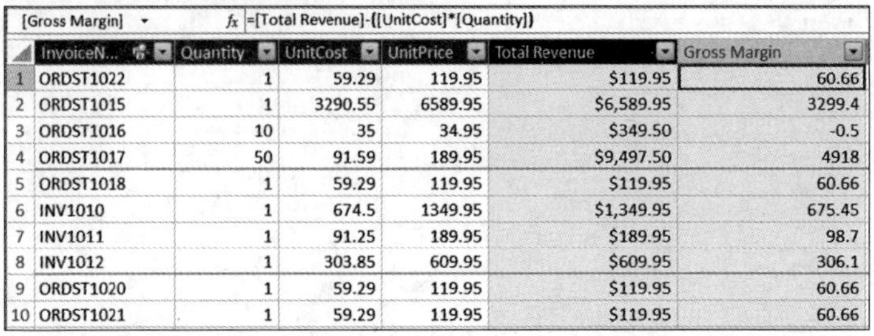

	InvoiceN...	Quantity	UnitCost	UnitPrice	Total Revenue	Gross Margin
1	ORDST1022	1	59.29	119.95	$119.95	60.66
2	ORDST1015	1	3290.55	6589.95	$6,589.95	3299.4
3	ORDST1016	10	35	34.95	$349.50	-0.5
4	ORDST1017	50	91.59	189.95	$9,497.50	4918
5	ORDST1018	1	59.29	119.95	$119.95	60.66
6	INV1010	1	674.5	1349.95	$1,349.95	675.45
7	INV1011	1	91.25	189.95	$189.95	98.7
8	INV1012	1	303.85	609.95	$609.95	306.1
9	ORDST1020	1	59.29	119.95	$119.95	60.66
10	ORDST1021	1	59.29	119.95	$119.95	60.66

[Gross Margin]　fx =[Total Revenue]-([UnitCost]*[Quantity])

图 34-4　新的 Gross Margin 计算使用了之前创建的[Total Revenue]计算列

34.1.4　向最终用户隐藏计算列

因为计算列能够引用其他计算列，所以可以创建辅助列供其他计算使用。你可能不希望最终用户在客户端工具中看到这些列。在这里，客户端工具指的是数据透视表、Power View 仪表板和 Power Map。

与在 Excel 工作表中隐藏列类似，Power Pivot 允许隐藏任何列(不一定是计算列)。要隐藏列，只需要选择想要隐藏的列，右击并选择"从客户端工具中隐藏"选项(如图 34-5 所示)。

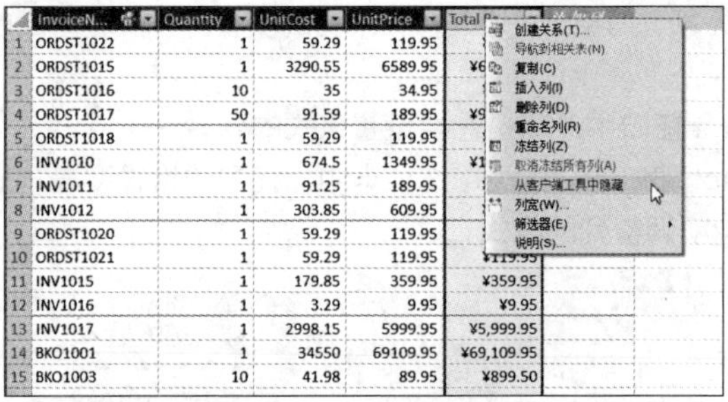

图 34-5　右击并选择"从客户端工具中隐藏"选项

当列处于隐藏状态时，不会在"数据透视表字段"列表中显示为可选项。但是，如果要隐藏的列已经是数据透视表报表的一部分，即已经将它拖到数据透视表中，那么在 Power Pivot 窗口中隐藏该列并不会自动把它从数据透视表中移除。隐藏只是影响在"数据透视表字段"列表中看到该列的能力。

在图 34-6 中可看到，Power Pivot 会根据列的属性改变列的颜色。隐藏列将显示为较浅的灰色，而未隐藏的计算列则具有更深的(黑色)标题。

> **注意**
>
> 要取消隐藏列，可在 Power Pivot 窗口中选择隐藏的列，右击并选择"从客户端工具中取消隐藏"选项。

	InvoiceN...	Quantity	UnitCost	UnitPrice	Total Revenue	Gross Margin
1	ORDST1022	1	59.29	119.95	$119.95	60.66
2	ORDST1015	1	3290.55	6589.95	$6,589.95	3299.4
3	ORDST1016	10	35	34.95	$349.50	-0.5
4	ORDST1017	50	91.59	189.95	$9,497.50	4918
5	ORDST1018	1	59.29	119.95	$119.95	60.66
6	INV1010	1	674.5	1349.95	$1,349.95	675.45
7	INV1011	1	91.25	189.95	$189.95	98.7
8	INV1012	1	303.85	609.95	$609.95	306.1

图 34-6　隐藏的列将显示为灰色，而计算列则有深色标题

34.2　使用 DAX 创建计算列

数据分析表达式(data analysis expression，DAX)本质上是 Power Pivot 使用的一种公式语言，用来在其自己的表和列中执行计算。DAX 公式语言自带一套函数。其中一些函数可用在计算列中进行行级计算，另一些则用在计算度量值中进行聚合运算。

本节将介绍计算列中能够使用的一些 DAX 函数。

> **注意**
>
> DAX 函数的数量超过 150 个。本章的 DAX 示例只是为了帮助你了解计算列和计算度量值的工作方式。对 DAX 的完整介绍超出了本书的讨论范围。如果在读完本章后，你想要更深入地了解 DAX，可以考虑阅读 Alberto Ferrari 和 Marco Russo 撰写的 *The Definitive Guide to DAX* (Microsoft Press，2019)一书。Ferrari 和 Russo 的这本书是关于 DAX 的一种精彩教程，内容既全面又容易理解。

34.2.1　找出可安全用于计算列的 DAX 函数

上一节在 Power Pivot 窗口中使用编辑栏输入计算。注意在编辑栏旁边有一个 *fx* 标签，这是"插入函数"按钮，类似于 Excel 中的"插入函数"按钮。单击该按钮将激活"插入函数"对话框，如图 34-7 所示。在该对话框中，可以浏览、搜索和插入可用的 DAX 函数。

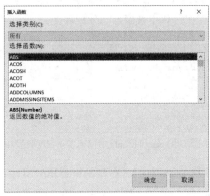

图 34-7　"插入函数"对话框显示了所有可用的 DAX 函数

浏览 DAX 函数列表会发现，其中许多函数看起来类似于你已经熟悉的 Excel 函数。但是不要误解，它们不是 Excel 函数。Excel 函数操作的是单元格和区域，而这些 DAX 函数则在表和列级别工作。

要理解这句话的含义，请在 Invoice Details 选项卡中创建一个新的计算列。单击编辑栏，输入 SUM 函数：=SUM([Gross Margin])。图 34-8 显示了结果。

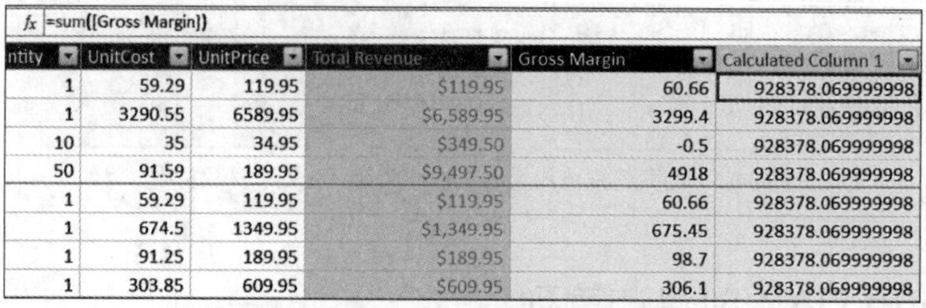

fx	=sum([Gross Margin])					
ntity	UnitCost	UnitPrice	Total Revenue	Gross Margin	Calculated Column 1	
1	59.29	119.95	$119.95	60.66	928378.069999998	
1	3290.55	6589.95	$6,589.95	3299.4	928378.069999998	
10	35	34.95	$349.50	-0.5	928378.069999998	
50	91.59	189.95	$9,497.50	4918	928378.069999998	
1	59.29	119.95	$119.95	60.66	928378.069999998	
1	674.5	1349.95	$1,349.95	675.45	928378.069999998	
1	91.25	189.95	$189.95	98.7	928378.069999998	
1	303.85	609.95	$609.95	306.1	928378.069999998	

图 34-8 DAX SUM 函数只能将列作为一个整体求和

可以看到，SUM 函数对整个列求和。这是因为 Power Pivot 和 DAX 被设计为操作表和列。Power Pivot 没有对应于单元格和区域的结构，甚至其网格上没有列字母。在通常引用区域的地方(例如在 Excel 的 SUM 函数中)，DAX 会使用整个列。

重点是，并不是所有 DAX 函数都可用于计算列。因为计算列在行级别进行计算，所以只有计算单个数据点的 DAX 函数才能用在计算列中。

作为一条经验法则，如果函数需要一个数组或单元格区域作为参数，则不能用在计算列中。因此，在计算列中不能使用 SUM、MIN、MAX、AVERAGE 和 COUNT 等函数。只需要单个数据点参数的函数在计算列中的效果很好，如 YEAR、MONTH、MID、LEFT、RIGHT、IF 和 IFERROR。

34.2.2 创建 DAX 驱动的计算列

为了演示使用 DAX 函数来增强计算列的有用性，我们回到前面的示例。进入 Power Pivot 窗口，单击 InvoiceHeader 选项卡。如果不小心关闭了 Power Pivot 窗口，可单击 Power Pivot 功能区的"主页"选项卡中的"管理"按钮来激活该窗口。

如图 34-9 所示，InvoiceHeader 表包含一个 InvoiceDate 列。虽然这个列在原始表中很重要，但是当使用数据透视表分析数据时，单独的日期不太方便。有一个 Month 列和一个 Year 列会很有帮助。这样，就可以按月和年来聚合与分析数据。

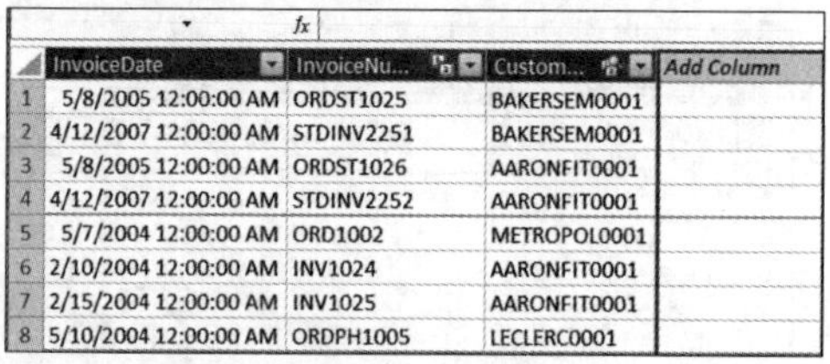

	fx				
	InvoiceDate	InvoiceNu...	Custom...	Add Column	
1	5/8/2005 12:00:00 AM	ORDST1025	BAKERSEM0001		
2	4/12/2007 12:00:00 AM	STDINV2251	BAKERSEM0001		
3	5/8/2005 12:00:00 AM	ORDST1026	AARONFIT0001		
4	4/12/2007 12:00:00 AM	STDINV2252	AARONFIT0001		
5	5/7/2004 12:00:00 AM	ORD1002	METROPOL0001		
6	2/10/2004 12:00:00 AM	INV1024	AARONFIT0001		
7	2/15/2004 12:00:00 AM	INV1025	AARONFIT0001		
8	5/10/2004 12:00:00 AM	ORDPH1005	LECLERC0001		

图 34-9 DAX 函数能够用 Year 和 Month 时间维度来帮助增强 InvoiceHeader 数据

为此，可以使用 DAX 函数 YEAR()、MONTH()和 FORMAT()向数据模型添加时间维度。执行下面的步骤：

(1) 在 InvoiceHeader 表中，单击最右侧"添加列"列中的第一个空单元格。

(2) 在编辑栏中输入"=YEAR([InvoiceDate])"，然后按 Enter 键。

(3) Power Pivot 将自动把该列重命名为"计算列 1"。双击列标签，将该列重命名为 Year。

(4) 单击最右侧"添加列"列中的第一个空单元格。

（5）在编辑栏中输入 "=MONTH([InvoiceDate])"，然后按 Enter 键。

（6）Power Pivot 将自动把该列重命名为 "计算列 1"。双击列标签，将该列重命名为 Month。

（7）单击最右侧 "添加列" 列中的第一个空单元格。

（8）在编辑栏中输入 "=FORMAT([InvoiceDate],"mmm")"，然后按 Enter 键。

（9）Power Pivot 将自动把该列重命名为 "计算列 1"。双击列标签，将该列重命名为 Month Name。

执行完这些步骤后，就有了 3 个新的计算列，如图 34-10 所示。

InvoiceDate	InvoiceNu...	Custom...	Year	Month	Month Name
1	5/8/2018 12:00:00 AM	ORDST1025	BAKERSEM0001	2018	5	May
2	4/12/2020 12:00:00 AM	STDINV2251	BAKERSEM0001	2020	4	Apr
3	5/8/2018 12:00:00 AM	ORDST1026	AARONFIT0001	2018	5	May
4	4/12/2020 12:00:00 AM	STDINV2252	AARONFIT0001	2020	4	Apr
5	5/7/2017 12:00:00 AM	ORD1002	METROPOL0001	2017	5	May
6	2/10/2017 12:00:00 AM	INV1024	AARONFIT0001	2017	2	Feb
7	2/15/2017 12:00:00 AM	INV1025	AARONFIT0001	2017	2	Feb
8	5/10/2017 12:00:00 AM	ORDPH1005	LECLERC0001	2017	5	May

图 34-10　使用 DAX 函数为表增添 Year、Month 和 Month Name 列

如前所述，创建计算列将自动使它们出现在 "数据透视表字段" 列表中，如图 34-11 所示。

图 34-11　DAX 计算在任何连接的数据透视表中立即可用

在 Power Pivot 驱动的数据透视表中按月排序

Power Pivot 有一个令人烦恼的地方：它本身不知道如何对月份排序。与标准 Excel 不同，Power Pivot 不使用定义月份名称顺序的内置自定义列表。当创建[Month Name]这样的计算列并把它放到数据透视表中时，Power Pivot 将按字母顺序显示这些月份。图 34-12 在一个用于显示每月平均收入的数据透视表中演示了这一点。

Row Labels	Average of Total Revenue
⊟ Aaron Fitz Electrical	
Apr	$1,121.88
Feb	$826.75
Jan	$396.49
Mar	$248.14
May	$1,829.83
Sep	$59.95
⊟ Adam Park Resort	
Apr	$839.92
Jan	$599.50
May	$59.90
Sep	$2,399.95
⊟ Advanced Paper Co.	
Apr	$13,049.13
Jan	$359.80
⊟ Advanced Tech Satellite System	
Apr	$49.95
Jul	$138.24
May	$949.75

图 34-12　在 Power Pivot 驱动的数据透视表中，月份名称不会自动按月份顺序排列

解决办法相当简单。激活 Power Pivot 窗口，选择"主页"选项卡，找到"按列排序"按钮。单击该按钮，将显示如图 34-13 所示的"排序依据列"对话框。

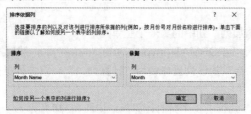

图 34-13　"排序依据列"对话框允许定义列的排序方式

在该对话框中，先选择要排序的列，再选择要作为排序依据的列。在本例中，我们希望按月份排序 Month Name 列。

确认修改后，一开始看起来好像什么也没有发生。这是因为我们定义的排序顺序不是针对 Power Pivot 窗口的。排序顺序将应用于数据透视表。切换到 Excel，查看数据透视表中的结果，如图 34-14 所示。

Row Labels	▼	Average of Total Revenue
⊟ **Aaron Fitz Electrical**		
Jan		$396.49
Feb		$826.75
Mar		$248.14
Apr		$1,121.88
May		$1,829.83
Sep		$59.95
⊟ **Adam Park Resort**		
Jan		$599.50
Apr		$839.92
May		$59.90
Sep		$2,399.95
⊟ **Advanced Paper Co.**		
Jan		$359.80
Apr		$13,049.13
⊟ **Advanced Tech Satellite System**		
Apr		$49.95
May		$949.75
Jul		$138.24

图 34-14　月份名称现在按正确的月份顺序显示

注意：
基于数据模型的数据透视表首先继承在数据模型中显式应用的格式设置和排序，然后应用你在数据透视表自身中设置的任何格式。换句话说，你在数据透视表中应用的任何格式设置，将覆盖通过 Power Pivot 窗口应用的格式设置和排序。

34.2.3　引用其他表的字段

有时，想要对计算列执行的运算需要使用 Power Pivot 数据模型内的其他表中的字段。例如，当在 InvoiceDetails 表中创建一个计算列时，可能需要使用 Customers 表中针对特定客户提供的折扣，如图 34-15 所示。

	Custome...	CustomerName	Discount Amount	Address
1	DOLLISCO0001	Dollis Cove Resort	11%	765 Kingway
2	GETAWAYI0001	Getaway Inn	10%	234 E Cannon Ave.
3	HOMEFURN0001	Home Furnishings Limited	25%	234 Heritage Ave.
4	JOHNSONK0001	Johnson, Kimberly	12%	5678 S. 42nd Ave.
5	KELLYCON0001	Kelly Consulting	5%	123 Yeo
6	KENSINGT0001	Kensington Gardens Resort	13%	12345 Redmond Rd
7	HAMPTONV0001	Hampton Village Eatery	20%	234 Hampton Village
8	HEALTHYC0001	Healthy Concepts	11%	1234 Westown Road

图 34-15　Customers 表中的 Discount Amount 值可以用在另一个表的计算列中

为实现这一点，可以使用一个名为 RELATED 的 DAX 函数。与标准 Excel 中的 VLOOKUP 类似，RELATED 函数允许从一个表中查找值，然后用在另一个表中。

花一点时间执行下面的步骤，在 InvoiceDetails 表中创建一个新的计算列，显示每笔交易打折后的收入。

(1) **在 InvoiceDetails 表中，单击最右侧“添加列”列中的第一个空单元格。**

(2) **在编辑栏中输入下面的内容：**

```
=RELATED(
```

输入左括号后，将立即显示可用字段的一个菜单，如图 34-16 所示。注意，列表中的项先显示表名，然后在方括号中显示字段名。在本例中，我们感兴趣的是 Customers[Discount Amount]字段。

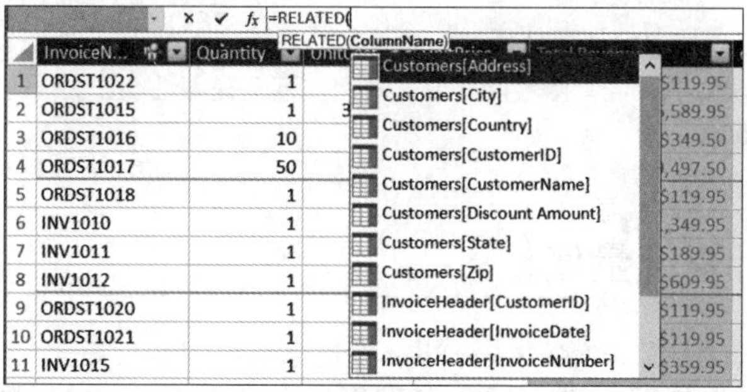

图 34-16　使用 RELATED 函数来查找另一个表中的字段

注意

RELATED 函数利用你在创建数据模型时定义的关系来执行查找。因此，选项列表将根据你定义的关系只包含可用的字段。

(3) **双击 Customers[Discount Amount]字段，然后按 Enter 键。**

(4) **Power Pivot 将自动把该列重命名为“计算列 1”。双击列标签，将该列重命名为 Discount%。**

(5) **单击最右侧“添加列”列中的第一个空单元格。**

(6) **在编辑栏中输入“=[UnitPrice]*[Quantity]*(1-[Discount%])”，然后按 Enter 键。**

(7) **Power Pivot 将自动把该列重命名为“计算列 1”。双击列标签，将该列重命名为 Discounted Revenue。**

执行完这些操作后，将得到一个新列，它使用 Customers 表中的折扣百分比来计算每笔交易打折后的收入。图 34-17 显示了这个新的计算列。

=RELATED(Customers[Discount Amount])				
UnitCost	UnitPrice	Total Revenue	Discount%	Discounted Revenue
59.29	119.95	$119.95	13.00%	$104.36
3290.55	6589.95	$6,589.95	11.00%	$5,865.06
35	34.95	$349.50	9.00%	$318.05
91.59	189.95	$9,497.50	6.00%	$8,927.65
59.29	119.95	$119.95	9.00%	$109.15
674.5	1349.95	$1,349.95	15.00%	$1,147.46
91.25	189.95	$189.95	17.00%	$157.66
303.85	609.95	$609.95	5.00%	$579.45

图 34-17　最终的 Discounted Revenue 计算列使用 Customers 表中的 Discount%列

34.2.4　嵌套函数

在前一个例子中，首先使用 RELATED 函数创建了 Discount%列，然后在另一个计算列中使用该列来计算打折后的收入。

需要重点注意的是，要实现这种任务，并不是必须创建多个计算列。可将 RELATED 函数嵌套到打折后收入的计算中。这种嵌套计算的语法如下所示：

```
=[UnitPrice]*[Quantity]*(1-RELATED(Customers[Discount Amount]))
```

可以看到，嵌套意味着在一个计算中嵌入想要使用的函数。在本例中，不是在一个单独的 Discount%字段中使用 RELATED 函数，而是将其直接嵌入打折后收入的计算中。

在较大的数据模型中，嵌套函数能够节省时间，甚至提高性能。另一方面，复杂的嵌套函数更难阅读和理解。

34.3　了解计算度量值

还可以使用另一种计算来增强 Power Pivot 报表的功能：计算度量值。计算度量值用来执行更复杂的、针对数据聚合的计算。这些计算不像计算列那样应用到 Power Pivot 窗口。相反，它们直接应用到数据透视表，创建一种在 Power Pivot 窗口中看不到的虚拟列。当需要根据行的聚合分组进行计算时，使用计算度量值。

假设你想要显示每个客户在 2020 年和 2019 年之间单位成本的差异。思考一下需要怎么做才能完成这种计算。你需要确定 2020 年单位成本的总和，然后确定 2019 年单位成本的总和，最后从 2020 年的总和减去 2019 年的总和。使用计算列是不能完成这种计算的。计算度量值是计算 2020 年和 2019 年之间成本变化的唯一方式。

执行下面的步骤来创建一个计算度量值：

(1) 显示从 Power Pivot 模型创建的数据透视表。

(2) 在 Excel 功能区中单击 Power Pivot 选项卡，选择"度量值"|"新建度量值"命令。这将打开如图 34-18 所示的"度量值"对话框。

> **注意**
> 本章的示例文件包含一个 Calculated Measures 选项卡，其中已经创建了一个数据透视表。

图 34-18　创建新的计算度量值

(3) 在"**度量值**"对话框中，输入下列信息。

- **表名**：选择当查看"数据透视表字段"列表时希望哪个表包含计算度量值。不必过多担心这个决定。所选的表对于如何计算没有影响，只是代表你希望在"数据透视表字段"列表的什么地方看到新计算。

- **度量值名称**：给计算度量值起一个描述性名称。

- **公式**：输入 DAX 公式，以计算新字段的结果。

在本例中，我们使用下面的 DAX 公式来计算 InvoiceDetails 表的 UnitCost 列的和，其中 InvoiceDate 的 Year 等于 2020：

```
=CALCULATE(
SUM(InvoiceDetails[UnitCost]),
YEAR(InvoiceHeader[InvoiceDate])=2020
)
```

- **格式设置选项**：指定计算度量值结果的格式。

此公式使用 CALCULATE 函数对 InvoiceDetails 表的 UnitCost 列求和，其中 InvoiceHeader 的 Year 列等于 2020。

(4) 单击"检查公式"按钮，确保公式中没有语法错误。如果公式正确，将看到消息"公式中没有错误"。如果有错误，则将看到对错误的完整说明。

(5) 单击"确定"按钮确认更改并关闭"度量值"对话框。在数据透视表中将立即看到新创建的计算度量值。

(6) 为需要创建的其他计算度量值重复步骤(2)~(5)。

在本例中，需要一个度量值来显示 2019 年的成本：

```
=CALCULATE(
SUM(InvoiceDetails[UnitCost]),
YEAR(InvoiceHeader[InvoiceDate])=2019
)
```

还需要一个度量值来计算 2020 年与 2019 年的成本变化：

```
=[2020 Cost]-[2019 Cost]
```

> **注意：**
> 可以将一个度量值的结果用作另一个度量值的参数。在本例中，[2020 Cost]和[2019 Cost]都可以用在一个新的变化度量值中。只需要在输入公式时，输入左方括号([)，就可以看到之前创建的度量值的一个列表。

图 34-19 演示了新创建的计算度量值。计算度量值应用于每个客户，显示他们在 2020 年和 2019 年之间的成本变化。可以看到，每个计算度量值都显示在 "数据透视表字段" 列表中，可供选择使用。

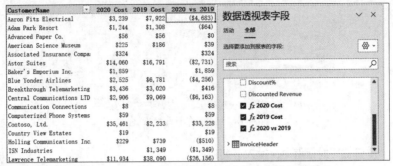

CustomerName	2020 Cost	2019 Cost	2020 vs 2019
Aaron Fitz Electrical	$3,239	$7,922	($4,683)
Adam Park Resort	$1,244	$1,308	($64)
Advanced Paper Co.	$56	$56	$0
American Science Museum	$225	$186	$39
Associated Insurance Compa	$324		$324
Astor Suites	$14,060	$16,791	($2,731)
Baker's Emporium Inc.	$1,859		$1,859
Blue Yonder Airlines	$2,525	$6,781	($4,256)
Breakthrough Telemarketing	$3,436	$3,020	$416
Central Communications LTD	$2,906	$9,069	($6,163)
Communication Connections	$8		$8
Computerized Phone Systems	$59		$59
Contoso, Ltd.	$35,461	$2,233	$33,228
Country View Estates	$19		$19
Holling Communications Inc.	$229	$739	($510)
ISN Industries		$1,349	($1,349)
Lawrence Telemarketing	$11,934	$38,090	($26,156)

图 34-19 在 "数据透视表字段" 列表中可看到计算度量值

编辑和删除计算度量值

你可能发现自己需要编辑或删除一个计算度量值。为此，可以执行下面的步骤。

(1) 在数据透视表内的任意位置单击，然后在 Excel 功能区的 Power Pivot 选项卡中选择 "度量值" | "管理度量值" 命令。这将打开如图 34-20 所示的 "管理度量值" 对话框。

图 34-20 "管理度量值" 对话框允许编辑或删除计算度量值

(2) 选择目标计算度量值，然后单击 "编辑" 或 "删除" 按钮。

单击 "编辑" 按钮将激活 "度量值" 对话框，在其中可以修改计算设置。

单击 "删除" 按钮将激活一个消息框，要求确认删除度量值。在单击 "是" 按钮确认后，该计算度量值将被删除。

34.4 使用 Cube 函数来解放数据

Cube 函数是 Excel 函数，能够用来访问 Power Pivot 数据模型中的数据，而不受数据透视表的限制。虽然在技术上，Cube 函数自身并不用于创建计算，但是它能够用来解放 Power

Pivot 数据，使得你能够在 Excel 电子表格其他地方的公式中使用这些数据。

要开始探索 Cube 函数，最简单的方法之一是允许 Excel 将数据透视表转换为 Cube 函数。其思想是，告诉 Excel 将数据透视表中的所有单元格替换为一个连接到 Power Pivot 数据模型的公式。

执行下面的步骤来创建第一组 Cube 函数。

(1) **首先打开从 Power Pivot 模型创建的数据透视表。**

> **注意**
> 本章的示例文件包含一个 Cube Functions 选项卡，其中已经创建了一个数据透视表。

(2) **选择数据透视表中的任意单元格，然后选择"数据透视表分析"|"计算"|"OLAP 工具"|"转换为公式"命令。**

经过一两秒后，原本保存数据透视表的单元格将包含 Cube 公式。图 34-21 中的编辑栏演示了一个 Cube 函数。

▲	A	B	C	D	E	F
			fx =CUBEMEMBER("ThisWorkbookDataModel","[InvoiceHeader].[Month Name].&[Jan]")			
3		Month Name	Sum of UnitCost	Sum of Quantity	Sum of UnitPrice	
4		Jan	$44,072	420	$88,034	
5		Feb	$65,118	316	$130,813	
6		Mar	$116,467	816	$233,011	
7		Apr	$117,605	1198	$230,592	
8		May	$165,886	476	$331,537	
9		Jul	$477	20	$999	
10		Sep	$1,251	3	$2,520	
11		Grand Total	$510,875	3249	$1,017,506	

图 34-21　这些单元格现在是一系列 Cube 函数

如果数据透视表包含一个报表筛选字段，则会激活如图 34-22 所示的对话框。该对话框提供了一个选项，可将筛选下拉选择器转换为 Cube 公式。如果选择该选项，则下拉选择器将被移除，只留下静态公式。

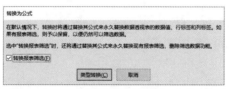

图 34-22　Excel 提供了转换报表筛选字段的选项

如果需要保留筛选下拉选择器，以便能够继续交互地改变筛选字段中的选择，则在单击"类型转换"按钮时，一定不要选中"转换报表筛选"选项。

现在看到的值不再是数据透视表对象的一部分，所以可以插入行和列或者添加自己的计算，还可以把数据与电子表格中的其他公式合并使用。例如，在图 34-23 中可以看到，我们在透视表数据中添加了两个 Quarter totals 行。之所以能够这么做，是因为透视表数据实际上不再是一个数据透视表对象，而是 Cube 公式。

		fx	=SUM(C4:C6)	
B	**C**	**D**	**E**	
Month Name	Sum of UnitCost	Sum of Quantity	Sum of UnitPrice	
Jan	$44,072	420	$88,034	
Feb	$65,118	316	$130,813	
Mar	$116,467	816	$233,011	
Quarter totals	$225,656	$1,552	$451,858	
Apr	$117,605	1198	$230,592	
May	$165,886	476	$331,537	
Jul	$477	20	$999	
Quarter totals	$283,969	$1,694	$563,129	

图 34-23 Cube 函数提供了很大的灵活性，能够改变透视表数据的结构，但不丢失与数据模型的链接

第35章

Power Query 简介

本章要点

- 了解 Power Query 的基础知识
- 了解查询步骤
- 管理现有查询
- 查询操作概述
- 使用和管理外部源
- 使用 Power Query 进行数据分析

在信息管理中，ETL 指的是在集成不同数据源时通常需要执行的 3 种不同的功能：提取、转换和加载。"提取"功能指的是从指定源读取数据，然后提取一个期望的数据子集。"转换"功能指的是清理、调整和聚合数据，将其转换为期望的结构。"加载"功能指的是将结果数据实际导入或写入目标位置。

Excel 分析人员手动执行 ETL 过程已经有很多年，不过他们很少把这个过程叫做 ETL。每天数百万个 Excel 用户手动从某个源位置提取数据，操纵取出的数据，然后把结果集成到自己的报表中。手动执行的工作量是非常大的。

Power Query 增强了 ETL 体验。它提供了一种直观的机制来从多种源提取数据，对取出的数据执行复杂的转换，然后把数据加载到工作簿或者内部数据模型中。

本章将介绍 Power Query 的基础知识，说明它如何帮助你节省时间，以及自动执行能够确保将干净的数据导入报表模型的步骤。

35.1 Power Query 的基础知识

在开始介绍 Power Query 之前，先来看一个简单的示例。假设你需要从 Yahoo Finance 上导入过去 30 天中 Microsoft Corporation 的股价。对于这种场景，需要执行一个 Web 查询，从 Yahoo Finance 上获取需要的数据。

执行下面的步骤来启动查询：

(1) 在 Excel 中，选择"数据"|"获取和转换数据"|"获取数据"命令，然后选择"自其他源"|"自网站"命令(如图 35-1 所示)。

(2) 在打开的对话框中(如图 35-2 所示)，输入所需数据的 URL，在本例中为 http://finance.yahoo.com/q/hp?s=MSFT。

图 35-1　启动 Power Query Web 查询

单击"确定"按钮后，会显示一个旋转的图标，然后将显示如图 35-3 所示的"导航器"窗格。在这里，选择想要提取的数据源。还可以单击每个表来查看数据的预览。

图 35-2　输入包含所需数据的源的目标 URL

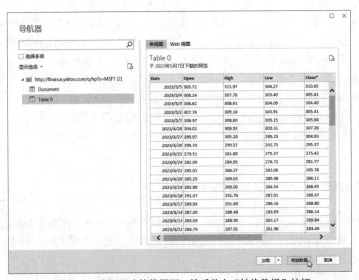

图 35-3　选择正确的数据源，然后单击"转换数据"按钮

(3) 在本例中，Table 0 表包含我们需要的历史股价数据，所以单击 Table 0 选项，然后单

击"转换数据"按钮。

> **注意**
>
> 你可能已经注意到，图 35-3 的"导航器"窗格中还包含一个"加载"按钮(在"转换数据"按钮旁边)。"加载"按钮允许跳过编辑过程，直接原样导入目标数据。如果确信自己不需要以任何方式转换或调整数据，则可以选择单击"加载"按钮，将数据直接导入工作簿的数据模型或者一个电子表格中。

> **警告**
>
> 在 Excel 的"数据"选项卡的"获取数据"命令旁边还有一个"自网站"命令按钮。这个重复命令事实上是一个遗留的 Web 爬取功能，在从 Excel 2000 以来的所有 Excel 版本中都存在。Power Query 版的"自网站"命令(位于"获取数据"下拉菜单中)的功能并不是简单的 Web 爬取。Power Query 能够从高级网页中提取数据，并能操纵数据。从网站提取数据时，要确保你使用的是正确的命令。

单击"转换数据"按钮时，Power Query 将激活一个新的"Power Query 编辑器"窗口，它有自己的功能区，并且用一个预览窗格显示了数据的预览，如图 35-4 所示。在这个窗口中，可以在导入数据前通过应用操作来调整、清理和转换数据。

图 35-4 "Power Query 编辑器"窗口允许调整、清理和转换数据

这里的想法是处理"Power Query 编辑器"中显示的每列，通过应用必要的操作来获得需要的数据和结构。本章后面将详细介绍列操作。现在，需要继续完成我们的目标：获取 Microsoft Corporation 在过去 30 天的股票价格。

(4) 单击 High 列，然后再按住 Ctrl 键的同时单击 Low 和 Close 列。

(5) 右击，然后选择"更改类型"|"货币"，如图 35-5 所示。

(6) Power Query 将询问你是想替换当前步骤，还是想添加一个新步骤。选择"添加新步骤"按钮。

(7) 通过右击不需要的列，然后选择"删除"命令，移除所有不需要的列。除了 Date 字段，另外只需要 High、Low 和 Close 列。另外一种方法是，在按住 Ctrl 键的同时选择想要保留的列，然后右击任意选中列的标题，选择"删除其他列"，如图 35-6 所示。

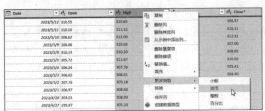

图 35-5　将 High、Low 和 Close 列的数据类型
更改为货币格式

图 35-6　选择想要保留的列，然后通过选择"删除其他列"命令来移除其他列

你可能注意到，一些行显示了"Error"这个单词。这是因为，这些行中包含不能被转换的文本值。

(8) 通过右击 High 列并选择"删除错误"命令来移除错误行，如图 35-7 所示。

图 35-7　删除不能被转换为货币的文本值所导致的错误

(9) 当删除全部错误后，添加一个 Week Of 列，以显示表中的每个日期属于哪一周。为此，右击 Date 列，选择"重复列"选项。预览中将添加一个新列(名为"Date-复制")。

(10) 右击新添加的列，选择"重命名"选项，将该列重命名为 Week Of。

(11) 右击刚刚创建的 Week Of 列，选择"转换"|"周"|"星期开始值"命令，如图 35-8 所示。Excel 将转换日期，以显示给定日期所在的周的开始值。

图 35-8　Power Query 编辑器可应用一些转换操作，例如显示给定日期所在的周的开始值

(12) 配置完 Power Query 源后，保存并输出结果。为此，单击 Power Query 功能区的
"主页"选项卡中的"关闭并上载"下拉菜单，显示两个选项。

"关闭并上载"选项将保存查询，并把结果作为一个 Excel 表格输出到工作簿的一个新
工作表中。"关闭并上载至"选项将激活如图 38-9 所示的"导入数据"对话框，在该对话框
中可选择将结果输入特定工作表或内部数据模型。

图 35-9　"导入数据"对话框对使用查询结果的方式提供了更多控制

"导入数据"对话框还允许将查询仅保存为一个查询连接，这意味着你将能够在各种内
存进程中使用该查询，而不需要把结果实际输出到某个位置。选择"新工作表"选项可将结
果作为表格输出到活动工作簿的一个新工作表上。

现在，你有了一个如图 35-10 所示的表格，可用来创建需要的数据透视表。

	Date	High	Low	Close*	Week Of
2	8/17/2021	293.43	291.08	292.86	8/15/2021
3	8/16/2021	294.82	290.02	294.6	8/15/2021
4	8/13/2021	292.9	289.3	292.85	8/8/2021
5	8/12/2021	289.97	286.34	289.81	8/8/2021
6	8/11/2021	288.66	285.86	286.95	8/8/2021
7	8/10/2021	289.25	285.2	286.44	8/8/2021
8	8/9/2021	291.55	287.81	288.33	8/8/2021
9	8/6/2021	289.5	287.62	289.46	8/1/2021
10	8/5/2021	289.63	286.1	289.52	8/1/2021
11	8/4/2021	287.59	284.65	286.51	8/1/2021
12	8/3/2021	287.23	284	287.12	8/1/2021
13	8/2/2021	286.77	283.74	284.82	8/1/2021
14	7/30/2021	286.66	283.91	284.91	7/25/2021
15	7/29/2021	288.62	286.08	286.5	7/25/2021
16	7/28/2021	290.15	283.83	286.22	7/25/2021
17	7/27/2021	289.58	282.95	286.54	7/25/2021

图 35-10　从 Internet 上提取的最终查询：经过转换，放到 Excel 表格中，已准备好用在数据透视表中

花些时间感受一下 Power Query 允许你在刚才实现的功能。只需要单击几次鼠标，就可
以在 Internet 上搜索，找到一些基础数据，调整数据以只保留需要的列，甚至操纵数据，向
基础数据添加一个额外的 Week Of 维度。这正是 Power Query 的意义所在：使你能够轻松地
提取、筛选和调整数据，而不需要任何编程技能。

提示：
通过激活"查询&连接"任务窗格，可以返回任何查询的"Power Query 编辑器"窗口。
在 Excel 的功能区中，单击"数据"|"查询和连接"。然后，在"查询&连接"任务窗格中
右击目标查询，并选择"编辑"即可。

35.1.1　了解查询步骤

Power Query 使用自己的公式语言来编码查询，这种语言称为 M 语言。与宏录制一样，你在使用 Power Query 时执行的每个操作将导致在一个查询步骤中写入一行代码。查询步骤是嵌入式 M 代码，允许在每次刷新 Power Query 数据时重复执行操作。

为了探索这个概念，我们来为刚刚创建的表格打开 Power Query 编辑器。在如图 35-10 所示的表格中的任意位置右击，然后选择"表格" | "编辑查询"。在"查询设置"窗格中可以看到你的查询所执行的查询步骤，如图 35-11 所示。

图 35-11　在"查询设置"窗格的"应用的步骤"部分可查看和管理查询步骤

每个查询步骤代表在得到最终数据表的过程中所执行的操作。通过单击任何步骤，可在 Power Query 的编辑栏中查看其底层的 M 代码。例如，单击"删除的错误"步骤将在编辑栏中显示该步骤的代码。

> **注意**
>
> 如果没有看到"查询设置"窗格，可以单击 Power Query 编辑器功能区的"视图"选项卡中的"查询设置"命令。"视图"选项卡还包含一个"编辑栏"复选框，用于显示或隐藏编辑栏，在编辑栏中会显示选中步骤的 M 语法。

当单击一个查询步骤时，预览窗格中显示的数据是执行到该步骤时(包括该步骤)的数据的预览。例如，在图 35-11 中，单击"删除的其他列"步骤的上一个步骤时，能够看到数据在删除无关列之前的样子。

右击任何步骤，可看到一个用于管理查询步骤的选项菜单。图 35-12 显示了下面的选项。

- **编辑设置**：编辑定义了选中步骤的参数。
- **重命名**：给选中步骤起一个有意义的名称。
- **删除**：删除选中的步骤。需要注意，如果后续步骤依赖于该步骤，那么删除该步骤将导致错误。
- **删除到末尾**：删除选中的步骤及所有后续步骤。
- **插入步骤后**：在选中步骤的后面插入一个步骤。
- **前移**：将选中步骤的顺序向上移动。
- **后移**：将选中步骤的顺序向下移动。
- **提取之前的步骤**：将此步骤之前的全部步骤提取到一个新查询中。

图 35-12　右击任意步骤可编辑、重命名、删除或移动该步骤

35.1.2　查看高级查询编辑器

Power Query 允许直接查看和编辑一个查询的嵌入式 M 代码。在 Power Query 编辑器窗口中，单击功能区的"视图"选项卡，然后选择"高级编辑器"命令。"高级编辑器"对话框其实是一个供编辑现有 M 代码或输入自己的 M 代码的空间。通过在"高级编辑器"对话框中直接编写自己的步骤，高级用户能够使用 M 语言扩展 Power Query 的能力。

35.1.3　刷新 Power Query 数据

需要特别注意，Power Query 数据与提取这些数据时使用的源数据并没有以任何方式连接在一起。Power Query 数据表只是一个快照。换句话说，当源数据改变时，Power Query 并不会自动反映源数据的变化；你必须有意识地刷新自己的查询。

如果选择将 Power Query 的结果加载到现有工作簿中的一个 Excel 表格中，那么通过右击表格，然后选择"刷新"选项，可以手动刷新数据。

如果选择将 Power Query 数据加载到内部数据模型，则需要单击"数据" | "查询和连接"命令，然后右击目标查询并选择"刷新"选项。

要自动刷新查询，可通过配置数据源来自动刷新 Power Query 数据。为此，执行下面的步骤：

(1) 在 Excel 功能区的"数据"选项卡中，单击"查询和连接"命令。这将显示"查询&连接"任务窗格。

(2) 右击想要刷新的 Power Query 数据连接，然后选择"属性"选项。

(3) 在打开的"查询属性"对话框中，选择"使用状况"选项卡。

(4) 选择合适的选项来刷新选中的数据连接。

刷新选项包括：

- **刷新频率(X 分钟)**：选中此选项将告诉 Excel，在指定分钟数后自动刷新选中的数据连接。Excel 将刷新与该连接关联的所有表。
- **打开文件时刷新数据**：选中此选项将告诉 Excel，当打开该工作簿时自动刷新选中的数据连接。当打开工作簿时，Excel 将刷新与该连接关联的所有表。

当你想要确保客户使用最新的数据时，这些刷新选项很有用。当然，设置这些选项并不会阻止手动刷新数据。

35.1.4 管理现有查询

向工作簿添加各种查询后，需要有一种方式来管理它们。Excel 提供的"查询&连接"任务窗格可满足此要求，它可用来编辑、复制、刷新以及用其他方式管理工作簿中的所有现有查询。通过在 Excel 功能区的"数据"选项卡中选择"查询和连接"命令，可打开"查询&连接"任务窗格。

找到并右击想要管理的查询，然后就可以执行下面的任何工作(参见图 35-13)。

图 35-13 在"查询&连接"任务窗格中右击任意查询可看到可用的管理选项

- **编辑**：打开 Power Query 编辑器，在其中可修改查询步骤。
- **删除**：删除选中的查询。
- **重命名**：重命名选中的查询。
- **刷新**：刷新选中的查询中的数据。
- **加载到**：打开"导入数据"对话框，在其中可重新定义在什么地方使用选中的查询的结果。
- **复制**：创建查询的副本。
- **引用**：创建新的查询，使其引用原查询的输出。
- **合并**：通过匹配指定的列，将选中的查询与工作簿中的另一个查询合并起来。
- **追加**：将工作簿中另一个查询的结果追加到选中的查询。
- **发送至数据目录**：通过 IT 部门建立和管理的一个 Power BI 服务器来发布和共享选中的查询。
- **导出连接文件**：保存 Office Data Connection(.odc)文件及查询的源数据的连接凭据。
- **移至组**：将选中的查询移动到你为了更好地组织数据而创建的一个逻辑组中。
- **上移**：在"查询&连接"窗格中向上移动选中的查询。
- **下移**：在"查询&连接"窗格中向下移动选中的查询。
- **显示预览**：显示被选中查询的查询结果的预览。
- **属性**：重命名查询，添加一个友好的说明。

当工作簿中包含多个查询时，"查询&连接"窗格特别有用。可将其视为一种内容目录，它允许方便地找到工作簿中的查询并与之交互。

35.1.5　了解列级操作

在 Power Query 编辑器中右击一列将激活一个快捷菜单，其中显示了可以执行的操作的完整列表。通过先选择两个或更多列，然后右击，可以将某些操作一次应用到多列。表 35-1 解释了在 Power Query 编辑器中右击列时显示的命令。

> **注意**
> 注意，Power Query 中的所有列级操作都可在 Power Query 编辑器的功能区中找到。因此，既可以选择使用右键菜单的方式快捷地选择一个操作，也可以选择使用可视化程度更好的功能区菜单。

表 35-1　列级操作

操作	用途	是否可用于多列
删除	从 Power Query 数据中删除选中的列	是
删除其他列	从 Power Query 数据中删除所有未选中的列	是
重复列	创建选中列的副本，作为一个新列放到表的最右端。新列的名称为"X-复制"，其中 X 是原列的名称	否
从示例中添加列	创建一个自定义列，它将基于你提供的一些示例来组合其他列中的数据。类似于 Excel 中的快速填充功能，Power Query 的智能检测逻辑将基于示例推断出转换逻辑，然后应用该逻辑来填充新列	是
删除重复项	从选中列中删除全部重复了前面的值的行。第一次出现某个值的行不会被删除	是
删除错误	从选中列中删除包含错误的行	是
更改类型	更改选中列的数据类型	是
转换	更改列中显示值的方式。有以下选项可供选择：小写、大写、每个字词首字母大写、修整、清除、长度、JSON 和 XML。如果列中的值是日期/时间值，则选项如下：仅日期、仅时间、天、月份、年或每周的某一日。如果列中的值是数值，则选项如下：舍入、绝对值、阶乘、常用对数、自然对数、幂或平方根	是
替换值	将选中列的一个值替换为另一个指定值	是
替换错误	将不美观的错误值替换为自己的、更友好的文本	是
创建数据类型	将多个列的数据作为元数据存储到一个列中，允许在暴露需要的所有数据时，不占据工作表中的空间。Excel 公式能够与这些富数据类型交互，从而暴露出它们存储的数据	是
分组依据	按行值聚合数据。例如，可以按州分组，然后统计每个州中的城市数或者对每个州的人口求和	是
填充	使用列中的第一个非空单元格的值填充空单元格。可以选择向上或向下填充	是
逆透视列	将选中的列从面向列转置为面向行，或反之	是
逆透视其他列	将未选中的列从面向列转置为面向行，或反之	是

(续表)

操作	用途	是否可用于多列
仅逆透视选定列	将选中的列从面向列转置为面向行，或反之。此选项还在当前步骤中保存一个列列表，所以在将来执行刷新操作时，将逆透视相同的一组列	是
重命名	将选中列重命名为自己指定的名称	否
移动	将选中列移动到表中的不同位置。移动列时，可选项如下：向左移动、向右移动、移到开头、移到末尾	是
深化	导航到列的内容。用于表中包含的元数据代表嵌入信息的表	否
作为新查询添加	使用列的内容创建一个新查询。这是通过在新查询中引用原查询来实现的。新查询的名称与选中列的列标题相同	否
拆分列	基于指定字符数或者给定的分隔符(如逗号、分号或制表符)，将一列的值拆分为两列或更多列。只有当右击文本列的时候才能使用"拆分列"操作	否
合并列	将两列或更多列的值合并为一列，并使用指定分隔符来分隔这些值，可选分隔符包括逗号、分号或制表符。只有当选择两列或更多列的时候才能使用"合并列"操作	是

35.1.6 了解表级操作

在 Power Query 编辑器中，能够对整个数据表应用特定的操作。通过单击 Power Query 编辑器预览窗格左上角的"表操作"图标，能够看到可用的表级操作，如图 35-14 所示。

图 35-14　单击"表操作"图标，能够看到可用来转换数据的表级操作

表 35-2 列出了表级操作并说明了每个操作的主要用途。

表 35-2　表级操作

操作	用途
复制整个表	将当前查询内的数据复制到剪贴板
将第一行用作标题	使用每列的第一行的值替换每个表标题的名称
添加自定义列	在表的最后一列的后边插入一个新列。新列中的值由你定义的值或公式决定

(续表)

操作	用途
从示例中添加列	创建一个自定义列，它将基于你提供的一些示例来组合其他列中的数据。类似于 Excel 中的快速填充功能，Power Query 的智能检测逻辑将基于示例推断出转换逻辑，然后应用该逻辑来填充新列
调用自定义函数	在表的最后一列的后面插入一个新列，然后为列的每一行运行用户定义的函数
添加条件列	在表的最后一列的后面插入一个新列，然后使用你定义的 if-then-else 条件语句填充该列
添加索引列	插入一个新列，其中包含一个从 1、0 或你指定的另一个值开始的数据序列
选择列	选择想要在查询结果中保留的列
保留最前面几行	只保留前 N 行，删除其他行。你需要指定数字阈值
保留最后几行	只保留后 N 行，删除其他行。你需要指定数字阈值
保留行的范围	只保留落入指定范围的行，删除其他行
保留重复项	删除在选定列中有唯一值的所有行，使你能够将注意力放到有重复项的行
保留错误	删除所有不包含错误的行。这使你能够快速筛选出在数据转换过程中遇到的错误值
删除最前面几行	从表中删除前 N 行
删除最后几行	从表中删除后 N 行
删除间隔行	从表中删除间隔行。首先指定要删除的第一行，然后指定要删除的行数以及要保留的行数
删除重复项	删除在选定列中的值重复出现的所有行。值第一次出现时所在的行不会被删除
删除错误	删除在当前选定列中包含错误的行
合并查询	创建一个新查询，通过匹配指定的列，将当前表与工作簿中的另一个查询合并起来
追加查询	创建一个新查询，将工作簿中另一个查询的结果追加到当前表

> **注意**
> 注意，Power Query 中的所有表级操作都可在 Power Query 编辑器的功能区中找到。因此，既可以选择使用右键菜单快捷地选择一个操作，也可以选择使用可视化程度更好的功能区菜单。

35.2　从外部源获取数据

Microsoft 投入了大量时间和资源，确保 Power Query 能够连接到多种多样的数据源。无论你需要从外部网站、文本文件、数据库系统、Facebook 还是 Web 服务提取数据，都没有关系，Power Query 能够连接到绝大多数数据源。

通过在 Excel 功能区的"数据"选项卡中单击"获取数据"下拉菜单，可以看到全部可用的连接类型。Power Query 提供了从多种数据源提取数据的能力。

- **来自文件**：从指定的 Excel 文件、文本文件、CSV 文件、XML 文件、JSON 文件、PDF 文件或文件夹中提取数据。
- **来自数据库**：从 Microsoft Access、SQL Server 或 SQL Server Analysis Services 等数据库提取数据。
- **来自 Azure**：从 Microsoft 的 Azure 云服务提取数据。
- **来自 Power BI**：提取你的组织授权你访问的 Power BI 数据集。
- **来自在线服务**：从云应用服务(如 Facebook、Salesforce 和 Microsoft Dynamics)在线提取数据。
- **来自其他源**：从多种 Internet、云或其他 ODBC 数据源提取数据。在这里还能够找到"空白查询"选项。选择"空白查询"选项将激活 Power Query 编辑器的"高级编辑器"视图。当想要将 M 代码直接复制粘贴到 Power Query 编辑器中时，该选项非常方便。

本章剩余部分将探索各种能够用来导入外部数据的各种连接类型。

35.2.1 从文件导入数据

组织数据常保存在文件中，如文本文件、CSV 文件甚至其他 Excel 工作簿。在进行数据分析时，使用这类文件作为数据源并不少见。Power Query 提供了几种连接类型，能够用来从外部文件导入数据。

> **提示**
> 记住，导入的文件并不是必须保存在自己的计算机上。你可以导入网络驱动器中的文件，以及云存储(如 Google Drive 或 Microsoft OneDrive)中的文件。

> **注意**
> 当使用这里讨论的任何数据源时，Power Query 将激活一组针对选定连接定制的对话框。这些对话框要求提供一些基本的参数，Power Query 需要使用这些参数来连接到指定的数据源。这些参数包括文件路径、URL、服务器名称、凭据等。
> 每种连接类型都需要自己的一组参数，所以它们的对话框是不同的。不过，Power Query 一般只需要少数几个参数就能够连接到任何数据源，所以这些对话框相对来说很直观、很容易设置。

1. 从 Excel 工作簿获取数据

通过在 Excel 功能区中选择"数据" | "获取数据" | "来自文件" | "从 Excel 工作簿"命令，可从其他 Excel 工作簿中导入数据。

注意，你可以导入任何类型的 Excel 文件，包括启用宏的工作簿和模板工作簿。Power Query 不会导入工作簿中可能存在的图表、数据透视表、形状、VBA 代码或其他对象。它只会导入在工作簿的已使用单元格区域中找到的数据。

选择文件后，将激活 Navigator 窗格，显示工作簿中的全部可用数据源。这里的做法是，选择想要使用的数据源，然后使用 Navigator 窗格底部的按钮加载或转换数据。Load 按钮允许跳过编辑过程，直接原样导入目标数据。如果需要在完成导入前转换或调整数据，则需要使用 Transform Data 按钮。

　　从 Excel 工作簿导入数据时，数据源要么是一个工作表，要么是一个定义的命名区域。每个数据源旁边的图标说明了哪些数据源是工作表，哪些是命名区域。在图 35-15 中，数据源 Customers1 是一个定义的命名区域，而数据源 Calculated Measures 则是一个工作表。

图 35-15　选择想要使用的数据源，然后单击 Load 按钮

　　通过单击 Select multiple items 复选框，然后勾选想要导入的每个工作表和命名区域，可以一次性导入多个源。

2. 从 CSV 文件和文本文件获取数据

　　因为文本文件在存储几千字节的数据时，文件大小并不会激增，所以它们常被用来存储和分发数据。文本文件的这种能力是通过放弃美观的格式而只保留文本实现的。

　　逗号分隔值(comma-separated value，CSV)文件是使用逗号来将值分隔为数据列的文本文件。

　　要导入一个文本文件或 CSV 文件，可在 Excel 功能区中选择"数据"|"获取和转换数据"|"获取数据"|"来自文件"|"从文本/CSV"命令。Excel 将激活"导入数据"对话框，供浏览选择文本或 CSV 文件。

警告

在 Excel 功能区的"数据"选项卡中的"获取数据"命令旁边，还有另一个"从文本/CSV"按钮。这个重复的命令实际上是在所有 Excel 版本中都存在的一种遗留的导入能力。

Power Query 版本更加强大，允许在导入前调整和转换文本数据。一定要确保自己使用 Power Query 版本的"从文本/CSV"命令。

　　Power Query 将打开 Power Query 编辑器，显示刚才导入的文本文件或 CSV 文件的内容。根据自己的需要，在这里对数据进行修改，然后单击"主页"选项卡中的"关闭并上载"命令来完成导入。

> **注意**
> 一些文本文件是制表符分隔文件。与 CSV 文件类似，制表符分隔文件使用制表符来将文本值分隔为数据列。Power Query 能够识别制表符分隔的文本文件，并将这些文件导入一个表格中，每个制表符对应一个单独的列。

3. 从 PDF 文件获取数据

Power Query 现在提供了从 PDF 文件导入数据的能力。通过在 Excel 的功能区中选择"数据" | "获取和转换数据" | "获取数据" | "来自文件" | "从 PDF"，可以访问 PDF 数据。这将激活"导入数据"对话框，用于浏览选择目标 PDF 文件。几秒过后，将显示 Navigator 窗格，其中显示了选中的文件中可用的表和页面。

注意，Navigator 窗格中显示了结构化的表和页面，从而允许从 PDF 中导入特定的表或者完整的页面。只需单击要导入的项，然后单击 Load 按钮，就可以把数据直接导入工作簿中，或者也可以单击 Transform Data 按钮，在导入前先清理源数据。

通过选中 Select multiple items 复选框，甚至可从 PDF 文件中导入多个项。

> **注意:**
> 来自 PDF 文件的数据很少是干净的。你会发现，几乎总是需要单击 Transform Data 按钮来清理列名称、删除空格和移除不需要的数据元素。

35.2.2　从数据库系统导入数据

在较大的组织中，数据管理任务通常并不是通过 Excel 执行的，而是主要由数据库系统(如 Microsoft Access 和 SQL Server)执行。这样的数据库不仅会存储数百万行数据，还会确保数据完整性、预防冗余，以及允许通过使用查询和视图来快速搜索和检索数据。

Power Query 能够连接到多种数据库类型。Microsoft 一直致力于为尽可能多的常用数据库添加连接类型。

1. 从关系数据库和 OLAP 数据库导入数据

单击"数据" | "获取和转换数据" | "获取数据" | "来自数据库"命令，可看到能够连接到的数据库的一个列表。Power Query 为许多如今常用的数据库系统提供了连接类型：SQL Server、Microsoft Access、Oracle、MySQL、SQL Server Analysis Services 等。

2. 从 Azure 数据库导入数据

如果你的组织使用 Microsoft Azure 云数据库或者订阅了 Microsoft Azure Marketplace，那么可以使用一组连接类型来从 Azure 导入数据。通过单击"数据" | "获取和转换数据" | "获取数据" | "来自 Azure"命令，可找到这些连接类型。

3. 使用非标准数据库的 ODBC 连接来导入数据

一些用户可能使用特殊的非标准数据库，这种数据库没有流行到在"获取数据"命令下有一个专门的选项可用。如果你是这种情况，也不必担心。只要能够使用 ODBC 连接字符串连接到你的数据库系统，Power Query 就能连接到它。

单击"数据" | "获取和转换数据" | "获取数据" | "自其他源"命令，可看到一个其他

连接类型的列表。单击"从 ODBC"选项，通过一个 ODBC 连接字符串启动一个到你的特殊数据库的连接。

35.3　从其他数据系统获取数据

除了 ODBC，图 35-16 还显示了 Power Query 能够使用的其他类型的数据系统。

图 35-16　能够被 Power Query 用作数据源的其他系统

通过选择"数据" | "获取和转换数据" | "获取数据" | "自其他源"命令，可看到图 35-17 所示的列表。其中的一些数据系统(SharePoint、Active Directory 和 Microsoft Exchange)很受欢迎，许多组织使用它们来存储数据、跟踪销售机会和管理电子邮件。其他系统(如 OData 源和 Hadoop)则是不那么常用的服务，主要用于管理大量数据。在谈论"大数据"的时候，常常提到这些系统。当然，对于使用 Internet 上的数据的分析人员来说，本章前面介绍的"自网站"选项是不可缺少的连接类型。

35.4　管理数据源设置

每次连接到任何基于 Web 的数据源或者需要某种级别的凭据的数据源时，Power Query 会缓存(存储)该数据源的设置。

例如，假设你连接到一个 SQL Server 数据库，输入全部凭据，然后导入自己需要的数据。当连接成功时，Power Query 将在本地计算机上的一个文件中缓存关于该连接的信息。缓存的信息包括连接字符串、用户名、密码、隐私设置等。

缓存的目的是让你不必在每次需要刷新查询时都重新输入凭据。这当然很好，但是如果你的凭据发生了变化，会发生什么？简短的回答是：查询将会失败，直到你更新数据源设置为止。

编辑数据源设置

通过激活"数据源设置"对话框，可编辑数据源设置。为此，执行"数据"|"获取和转换数据"|"获取数据"|"数据源设置"命令。

如图 35-17 所示，"数据源设置"对话框包含之前在查询中使用过的、所有基于凭据的数据源的列表。选择需要更改的数据源，然后单击"编辑权限"按钮。

图 35-17 通过选择数据源并单击"编辑权限"按钮来编辑数据源

这将打开一个特定于选定数据源的对话框，如图 35-18 所示。在该对话框中，可编辑凭据以及其他数据隐私设置。

图 35-18 对应于选定数据源的凭据编辑界面

单击"编辑权限"对话框中的"编辑"按钮可更改数据源的凭据。对于不同的数据源，凭据编辑界面是不同的，但是，输入对话框相对直观，很容易更新。

> **注意**
> Power Query 在本地计算机上的一个文件中缓存数据源设置。尽管你可能删除了特定的一个查询，但是数据源设置会保留下来，供将来使用。这就可能导致数据源列表杂乱不堪，

同时包含原来的和当前的数据源。通过在"数据源设置"对话框中选择数据源，然后单击"清除权限"按钮，可清除掉不再需要的项。

35.5　使用 Power Query 进行数据分析

导入一个新的数据源时，首先了解数据的细微之处和陷阱，然后再开始处理数据，是一种很有帮助的做法。例如，有多少空记录？给定列中有多少唯一值？最小值和最大值是多少？Power Query 的数据分析功能使你能够在使用数据之前了解数据并识别潜在的问题。

本节将探讨如何以多种方式利用 Power Query 的数据分析功能，从而理解数据并解决问题，避免这些问题影响到报告过程。

35.5.1　数据分析选项

在 Power Query 编辑器窗口中，单击"视图"选项卡，查看"数据预览"组中提供的数据分析选项，如图 35-19 所示。

图 35-19　"视图"选项卡的"数据预览"分组中提供了数据分析选项

花一点时间了解每个选项的用途：

等宽字体：将预览窗格中的字体转换为等宽字体，从而更容易看出数据之间的差异。

显示空白：对于显示行内的回车符和其他可见的空白字符很有用。

列质量：显示空的列值的百分比，显示为错误的列值的百分比，无效的列值的百分比。对于一眼了解数据，这是最强大的选项。

列分发：提供一个直方图，显示每个列中有多少非重复的和唯一的记录。

列配置文件：提供了一种有用的方式来查看选定列的详细的、描述性的统计数据，例如值为 0 的记录数，列中的最小值、最大值、平均值以及列中全部值的标准差。

请注意，Power Query 的数据分析器在默认情况下只分析前 1000 条记录。可以让分析器使用整个数据集，以获得数据的更完整的分析。图 35-20 显示了如何将数据分析范围改为整个数据集。

图 35-20　基于整个数据集进行列分析，从而对数据进行更加完整的分析

35.5.2　数据分析的快速操作

选择了"列质量"操作时，会看到一组图形，它们代表列中有效、包含空记录或者显示为错误的值的百分比。在这些百分比上悬停光标，将弹出一个窗口，其中有一个省略号(参见图 35-21)。单击此省略号将激活一个快捷菜单，允许你快速应用一些操作，如"删除错误""删除空"和"删除重复项"。

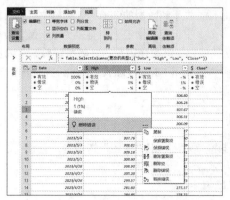

图 35-21　通过使用"列质量"的省略号按钮显示可对列快速应用的操作

当选择"列配置文件"操作时，将在预览窗格下面看到两个新的窗格："列统计信息"和"值分布"。从图 35-22 可以看到，"值分布"窗格包含一个直方图，显示了值的分布。右击任何条形将显示一个快捷的操作菜单，允许基于列中数据的类型应用转换。右击 0 的条形将显示"数值筛选器"和"替换值"的选项。

图 35-22　右击列配置文件直方图的条形会显示可以应用的快速操作和相关的值

> **提示**
> 通过数据分析器提供的快速操作只不过是找到和应用转换的一种便捷方式。它们与 Power Query 编辑器的功能区提供的操作，以及通过在预览窗格中右击一个值所提供的操作并没有区别。

第**36**章

使用 Power Query 转换数据

本章要点

- 执行常见转换
- 创建自定义列
- 了解数据类型
- 了解 Power Query 公式
- 应用条件逻辑
- 使用自定义数据类型

数据转换一般涉及一些"清理"数据的操作，例如建立表结构、删除重复项、清理文本、删除空白甚至添加自己的计算。

本章将介绍 Power Query 的一些工具和使用技巧，使用它们能够方便地清理和操纵数据。

> **配套学习资源网站**
>
> 可在配套学习资源网站 www.wiley.com/go/excel365bible 中找到本章的示例文件，文件名是 LeadList.txt。
>
> 下载了该示例文件后，可以将其导入 Power Query。具体方法是，打开一个新工作簿，选择"数据"|"获取和转换数据"|"获取数据"|"来自文件"|"从文本/CSV"命令，浏览并导入 LeadList.txt 文件，然后单击"转换数据"按钮。

36.1 执行常见的转换任务

你会发现，要导入的许多源数据集都需要各种类型的转换。本节将介绍你需要执行的一些最常见的转换任务。

36.1.1 删除重复记录

重复记录对于分析来说绝对是个杀手。重复记录对分析有广泛的影响，能够破坏你生成的几乎每个指标、汇总和分析评估。因此，当收到一个新数据集时，找出并删除重复记录应该成为头等大事。

在进入数据集寻找并删除重复记录之前，考虑如何定义重复记录非常重要。为了说明这一点，我们以图 36-1 为例，在其中可以看到 11 条记录。在这 11 条记录中，有多少是重复的？

SicCode	PostalCode	CompanyNumber	DollarPotential	City	State	Address
1389	77032	11147805	$9,517.00	houston	tx	6000 n sem heirten pkwy e
1389	77032	11147848	$9,517.00	houston	tx	43410 e herdy rd
1389	77042	11160116	$7,653.00	houston	tx	40642 rachmend ave ste 600
1389	77051	11165400	$9,517.00	houston	tx	5646 helmis rd
1389	77057	11173241	$9,517.00	houston	tx	2514 san filape st ste 6600
1389	77060	11178227	$7,653.00	houston	tx	100 n sem heirten pkwy e ste 100
1389	77073	11190514	$9,517.00	houston	tx	4660 rankan rd # 400
1389	77049	11218412	$7,653.00	houston	tx	4541 mallir read 6
1389	77040	13398882	$18,379.00	houston	tx	3643 wandfirn rd
1389	77040	13399102	$18,379.00	houston	tx	3643 wandfirn rd
1389	77077	13535097	$7,653.00	houston	tx	44160 wisthiamir rd ste 100

图 36-1　这个表中有重复记录吗？这要取决于你如何定义重复记录

如果在图 36-1 中，将重复记录定义为 SicCode 重复，那么有 10 条重复记录。也就是说，在显示的 11 条记录中，只有 1 条记录具有唯一的 SicCode，而剩余 10 条记录都是重复记录。如果将重复记录定义为 SicCode 和 PostalCode 都重复，则只有两条重复记录：分别是 77032 和 77040。最后，如果将重复记录定义为 SicCode、PostalCode 和 CompanyNumber 同时重复，则表中没有重复记录。

本例显示，即使两条记录在某列中有相同的值，也不一定意味着有重复的记录。你需要决定哪个字段或者字段组合最适合定义数据集中的唯一记录。

当清晰知道在自己的表中哪个字段或字段组合定义唯一记录后，就可以使用"删除重复项"命令轻松删除重复记录。

图 36-2 演示了如何基于 3 列来删除重复行。注意，选择定义重复记录的列十分重要。在本例中，Address、CompanyNumber 和 CompanyName 定义了一个重复记录。在右击选择"删除重复项"命令之前，需要先选择这三列。

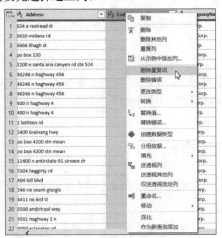

图 36-2　删除重复记录

警告

"删除重复项"命令实质上会在选中的列中查找唯一值，然后移除所有需要删除的记录，最终得到一个唯一值列表。如果只选择一列，然后就执行"删除重复项"命令，那么 Power Query 将只使用你选择的这一列来确定唯一值列表。这无疑会删除过多记录，包括一些其实并不是重复记录的记录。因此，确保自己选择定义重复记录的全部列非常重要。

如果犯了错误，基于错误的列集合删除了重复记录，也不必担心。总是可以使用"查询设置"窗格来删除该步骤。右击"删除的副本"步骤，然后选择"删除"命令，如图 36-3 所示。

图 36-3　通过删除"删除的副本"步骤撤消删除记录的操作

提示

如果在 Power Query 编辑器窗口中看不到"查询设置"窗格，则选择"视图" | "布局" | "查询设置"命令来激活该窗格。

36.1.2　填充空字段

需要注意，实际上有两种空值：null 和空字符串。null 本质上是代表什么都没有的数字值，而空字符串则相当于在单元格中输入了两个引号("")。

空字段不一定是坏事，但是在分析数据时，如果数据中有太多空值，可能导致意外的错误。

你需要决定是保留数据集中的空值，还是为它们填充一个实际值。做决定时，应该考虑下面的最佳实践。

- **谨慎使用空值**：当不需要频繁判断空值时，使用数据集就没那么令人恐惧了。
- **只要可以，就使用替换值**：只要有可能，就使用某种符合逻辑的缺失值代码来代表缺失的值，这是一种很好的做法。
- **绝不要在数值字段中使用 null 值**：在计算时用到的货币或数值字段中使用 0，而不是 null。

对于数据中的任何 null 值，Power Query 将显示单词 null。替换 null 值很简单，只需要选择想要修复的一列或多列，右击并选择"替换值"命令。

这将激活如图 36-4 所示的"替换值"对话框。这里的关键是，输入单词 null 作为"要查找的值"。然后，输入想要使用的值。在本例中，可以输入 0 作为"替换为"的值。

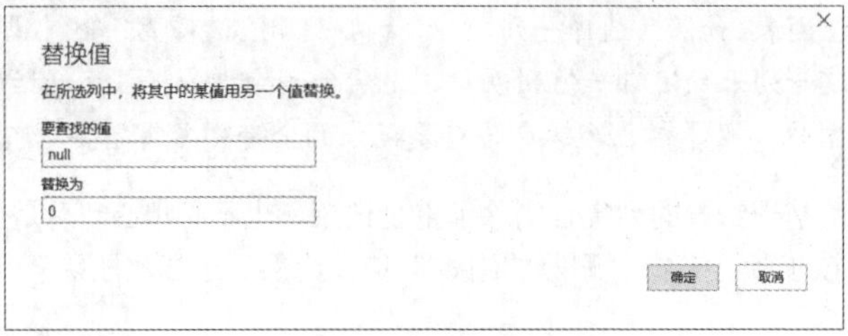

图 36-4　替换 null

36.1.3　填充空字符串

只要有可能，就使用某个逻辑值代码代表字段中缺失的值，这是一种最佳实践。例如，在图 36-5 中，我们希望使用单词 Undefined 来标记没有标题的任何记录。

图 36-5.　使用单词 Undefined 替换空字符串

为实现这种替换，可以右击 ContactTitle 字段，选择"替换值"命令，然后在"替换为"文本框中输入单词 Undefined。从图 36-5 中可以看到，因为我们要替换的是空字符串，所以在"要查找的值"文本框中不需要输入任何内容。

> **提示**
> 如果需要调整或纠正替换值的步骤，则可以在"查询设置"窗格中单击该步骤名称旁边的齿轮图标，重新激活"替换值"对话框。基本上，对于需要完成对话框的操作来说，都可以这么做。单击任何步骤名称旁边的齿轮图标将激活适合该步骤的对话框。

36.1.4　连接列

连接两列或更多列中的值是很容易的。在 Power Query 中，通过使用"合并列"命令来实现这种操作。"合并列"命令连接两个或更多字段的值，然后将合并后的值输出到一个新列中。

选择要连接的列，右击并选择"合并列"命令，如图 36-6 所示。

这将激活"合并列"对话框。在该对话框中，可以选择一个字符作为连接值的分隔符。除了各种标准选项，如逗号、分号、空格等之外，还可以指定自定义字符，如短横线，如图 36-7 所示。还可以命名将要创建的新列。

图 36-6 合并 Type 和 Code 字段

图 37-7 "合并列"对话框

完成该对话框后，将得到一个新字段，其中包含从原来的列连接而成的值，如图 36-8 所示。

ABC Product Code	ABC ContactName
DB-100199	DAIMIRT, TAM, G.
DB-100199	THEMPSENJR, MAKE, G.
DB-100199	SCETT, ANDY, T.
DB-100199	MCKINZAE, DAVE, G.
DB-100199	NILSEN, REBIRT, T.
DB-100199	KILLIRMAN, DAVAD, G.
DB-200	CELIMAN, TERRANCE, G.
DB-	SANSENE, TERRANCE, G.
DB-100199	GIRVES, STIPHIN, G.

图 36-8 原来的列被删除，替换为一个新的合并后的列

这当然很好，但是你会注意到，Power Query 删除了原来的 Type 和 Code 列。在有些情况下，你想要连接值，但仍然保留源列。对于这种情况，可以先复制列，然后在列的副本上执行提取操作。通过右击列，然后选择"重复列"命令，可以创建一列的副本。创建的重复列将成为表的最后一列(位于最右侧)。

36.1.5 改变大小写

确保数据中的文本具有正确的大小写听起来很简单，但是却很重要。假设你收到一个客户表，其中地址字段的地址全部采用小写。在标签、套用信函或发票上显示小写的地址显然不合适。幸好 Power Query 提供了一些内置的函数，使得修改文本的大小写轻而易举。

例如，图 36-9 中的 ContactName 字段包含的姓名采用了全部大写的格式。要把这些姓名

修改为更加合适的大小写，可以右击该列，然后选择"转换"|"每个字词首字母大写"命令。

图 36-9 将 ContactName 字段的格式重新设置为合适的大小写

36.1.6 查找和替换文本

假设你所在的公司名为 BLVD。有一天，公司总裁告诉你，所有地址中的简写词 blvd 都被认为违反了你的公司的商标名，必须尽快改为 Boulevard。如何满足这个新需求呢？

对于这种场景，"替换值"功能非常适合。右击 Address 字段，然后单击"替换值"命令。在如图 36-10 所示的"替换值"对话框中，只需要填入"要查找的值"和"替换为"字段。

图 36-10 替换文本值

注意，单击"高级选项"命令将展开两个可选设置。

- **单元格匹配**：选中该选项将告诉 Power Query，只有当记录中只包含指定的值时，才替换该值。如果你想替换一个值，例如 0，但是不想替换数字 1000 中的所有 0 时，这个选项很有用。
- **使用特殊字符替换**：如果选中该选项，将能够使用特殊的不可见字符(如换行符、回车符或制表符)作为替换文本。当想要强制缩进或者使文本显示为两行时，这个选项很有用。

36.1.7 修整和清除文本

当从一个主机系统、数据仓库甚至文本文件收到数据集时，字段值中包含前导和尾随空格的情况并不少见。这些空格可能导致一些异常的结果，特别是在把包含前导和尾随空格的值追加到原本干净的值时。为了说明这一点，可查看图 36-11 中的数据。

State	SumOfDollarPotential
ca	$26,561,554.00
ny	$7,483,960.00
tx	$13,722,782.00
ca	$12,475,489.00
ny	$827,563.00
tx	$7,669,208.00

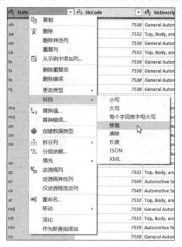

图 36-11　前导空格可导致分析出现问题

这是一个聚合视图，显示 California、New York 和 Texas 的潜在收入的总和。但是，前导空格将每个州分成了两个集合，使你无法分辨出准确的总和。

通过使用 Power Query 的 TRIM 函数，很容易删除前导和尾随空格。图 36-12 说明，通过右击列并选择“转换”|“修整”命令，可以删除字段中的前导和尾随空格。

图 36-12　“修整”命令

同样，“修整”命令将应用于你选择的一列或多列。因此，通过在使用“修整”命令之前先选择多列，可以一次性修复多列的数据。

图 36-12 还显示了“清除”命令(位于“修整”命令下方)。“修整”命令删除前导和尾随空格，而“清除”命令则删除外部源系统可能产生的任何不可见字符，例如回车符和其他非打印字符。这些字符在 Excel 中通常显示为问号或方框。但在 Power Query 中，它们显示为空格。

如果提供数据的源系统经常包含奇怪的字符和前导空格，就可以使用“修整”和“清除”命令来清理数据集。

注意

你可能知道，Excel 中的 TRIM 函数会删除给定文本中的前导空格、尾随空格和多余空格。Power Query 中的 TRIM 函数会删除前导空格和尾随空格，但是不会处理文本内的多余空格。如果你的数据中存在多余空格的问题，那么可以使用“替换值”命令，将指定数量的空格替换为一个空格。

36.1.8 提取左侧、右侧和中间的值

在 Excel 中，可以使用 RIGHT 函数、LEFT 函数和 MID 函数从字符串中的不同位置提取字符：

- LEFT 函数返回从字符串的最左侧开始的指定数量的字符。LEFT 函数的必要参数包括要处理的文本和要返回的字符数。例如，LEFT ("70056-3504", 5)将返回从最左侧字符开始的 5 个字符(70056)。
- RIGHT 函数返回从字符串的最右侧开始的指定数量的字符。RIGHT 函数的必要参数包括要处理的文本和要返回的字符数。例如，RIGHT ("Microsoft", 4)将返回从最右侧字符开始的 4 个字符(soft)。
- MID 函数返回从指定字符位置开始的指定数量的字符。MID 函数的必要参数包括要处理的文本、开始位置和要返回的字符数。例如，MID ("Lonely", 2, 3)将返回从第二个字符开始的 3 个字符(one)。

Power Query 通过"转换"选项卡上的"提取"命令提供了类似的功能，如图 36-13 所示。

图 36-13　"提取"命令允许提取列中文本的一部分

"提取"命令下的选项如下所示。

- **长度**：将给定列转换为数字，代表每个字段中的字符数(类似于 Excel 的 LEN 函数)。
- **首字符**：转换给定列，显示每行文本开始位置的指定数量的字符(类似于 Excel 的 LEFT 函数)。
- **结尾字符**：转换给定列，显示每行文本结尾位置的指定数量的字符(类似于 Excel 的 RIGHT 函数)。
- **范围**：转换给定列，显示从指定字符位置开始的指定数量的字符(类似于 Excel 的 MID 函数)。
- **分隔符之前的文本**：转换给定列，只显示指定分隔符之前的文本。
- **分隔符之后的文本**：转换给定列，只显示指定分隔符之后的文本。
- **分隔符之间的文本**：转换给定列，只显示两个指定分隔符之间的文本。

> **注意**
>
> 对一列应用"提取"命令实际上会将原来的文本替换为你应用的操作的结果。也就是说，应用"提取"命令后，在表中将看不到原来的文本。因此，通常最好先复制列，然后在列的副本上执行提取操作。
>
> 通过右击列，然后选择"重复列"命令，可以创建一列的副本。创建的重复列将成为表的最后一列(位于最右侧)。

36.1.9　提取首字符和结尾字符

要提取文本的前 N 个字符，可首先选择该列，然后选择"提取"|"首字符"命令，并使用图 36-14 显示的对话框来指定想要提取的字符数。在本例中，将提取 Phone 字段的前 3 个字符。

图 36-14　提取 Phone 字段的前 3 个字符

要提取文本的最后 N 个字符，可首先选择该列，然后选择"提取"|"结尾字符"命令，并使用显示的对话框来指定想要提取的字符数。

36.1.10　提取中间字符

要提取文本中间的 N 个字符，可首先选择该列，然后选择"提取"|"范围"命令。这将激活如图 36-15 所示的对话框。

图 36-15　提取 SicCode 中间的两个字符

这里的思想是，告诉 Power Query 要从文本的特定位置开始，提取指定个数的字符。例如，SicCode 字段是包含 4 个数字的字段。如果想要提取 SicCode 中间的两个数字，需要告诉 Power Query 从第二个字符开始提取两个字符。

从图 36-15 中可以看到，"起始索引"被设为 2(从第二个字符开始)，"字符数"被设为 2(从起始索引位置开始提取两个字符)。

36.1.11 使用字符标记拆分列

你是否曾经收到过这样的数据集——两条或更多条数据被挤到一个字段中，彼此用逗号隔开？例如，Address 字段中包含的文本值可能代表 "Address, City, State, ZIP"。在合适的数据集中，这个文本将会被拆分为 4 个字段。

在图 36-16 中可以看到，ContactName 字段中的值是字符串，代表"姓、名、中间名缩写"。假设需要将这列拆分为 3 个不同的字段。

图 36-16 "拆分列"命令可以轻松地将 ContactName 字段拆分为 3 个不同的列

虽然在 Excel 中不容易实现这样的操作，但是在 Power Query 中，使用"拆分列"命令却能够很轻松地实现该操作。只需要右击目标列，然后选择"拆分列"选项。这将显示 7 个选项。

- **按分隔符**：允许基于特定的字符(如逗号、分号、空格等)拆分列。对于解析姓名、地址或包含被分隔符隔开的多个数据点的任何字段来说，这个选项很有用。
- **按字符数**：允许基于指定字符数拆分列。对于在指定字符位置解析统一的文本来说，这个选项很有用。
- **按位置**：基于你指定的固定数字位置拆分列。
- **按照从小写到大写的转换**：在小写变为大写的位置拆分列。
- **按照从大写到小写的转换**：在大写变为小写的位置拆分列。
- **按照从数字到非数字的转换**：在前一个字符是数字，下一个连续字符是非数字的位置拆分列。
- **按照从非数字到数字的转换**：在前一个字符是非数字，下一个连续字符是数字的位置拆分列。

在图 36-16 所示的例子中，联系人的姓名由姓、名和中间名缩写构成，它们之间用逗号隔开(分隔)。因此，我们将使用"按分隔符"选项。

可以选中 ContactName 字段，右击并选择"拆分列"|"按分隔符"命令。这将激活"按分隔符拆分列"对话框，如图 36-17 所示。

图 36-17　在每个逗号位置拆分 ContactName 列

这个对话框中的输入如下所示。

- **选择或输入分隔符**：使用下拉列表选择定义值的拆分位置的分隔符。如果下拉列表中没有列出你需要的分隔符，则可以选择"自定义"选项，然后定义自己的分隔符。
- **拆分位置**：选择你想要让 Power Query 如何使用指定的分隔符。Power Query 能够只在分隔符第一次出现时(最左侧的分隔符)拆分列，实际上就是创建两列。另外，也可以让 Power Query 只在分隔符最后一次出现时(最右侧的分隔符)拆分列，同样会创建两列。第三个选项是告诉 Power Query 在分隔符每次出现时拆分列。
- **高级选项**：默认情况下，选择在分隔符每次出现时拆分列的选项会导致有多少个分隔符就创建多少列。可以使用"高级选项"来覆盖默认设置，限制创建的列数。还有一个高级选项可将值拆分到新行而不是新列中。
- **引号字符**：引号字符告诉 Excel，不要把引号内的任何字符视为分隔符。例如，当使用逗号分隔符来拆分列时，引号字符设置保证了文本"Curly, Moe and Larry"中的逗号不会用来把值拆分为 3 列。

图 36-18 演示了在每个逗号位置拆分 ContactName 列后创建的新列。可以看到，创建了3 个新字段，原来的 ContactName 列则被移除。通过右击字段并选择"重命名"选项，可以重命名这些字段。

ABC ContactName.1	ABC ContactName.2	ABC ContactName.3	ABC Contac
DAIMIRT	TAM	G.	Manager
THEMPSENJR	MAKE	G.	Manager
SCETT	ANDY	T.	Owner
MCKINZAE	DAVE	G.	Owner
NILSEN	REBIRT	T.	Owner
KILLIRMAN	DAVAD	G.	Manager
CELIMAN	TERRANCE	G.	Owner
SANSENE	TERRANCE	G.	Owner
GIRVES	STIPHIN	G.	Owner
BIRNSTIAN	PEIL	G.	Manager

图 36-18　ContactName 字段被成功拆分为 3 列

36.1.12 逆透视列

我们常常会遇到如图 36-19 所示的数据集，其中重要的标题(如月份)出现在表的顶部，既作为列标签，又作为实际的数据值。这种矩阵式布局在电子表格中很容易查看，但是当试图进行任何需要聚合、分组等的数据分析时，却会导致问题。

Product_Description	Jan	Feb	Mar	Apr	May
Cleaning & Housekeeping Services	6219.66	4263.92	5386.12	6443.99	4360
Facility Maintenance and Repair	3255.82	9490	4409.23	4957.62	8851
Fleet Maintenance	5350.03	8924.71	6394.43	6522.46	9467
Green Plants and Foliage Care	2415.08	2579.61	2401.91	2981.01	2704
Landscaping/Grounds Care	5474.22	4500.52	5324.36	5705.68	5263
Predictive Maintenance/Preventative Maintenance	9810.95	10180.23	9626.31	11700.73	10947
Cleaning & Housekeeping Services	2840.76	2997.18	2096.78	4102.2	47
Facility Maintenance and Repair	16251.01	35878.99	18368.55	21843.53	2872
Fleet Maintenance	22574.77	36894.89	22016.38	27871.1	31989
Green Plants and Foliage Care	48250.9	90013.42	51130.17	75527.58	69418
Landscaping/Grounds Care	19401.16	21190.57	21292	20918.35	19469
Predictive Maintenance/Preventative Maintenance	28713.24	46073.56	42040.05	46000.03	41000

图 36-19　矩阵布局对数据分析造成了问题

Power Pivot 提供了一种容易的方式来逆透视和透视列，允许将矩阵样式的表快速转换为表格数据集(反之亦然)。

"逆透视列"命令允许选择一组列，然后将这些列转换为两列：一列由列标签构成，另一列则包含列数据。

在图 36-19 中，通过选择月份列，右击并选择"逆透视列"命令，可以逆透视月份列。

图 36-20 显示了结果表。注意，月份标签现在是新列 Attribute 中的项，月份的值现在是新列 Value 中的项。当然，你可以重命名这些列，例如将它们重命名为 Month 和 Revenue。

Product_Description	Attribute	Value
Cleaning & Housekeeping Services	Jan	6219.66
Cleaning & Housekeeping Services	Feb	4263.92
Cleaning & Housekeeping Services	Mar	5386.12
Cleaning & Housekeeping Services	Apr	6443.99
Cleaning & Housekeeping Services	May	4360.14
Cleaning & Housekeeping Services	Jun	5097.46
Cleaning & Housekeeping Services	Jul	7566.19
Cleaning & Housekeeping Services	Aug	4263.92
Cleaning & Housekeeping Services	Sep	7245.64
Cleaning & Housekeeping Services	Oct	3847.15
Cleaning & Housekeeping Services	Nov	6540.21
Cleaning & Housekeeping Services	Dec	5610.45
Facility Maintenance and Repair	Jan	3255.82
Facility Maintenance and Repair	Feb	9490

图 36-20　现在所有月份采用了表格格式

36.1.13 逆透视其他列

虽然"逆透视列"命令很方便，但是有一个缺陷，例如在上例中，必须明确选择想要逆透视的月份列。如果列的数量一直在增长，怎么办？如果逆透视了 1 月到 6 月，但是在下一个月中，数据集将增加 7 月份的数据，之后还会增加 8 月份、9 月份的数据，这时该怎么办？因为"逆透视列"命令实际上强制你硬编码想要逆透视的列，所以每月都必须重新执行逆透视操作。不过，如果使用"逆透视其他列"命令，就不用这么麻烦。这个命令允许你在逆透视列时选择想要保持不变的列，并且告诉 Power Query 逆透视其他所有列。

例如，在图 36-21 中，不选择月份命令，而是选择 Market 和 Product Description 列，右击并选择"逆透视其他列"命令。

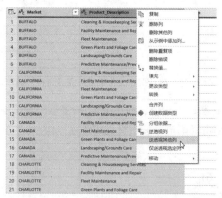

图 36-21　当矩阵列的数量可变时，可使用"逆透视其他列"命令

现在，每个月添加多少个新月份列或删除多少个月份列并没有关系。查询将总是逆透视正确的列。

> **提示**
> 总是使用"逆透视其他列"选项是一个好主意。即使并不期望矩阵中会增加新列，使用"逆透视其他列"选项也能获得更大的灵活性，能够处理数据中发生的意外变化。

36.1.14　透视列

如果你发现自己需要把数据从表格布局转换为矩阵样式的布局，就可以使用"透视列"命令。

只需要选择将会构成新矩阵列的标题标签和值的列，然后从功能区的"转换"选项卡中选择"透视列"命令即可。图 36-22 给出了一个示例。

图 36-22　透视 Month 和"值"列

在最终完成透视操作之前，Power Query 将激活一个对话框，用于确认值列和聚合方法，如图 36-23 所示。默认情况下，Power Query 将使用"求和"操作来把数据聚合成矩阵格式。

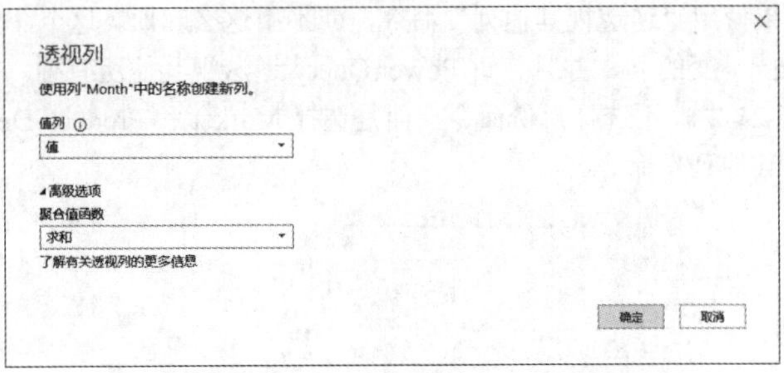

图 36-23　确认聚合操作来最终完成透视转换

可以选择不同的操作(计数、平均值、最小值等)来覆盖此默认操作。甚至可以指定自己不想使用任何聚合方法。单击"确定"按钮将完成透视操作。

36.2　创建自定义列

转换数据时，有时需要添加自己的列来提取关键数据点、创建新维度，甚至创建自己的计算。

通过在"添加列"选项卡中单击"自定义列"命令，可以创建新的自定义列。这将激活"自定义列"对话框，如图 36-24 所示。在"自定义列"对话框中，可以使用 Power Query 公式指定新列的内容。当添加一个新的自定义列时，它不具备任何功能，除非你提供一个公式来赋予其功能。

图 36-24　"自定义列"对话框

"自定义列"对话框并没有什么复杂的地方。几个输入点如下所示。

- **新列名**：在这个输入框中输入要创建的列的名称。
- **可用列**：这个列表框中包含查询中的所有列的名称。在此列表中双击任意列名称，将把该列自动添加到公式区域。
- **自定义列公式**：用于输入公式的区域。

与在 Excel 中一样，公式既可以十分简单(如 "=1")，也可以十分复杂(如应用某种条件逻辑的 IF 语句)。在接下来的几节中，我们将用几个示例来说明如何创建自定义列，使你不必受限于用户界面上提供的功能。

但是，在具体介绍如何构建 Power Query 公式之前，理解 Power Query 公式与 Excel 公式的区别很重要。下面列出了一些你应该知道的高层面的区别。

- **没有单元格引用**：不能使用指向操作在"自定义列"对话框外部选择一个单元格区域。Power Query 公式通过引用列而不是单元格来工作。
- **Excel 函数不起作用**：在 Power Query 中无法使用你熟悉的 Excel 函数。Power Query 提供了许多与 Excel 类似的函数，但是它使用的是自己的公式语言。
- **区分大小写**：在 Excel 中，无论是输入全部小写的形式，还是全部大写的形式，公式都将能够工作。但在 Power Query 中并非如此。对于 Power Query 来说，sum、Sum 和 SUM 是不同的，其中只有一种形式(Sum)是可以接受的。
- **数据类型很重要**：一些字段是文本字段，一些字段是数字字段，还有一些是日期字段。Excel 能够很好地处理在公式中混合使用不同数据类型的字段的情况。Power Query 公式语言则对数据类型很敏感。它没有内置的智能来很好地处理数据类型不匹配的情况。数据类型问题需要使用本章后面介绍的转换函数来处理。
- **没有屏幕提示或智能帮助**：当输入新公式时，Excel 会显示屏幕提示或选项菜单。Power Query 没有这种功能。目前 Power Query 最多只是提供一个"了解 Power Query 公式"链接，单击该链接将进入一个专门介绍 Power Query 的 Microsoft 网站。

情况并没有听起来那么坏。我们首先看一个简单的自定义列。

36.2.1 使用自定义列进行连接

本章前面看到，通过使用"合并列"命令，可将两列或更多列中的值连接起来。虽然"合并列"命令用起来很简单，但是会导致源列被删除。某些情况下，需要在连接值的同时仍然保留源列。

这种情况下，可以创建自定义列。执行下面的步骤来创建一个新列，将 Type 和 Code 列合并起来。

(1) 在 Power Query 编辑器中，单击"添加列"|"常规"|"自定义列"命令。

(2) 将光标放到公式区域等号的后面。

(3) 在"可用列"列表中找到 Type 列，然后双击它。公式区域将在等号后面填入[Type]。

(4) 在[Type]后面输入下面的内容：&"-"&。这是为了确保用横线分隔开两列中的值。

(5) 接下来，输入 Number.ToText()。这个 Power Query 函数将把一个数字转换成文本格式，使其能够与其他文本一起使用。在本例中，因为 Code 字段被设置为数字格式，所以需要将其动态转换为文本，以便与 Type 类型连接起来。本章后面将详细介绍数据类型。

(6) 将光标放到 Number.ToText 函数的括号内。

(7) 在"可用列"列表中找到 Code 列，然后双击它。公式区域的括号内将填入[Code]。

(8) 在"新列名"输入框中，输入 MyFirstColumn。

此时，对话框应该如图 36-25 所示。注意，对话框底部的消息显示"未检测到语法错误"。每次创建或调整公式时，都应该确保看到这条没有检测到错误的消息。

图 36-25　合并 Type 列和 Code 列的公式

(9) 单击"确定"按钮添加自定义列。

如果一切正常，将创建一个新列，该列将两个字段连接在一起。这个示例可帮你打下基础，帮助你了解 Power Query 公式的工作方式。

36.2.2　了解数据类型转换

在 Power Query 中使用公式时，难免需要对数据类型不同的字段执行某种操作。例如，在前面的例子中，我们将 Type 列(文本字段)和 Code 列(数值字段)合并到一起。在该例中，我们使用了转换函数来改变 Code 字段的数据类型，使其可被临时作为文本字段处理。

转换函数名副其实，它们将数据从一种数据类型转换为另一种数据类型。

表 36-1 列出了一些常用的转换函数。如前一节所示，只需要使用这些函数括住需要转换的列即可。

```
Number.ToText([ColumnName])
```

表 36-1　常用转换函数

转换前	转换后	函数
日期	文本	Date.ToText()
时间	文本	Time.ToText()
数字	文本	Number.ToText()
文本	数字	Number.FromText()
文本日期	日期	Date.FromText()
数字日期	日期	Date.From()

虽然如此，显然你需要知道自己在 Power Query 公式中使用的字段的数据类型。然后，才能知道需要使用什么转换函数。

要知道和修改一个字段的数据类型，可将光标放到字段中，然后在"转换"选项卡中选择"数据类型"下拉列表，如图 36-26 所示。通过从该下拉列表中选择一个新类型，可以编辑该字段的数据类型。

图 36-26 使用"数据类型"下拉列表来了解和选择给定字段的数据类型

36.2.3 使用函数扩展自定义列的功能

了解了一些基本原则和 Power Query 函数的基本知识后，就可以创建转换，不再受制于 Power Query 编辑器界面的选项。在本例中，我们将使用一个自定义列，在数字中填充 0。

你可能会遇到这种情况：键字段必须具有指定长度的字符，这样数据才能与外围平台(如 ADP 或 SAP)交互。例如，假设 CompanyNumber 字段必须是 10 个字符。对于不足 10 个字符的 CompanyNumber，必须填充足够的前导 0，以创建一个 10 个字符长的字符串。

这里要使用的技巧是，为每个公司编号添加 10 个 0，无论其当前长度是多少。然后，将结果传递给一个类似于 RIGHT 函数的函数，只提取最右侧的 10 个字符。

例如，公司编号 29875764 将首先被转换为 000000000029875764，然后将其传递给一个 RIGHT 函数，只提取出右侧的 10 个字符。结果将得到 0029875764。

虽然这实际上是两个步骤，但是能够只使用一个自定义列来获得相同的结果。具体步骤如下。

(1) 在 Power Query 编辑器中，单击"添加列" | "常规" | "自定义列"命令。

(2) 将光标放到公式区域等号的后面。

(3) 输入一对双引号，在引号内输入 10 个 0("0000000000")，然后在引号后面输入一个&。

(4) 接下来，输入 Number.ToText()。

(5) 将光标放到 Number.ToText 函数的括号内。

(6) 接下来，在"可用列"列表中找到 CompanyNumber 列并双击它。公式区域将填入 [CompanyNumber]。

此时，公式区域将包含下面的语法：

```
"0000000000"&Number.ToText([CompanyNumber])
```

这个公式只是将 10 个 0 与 CompanyNumber 连接在一起。我们需要从这个结果中提取出右侧的 10 个字符。

RIGHT 函数是一个 Excel 函数，无法用在 Power Query 中。不过，Power Query 提供了一个类似的函数，名为 Text.End()。与 RIGHT 函数一样，Text.End 函数需要两个参数：文本表达式和要提取的字符数。

```
Text.End([MyText],10)
```

（7）在本例中，文本表达式就是你的公式，要提取的字符数是 10。在现有公式的前面输入 Text.End 和左括号，然后在公式后面输入一个逗号，再输入数字 10，最后添加一个右括号。最终语法如下所示：

```
Text.End("0000000000"&
Number.ToText([CompanyNumber]),10)
```

（8）在"新列名"输入框中，输入 TenDigitCustNumber。

现在，对话框应该如图 36-27 所示。同样，应确保对话框底部的消息显示"未检测到语法错误"。

图 36-27　使用公式创建一致的、有 10 个数字的 CompanyNumber

（9）单击"确定"按钮应用自定义列。

表 36-2 列出了其他一些 Power Query 函数，它们都能够用来扩展自定义列的功能。花一些时间查看这个函数列表，注意它们与对应的 Excel 函数的区别。记住，Power Query 函数区分大小写。

表 36-2　有用的转换函数

Excel 函数	Power Query 函数
LEFT([Text],[Number])	Text.Start([Text],[Number])
RIGHT([Text],[Number])	Text.End([Text],[Number])
MID([Text],[StartPosition], [Number])	Text.Range([Text],[StartPosition], [Number])
FIND([Find],[Within])	Text.PositionOf([Within], [Find])+1
IF([Expression],[Result1], [Result2])	if [Expression] then [Result1] else [Result2]
IFERROR([Procedure],[FailResult])	try [Procedure] otherwise [FailResult]

36.2.4　向自定义列添加条件逻辑

从表 36-2 可以看到，Power Query 提供了内置的 if 函数。if 函数用于检测条件，根据检测结果提供不同的结果。本节将介绍如何使用 Power Query 的 if 函数来控制自定义列的输出。

与在 Excel 中相同，Power Query 的 if 函数计算特定条件，然后根据计算结果为 true 或 false，返回不同的结果：

```
if [Expression] then [Result1] else [Result2]
```

> **注意**
>
> 在 Excel 中，可将 IF 函数中的逗号视为 THEN 和 ELSE 语句。在 Power Query 中，不使用逗号。
>
> Excel 公式 IF(Babies=2,"Twins","Not Twins") 的含义如下：如果 Babies 等于 2，那么返回 Twins，否则返回 Not Twins。

假设需要基于客户的收入潜力将他们标记为大客户或小客户。你决定要添加一个自定义列，基于客户的收入潜力，在该自定义列中显示 LARGE 或 SMALL。

通过在下面的公式中使用 if 函数，能够在一个自定义列中标记所有客户：

```
if [2020 Potential Revenue]>=10000
then "LARGE" else "SMALL"
```

这个函数告诉 Power Query 为每个记录计算[2020 Potential Revenue]字段。如果潜在收入大于或等于 10 000，就使用 LARGE；否则使用 SMALL。

图 36-28 在"自定义列"对话框中使用了上面的 if 语句。

图 36-28　在自定义列中应用 if 语句

> **提示**
>
> Power Query 不关心空格。这意味着你可以使用任意多的空格和回车符。只要使用正确的大小写和拼写，Power Query 就不会报错。图 36-28 显示，将公式分解到多行有助于提高其可读性。

36.3　分组和聚合数据

在一些情况中，可能需要将数据集转换为简洁的组，使其成为易于管理的唯一值的集合。甚至可能需要将数字值汇总到聚合视图中。聚合视图是数据在分组后的快照，能够显示和、平均值、计数等。

Power Query 提供了一个分组依据功能，使你能够方便地分组数据和创建聚合视图。

在 Power Query 编辑器的"转换"选项卡中，选择"分组依据"命令。这将打开如图 36-29 所示的"分组依据"对话框。

图 36-29　"分组依据"对话框

在该对话框中，可以选择创建"基本"分组，只使用一列作为分组依据，也可以选择创建"高级"聚合，使用多个分组依据列。

下面我们介绍如何将数据转换为按 City 和 State 分组的聚合视图。

(1) 在 Power Query 编辑器中，激活"分组依据"对话框(选择"转换"|"表格"|"分组依据"命令)。

(2) 单击"高级"分组选项。这将显示在按多列分组时需要的字段。

(3) 使用"分组依据"下拉列表，选择想要聚合的列。然后单击"添加分组"按钮，为分组添加更多列(在图 36-29 中，选择了 City 和 State)。

(4) 使用"新列名"输入框为新的聚合列起一个名称。

(5) 使用"操作"下拉列表选择想要应用的聚合类型(求和、对行进行计数、平均值、最小值、最大值等)。在图 36-29 中，选择了"求和"选项。

(6) 使用"柱"下拉列表选择将要聚合的列。在本例中，选择 2021 Potential Revenue。

(7) 单击"确定"按钮，确认并应用修改。

图 36-30 显示了结果输出。

	A^{B}C City	A^{B}C State	1.2 2021 Total Potential $
1	adams	wi	6534
2	akron	oh	54754.34471
3	allentown	pa	77517.35
4	alliston	on	5757.260526
5	anaheim	ca	97655.01111
6	austin	tx	77736.85322
7	avenel	nj	34776.08889

图 36-30　按 City 和 State 分组后得到的聚合视图

注意

应用分组依据功能时，Power Query 将删除在配置"分组依据"对话框时没有使用的所有列。这样得到的视图更加干净整洁，只显示分组后的数据。

36.4 使用自定义数据类型

Power Query 的自定义数据类型功能允许将多列数据作为元数据存储到一个列中。之后，Excel 公式就能够与这些富数据类型交互，以暴露其中存储的数据。本节将讨论在报表中使用自定义类型的基础知识。

> **配套学习资源网站**
>
> 可在配套学习资源网站 www.wiley.com/go/excel365bible 中找到本章的示例文件，文件名是 CustomDataTypes.xlsx。打开该文件，然后选择"数据"|"获取和转换数据"|"获取数据"|"自其他源"|"来自表格/区域"命令。

术语"自定义数据类型"选得不是特别好，因为它与"数据类型"——数字、日期、货币等——的传统含义并不真正相关。在 Power Query 中，可以将自定义数据类型想象为一种容器，其中存储了多个列的数据，并且可以用在工作簿的其他地方。

通过执行下面的步骤，可以看到这种功能的强大。

(1) 在 Power Query 编辑器中，右击 Employee 列，并选择"创建数据类型"命令。这将激活"创建数据类型"对话框。

(2) 选中"高级"复选框，显示一个可用字段的列表，如图 36-31 所示。这里的想法是，显示列(在本例中是 Employee)将作为一种容器，保存来自你指定的其他列的数据。

图 36-31 创建自定义数据类型

(3) 在可用列列表中选择 Region 列，然后单击"添加"按钮。为可用列列表中的每个列重复这个操作。

(4) 单击"确定"按钮来确认修改。

现在，预览窗格将只显示 Employee 列，因为它是你选择的显示列。从图 36-32 可以看到，单击 Employee 列中的任意值将在预览窗格中显示一个表格，其中列出了该值中包含的数据。

图 36-32 数据类型列中的每个值包含其底层列的数据

单击 Power Query 编辑器"主页"选项卡中的"关闭并上载"按钮,将结果发送到一个新的工作表中。在图 36-33 中可以看到,这个查询的输出是 Employee 列的值的列表,每个值包含一个数据类型图标,以告诉你这个值是数据类型的一部分。单击表格右侧的智能图标,能够添加该数据类型底层的任意值。

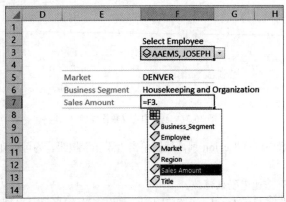

图 36-33 数据类型在每个值的旁边显示一个特殊的图标,并允许查询其底层列的值

自定义数据类型的真正强大之处,在于能够通过简单的公式引用底层列的值。图 36-34 演示了一种使用数据类型的方式。在这个例子中,使用 Employee 列(我们的数据类型标题)的值填充了一个数据验证下拉列表。在选中员工姓名的旁边可以看到一个特殊图标,这确认了该值是一个数据类型。现在,可以使用一个简单的公式引用该值,以查看底层的可用列。

图 36-34 通过引用数据类型值并输入点号运算符(.),可以选择任意的底层列

没错。引用数据类型,输入点号运算符(.),就可以访问任意底层列的值。从数据验证下拉列表中选择一个新员工,将自动获取该员工的数据。

交叉引用

第 23 章介绍了如何在工作表中添加数据验证。

提示：

记住，你可以刷新底层的 Power Query。刷新查询不仅会获取任何新的数据类型标题，还会自动更新引用数据类型的公式所得到的值。

第**37**章

使查询协同工作

本章要点
- 重用查询步骤
- 使用追加功能合并数据
- 了解连接类型
- 使用合并功能组合数据
- 在合并查询时使用模糊匹配

数据分析常常是分层进行的，每一层分析都使用或者构建在前一层之上。当使用 Power Query 输出的结果来建立数据透视表时，就是在创建分层分析。当基于 SQL Server 视图创建的一个表来构建查询时，也是在创建分层分析。

你会经常发现，要获得自己想要的结果，需要在其他查询的基础上构建查询。本章就介绍这方面的内容。简言之，本章将介绍几种使查询协同工作的方法，使你能够推进自己的分析。

配套学习资源网站
可在配套学习资源网站 www.wiley.com/go/excel365bible 中找到本章的示例文件:
- Sales By Employee.xlsx
- Appending_Data.xlsx
- Merging_Data.xlsx
- FuzzyMatch.xlsx

37.1   重用查询步骤

对相同的主数据表进行各种类型的分析是很常见的情形。即使是图 37-1 中显示的简单表，也可以用来创建不同的视图：员工销量、业务部门销量、地区销量等。

当然，可以构建不同的查询，让每个查询执行不同的分组和聚合步骤，但是这意味着在执行任何类型的分析之前需要重复所有数据清理步骤。

	A	B	C	D	E	F
1	Region	Market	Last_Name	First_Name	Business_Segment	Sales Amount
2	MIDWEST	DENVER	AAEMS	JOSEPH	Housekeeping and Organization	$465.33
3	MIDWEST	DENVER	AAEMS	JOSEPH	Landscaping and Area Beautificat	$411.60
4	MIDWEST	DENVER	AAEMS	JOSEPH	Maintenance and Repair	$760.31
5	MIDWEST	DENVER	BEALIY	CHRISTOPHER	Maintenance and Repair	$2,125.38
6	MIDWEST	DENVER	BEALIY	CHRISTOPHER	Landscaping and Area Beautificat	$5,909.14
7	MIDWEST	DENVER	BEALIY	CHRISTOPHER	Maintenance and Repair	$39,829.79
8	MIDWEST	DENVER	BEWMAN	DIRK	Landscaping and Area Beautificat	$319.18
9	MIDWEST	DENVER	BEWMAN	DIRK	Maintenance and Repair	$119.38
10	MIDWEST	DENVER	BIHRINS	KURT	Landscaping and Area Beautificat	$914.20
11	MIDWEST	DENVER	BIHRINS	KURT	Maintenance and Repair	$17,645.38
12	MIDWEST	DENVER	BREWN	SCOTT	Maintenance and Repair	$112.01
13	MIDWEST	DENVER	BROEKS	HENRY	Landscaping and Area Beautificat	$685.65

图 37-1   这个数据表可用作各种级别的聚合分析的数据源

要明白为什么这么说，可以执行下面的步骤：

(1) 打开 Sales By Employee.xlsx 示例文件。

(2) 选择表中的任意单元格，然后单击"数据" | "获取和转换数据" | "获取数据" | "自其他源" | "来自表格/区域"命令。Power Query 将打开 Power Query 编辑器，显示如图 37-1所示的表。

(3) 单击 Market 字段的筛选下拉列表，筛选掉 Canada 市场(清除 Canada 旁边的复选框)。

(4) 选择 Last_Name 和 First_Name 字段，右击其中一个列标题，然后选择"合并列"命令。

(5) 使用"合并列"对话框创建一个新字段 Employee，使用逗号将 Last_Name 和First_Name 连接起来，如图 37-2 所示。

图 37-2   合并 Last_Name 和 First_Name 列来创建新的 Employee 字段

(6) 只选择 Employee 列，并在"转换"选项卡中单击"分组依据"命令，打开"分组依据"对话框。目标是按 Employee 字段分组，以获取 Sales Amount 的和。

(7) 将新聚合列命名为 Revenue。在"操作"下拉列表中选择"求和"，在"柱"下拉列表中选择 Sales Amount。

图 37-3 显示了完成配置后的"分组依据"对话框。

现在，已经成功地创建了一个视图来显示每个员工的总收入。从图 37-4 中可以看到，查询步骤包括在分组前执行的所有准备工作。

如果想使用相同的数据创建另一种分析，怎么办？例如，如果想创建另一个视图来显示业务部门的员工销量，该怎么办？

图 37-3　分组 Employee 字段并对 Sales Amount 列求和，以创建新的 Revenue 列

　　总是可以从步骤(1)开始，导入源数据的另一个副本，但是这就需要重复执行准备步骤(在本例中为"筛选的行"和"合并的列"步骤)。

　　更好的方法是重用已经创建的步骤，把它们提取到新的查询中。首先确定想要重用的步骤，然后右击这些步骤下方的第一个步骤。在本例中(参见图 37-4)，需要保留"分组的行"步骤之前的所有查询步骤。

图 37-4　在分组前，需要执行"分组的行"步骤前面的所有查询步骤来准备好数据

　　(8) 右击"分组的行"步骤，然后选择"提取之前的步骤"命令。

　　(9) 使用图 37-5 中显示的"提取步骤"对话框，将新查询命名为 SalesByBusiness。单击"确定"按钮确认操作。

图 37-5　将新查询命名为 SalesByBusiness

　　单击"确定"按钮后，Power Query 将做两项工作。首先，它将所有提取出的步骤移动到新创建的查询中。然后，它将原查询捆绑到新查询。换句话说，两个查询将共享"分组的行"步骤之前的几个查询步骤。

　　在左侧的窗格中可以看到新创建的 SalesByBusiness 查询，如图 37-6 所示。当你在左侧的窗格中选择 SalesByBusiness 查询时，可以注意到新创建的 SalesByBusiness 查询的查询步骤不包含"分组的行"步骤。Power Query 只移动了提取出的步骤(即"分组的行"步骤之前的那些步骤)。

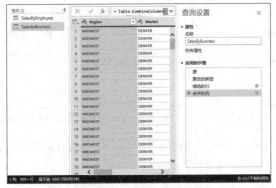

图 37-6 两个查询现在共享提取出的步骤

提取步骤这个概念可能让你感到困惑。关键在于，不需要在新查询中从头开始操作，而可以告诉 Power Query，你希望让新创建的查询使用已经创建过的步骤。

注意

当两个或更多个查询共享提取的步骤时，包含提取步骤的查询将作为其他查询的数据源。由于存在这种链接关系，不能删除包含提取步骤的查询。必须首先删除所有依赖查询，然后才能删除包含提取步骤的查询。

37.2 了解追加功能

Power Query 的追加功能允许将一个查询生成的行追加到另一个查询的结果。换句话说，实际上是复制一个查询的记录，然后添加到另一个查询的记录的末尾。

当需要把多个相同的表合并成一个表时，追加功能很方便。例如，如果有 North、South、Midwest 和 West 地区的表，就可以使用追加功能，将每个地区的数据合并到一个表中。

为了更好地理解追加功能，我们来完成一个练习，将 4 个不同地区的数据合并到一个表中。在这个练习中，我们将使用示例文件 Appending_Data.xlsx 的 4 个不同的选项卡中包含的地区数据，如图 37-7 所示。

	A	B	C	D	E
1	Region	Market	Branch Number	Customer Name	State
2	NORTH	NEWYORK	801211	ALDUN Corp.	NJ
3	NORTH	NEWYORK	801211	ALFRAN Corp.	NJ
4	NORTH	NEWYORK	801211	ALLAUD Corp.	NJ
5	NORTH	NEWYORK	801211	ALLAUD Corp.	NJ
6	NORTH	NEWYORK	801211	ALLOMU Corp.	NJ
7	NORTH	NEWYORK	801211	ALPHAP Corp.	NJ
8	NORTH	NEWYORK	801211	AMPUSA Corp.	NY
9	NORTH	NEWYORK	801211	ANAQAE Corp.	NY
10	NORTH	NEWYORK	801211	ANDUVU Corp.	NJ
11	NORTH	NEWYORK	801211	ANTUSS Corp.	NY
12	NORTH	NEWYORK	801211	AQBANF Corp.	NJ
13	NORTH	NEWYORK	801211	ARAWAC Corp.	NY
14	NORTH	NEWYORK	801211	ATLANT Corp.	NJ
15	NORTH	NEWYORK	801211	ATLANT Corp.	NJ
16	NORTH	NEWYORK	801211	ATLANT Corp.	NJ
17	NORTH	NEWYORK	801211	BALTMU Corp.	NY
18	NORTH	NEWYORK	801211	BAQTAS Corp.	NY
19	NORTH	NEWYORK	801211	BECUT Corp.	NY
20	NORTH	NEWYORK	801211	BLECKP Corp.	NJ

North Data | Midwest Data | South Data | West Data

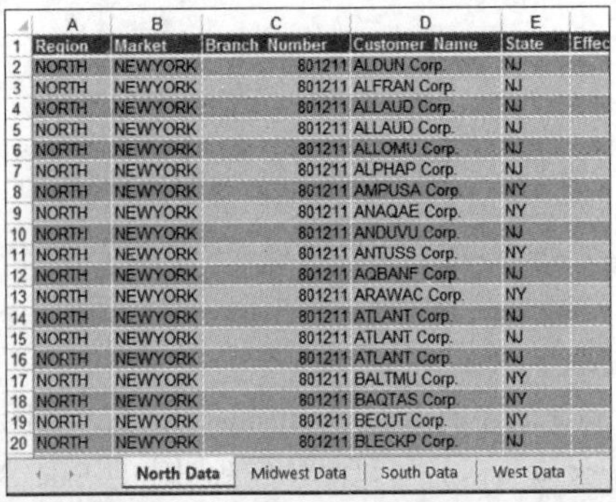

图 37-7 需要把各个地区选项卡中的数据合并到一个表中

37.2.1 创建必要的基础查询

重点是要知道，追加功能只能在现有查询的基础上工作。换句话说，无论数据源是怎样的，都必须先把它们导入 Power Query 中，然后才能追加它们。在本例中，这意味着将全部地区表添加到查询中。

执行下面的步骤：

(1) 进入 North Data 工作表，选择表中的任意单元格，然后选择"数据"|"获取和转换数据"|"获取数据"|"自其他源"|"来自表格/区域"命令。这将激活 Power Query 编辑器，显示刚刚导入的表的内容。要完成查询，需要使用一个"关闭并上载"命令。

因为创建这个查询的目的只是为了将其追加到其他查询，所以不需要在工作簿上使用"关闭并上载"命令。相反，可以选择关闭并仅将数据上载为连接。

(2) 在 Power Query 编辑器的"主页"选项卡中，选择"关闭并上载"按钮下方的下拉箭头，选择"关闭并上载至"命令。

(3) 在"导入数据"对话框中，选择"仅创建连接"选项，然后单击"确定"按钮。

(4) 为工作簿中的其他工作表重复步骤(1)~(3)。

当为每个地区创建查询后，激活"查询&连接"窗格(选择"数据"|"查询和连接"命令)，查看全部查询。如图 37-8 所示，每个查询都是仅限连接查询。

图 37-8 为每个地区创建仅限连接查询

现在数据表都已经被导入查询中，可以开始追加数据了。

37.2.2 追加数据

执行下面的步骤，将其他查询的数据追加到 NorthData 查询。

(1) 在"查询&连接"窗格中，右击 NorthData 查询并选择"追加"命令，这将激活如图 37-9 所示的"追加"对话框。

(2) 选择对话框顶部的"三个或更多表"选项。"追加"对话框将重新配置，显示两个列表框。左侧的列表包含工作簿中的所有现有查询。右侧的列表包含当前要把数据追加到的查询(在本例中为 NorthData)。

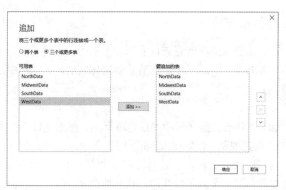

图 37-9   将多个查询追加到 NorthData 查询

(3) 从左侧列表中选择想要追加的任意查询，添加到右侧的列表框中。

(4) 单击"确定"按钮确认选择。Power Query 编辑器将会启动，使你有机会查看和编辑结果。注意，Power Query 创建了一个叫做"追加 1"的新查询。

(5) 在"查询设置"窗格的名称框中输入 ConsolidatedView，重命名查询。

(6) 单击"关闭并上载"按钮，保存并退出 Power Query 编辑器。

图 37-10 显示了最终输出。你已经成功创建了地区数据的合并表。

图 37-10   所有地区数据的最终合并表

警告

在图 37-9 中，注意 NorthData 查询既出现在左侧列表框中，又出现在右侧列表框中。注意不要将 NorthData 查询移动到右侧的列表框中。如果这么做，将把查询追加到自身，实际上就会复制查询内的所有记录。除非有奇怪的需求，证明创建记录的精确副本是有价值的，否则应该避免将当前查询追加到自身。

留意不匹配的列标签

当把一个查询追加到另一个查询时，Power Query 首先扫描两个查询的列标签，以捕捉所有列名称。然后，它输出所有不同的列名称，并把两个查询的数据合并到合适的列中。Power Query 使用列标签作为指导，用于确定将哪些数据放到哪些列中。

如果查询中的列标签不匹配，那么 Power Query 将合并任何匹配列的数据，而在任何不匹配的列中使用 null 值。

例如，假设一个查询中有列标签 Region 和 Revenue，另一个查询中有列标签 Region 和 SalesAmount。追加这两个记录得到的表中将包含全部 3 列：Region、Revenue 和 SalesAmount。第一个查询中的记录将输入 Region 和 Revenue 字段中。第二个查询中的记录将输入 Region 和 SalesAmount 字段中。这实际上就在 Revenue 字段和 SalesAmount 字段中留下了空白。

关键在于，在追加查询之前，要确保查询中的列标签是相同的。只要每个查询中的列标签是相同的，Power Query 就能够正确地追加数据。即使每个查询中列的位置具有不同的顺序，Power Query 也能使用列标签将所有数据输入正确的列中。

37.3　了解合并功能

我们常常需要构建查询，将两个表的数据连接起来。例如，可能需要将员工表与交易表连接起来，使得创建出的视图中既包含交易细节，又包含完成交易的员工的信息。

本节将介绍如何使用 Power Query 的合并功能来连接多个查询的数据。

37.3.1　了解 Power Query 连接

与 Excel 中的 VLOOKUP 类似，合并功能通过匹配某个唯一标识符，将一个查询中的记录连接到另一个查询中的记录。客户 ID 和订单号码都是唯一标识符的例子。

有几种方式可以将两个数据集连接起来。应用的连接类型很重要，因为这将决定从每个数据集中返回哪些记录。

Power Query 支持 6 种连接类型。在学习这里列出的每种连接类型时，可以不时比照图 37-11，以便更直观地理解每种连接类型。

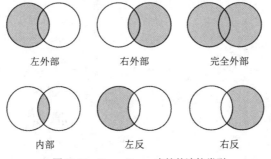

图 37-11　Power Query 支持的连接类型

- **左外部**：这种连接告诉 Power Query 返回第一个查询中的全部记录(不考虑匹配)，以及第二个查询在连接字段中有匹配值的那些记录。
- **右外部**：这种连接告诉 Power Query 返回第二个查询中的全部记录(不考虑匹配)，以及第一个查询在连接字段中有匹配值的那些记录。
- **完全外部**：这种连接告诉 Power Query 返回两个查询中的全部记录，不考虑匹配。
- **内部**：这种连接告诉 Power Query 只返回两个查询中有匹配值的那些记录。
- **左反**：这种连接告诉 Power Query 只返回在第一个查询中出现但是不匹配第二个查询中的任何记录的那些记录。

- **右反**: 这种连接告诉 Power Query 只返回在第二个查询中出现但是不匹配第一个查询中的任何记录的那些记录。

37.3.2 合并查询

为了更好地理解合并功能，我们来完成一个练习，将访谈问题和回答合并在一起。在这个练习中，我们将使用示例文件 Merging_Data.xlsx 中的访谈预定义查询。

从图 37-12 中可以看到，"查询&连接"窗格中已有两个查询：Questions 和 Answers。这两个查询代表访谈的问题和回答。目标是通过合并这两个查询来创建一个新表，并排显示问题和回答。

> **注意**
> 合并功能只能用于现有查询。换句话说，无论数据源是怎样的，都必须先把它们导入 Power Query 中，然后才能合并它们。

执行下面的步骤来进行合并：

(1) 选择"数据" | "获取和转换数据" | "获取数据" | "合并查询" | "合并"命令，如图 37-13 所示。这将激活"合并"对话框。

图 37-12　需要将 Questions 和 Answers
　　　　　查询合并到一个表中

图 37-13　激活"合并"对话框

图 37-14 显示了"合并"对话框。这里需要使用下拉框选择想要合并的查询，然后选择定义每个记录的唯一标识符的列。在本例中，InterviewID 和 QuestionID/AnswerID 字段将作为每个记录的唯一标识符。

(2) 在上方的下拉框中选择 Questions 查询。

(3) 按住 Ctrl 键，依次单击 InterviewID 和 QuestionID。

(4) 在下方的下拉框中选择 Answers 查询。

(5) 按住 Ctrl 键，依次单击 InterviewID 和 AnswerID。

(6) 使用"联接种类"下拉框，选择想要让 Power Query 使用的连接类型。在本例中，默认的"左外部"连接就可以。

图 37-14　完成后的"合并"对话框

(7) 单击"确定"按钮，完成合并，并打开 Power Query 编辑器。

警告

在图 37-14 中，注意 InterviewID 和 QuestionID 字段中的小数字 1 和 2。这些小数字是根据选择字段的顺序分配的(参见上面的步骤(3)和(5))。

在每个查询中选择唯一标识符的顺序很重要。标记有小数字 1 的两列将连接在一起，而不管它们的标签是什么。标记有小数字 2 的两列也将连接在一起。

注意

在"合并"对话框的底部，Power Query 显示了基于选定的唯一标识符，下方查询中有多少条记录匹配上方的查询。在本例中，17 629 条答案记录匹配 26 910 条问题记录。

记住，有效的合并并不一定要做到 100%匹配。可能有很好的理由解释两个查询中的记录为什么没有全部匹配。在本例中，并不是每次访谈都回答了每个问题，因此 Answers 查询的记录更少一些。

(8) 新合并的查询在 Power Query 编辑器中打开后，剩下要做的就是单击新添加字段的"展开"图标，选择在最终输出中包含什么字段，如图 37-15 所示。在本例中，只需要 Answer。

图 37-15　展开新列字段，选择想要输出的合并字段

(9) 现在，可以根据需要应用更多转换。当对结果感到满意后，选择"关闭并上载"命令，将结果输出到工作簿中。

图 37-16 显示了最终的合并查询。

	A	B	C	D
1	InterviewID	QuestionID	Question	Answers.Answer
2	I0000452941	1	Nature of the Engagement	Custom Development
3	I0000452941	2	Nature of Engagement - Other:	
4	I0000452941	3	Execution Methodology	Waterfall
5	I0000452941	5	Contract Type	Time and Materials
6	I0000452941	4	Execution Methodology - Other:	
7	I0000452941	8	Main competitor	NEC,ABEAM,B-eng
8	I0000452941	9	Is engagement global or local	Local
9	I0000452941	6	Hosting partner for in scope apps	
10	I0000452941	10	Application technologies used - Other:	Java
11	I0000452941	7	Hosting partner for in scope apps - Other:	
12	I0000453446	1	Geographic location	Client data center
13	I0000453446	2	Number of physical images	100
14	I0000453446	3	Number of virtual images	300

图 37-16 包含合并后的问题和回答的最终表

注意

在 Power Query 编辑器中，可能会在有空值的地方看到 null 字样。你并不需要执行任何特殊操作来清除这些 null 字样。Excel 能够自动识别它们是空值，不会在最终工作表中显示它们。

如果发现需要调整或纠正合并的查询，可以在"查询&连接"窗格中右击该查询并选择"编辑"命令。在 Power Query 编辑器中，右击"源"查询步骤并选择"编辑设置"命令，如图 37-17 所示。或者，可以单击"源"查询步骤旁边的齿轮图标。这将激活"合并"对话框，允许在其中进行必要的更改。

图 37-17 右击"源"查询步骤并选择"编辑设置"命令，以重新激活"合并"对话框

37.3.3 了解模糊匹配

有些时候，需要合并的表并没有能够精确匹配的唯一标识符。在这种情况下，可以利用 Power Query 的模糊匹配功能。下面的练习将使用示例文件 FuzzyMatch.xlsx 中预定义的 Revenue 和 Employee 查询。

按照下面的步骤来执行合并：

(1) 单击"数据"|"获取和转换数据"|"获取数据"|"合并查询"|"合并"。

(2) 在上方的下拉框中，选择 Employee 查询，然后单击 Last_Name 列。

(3) 在下方的下拉框中，选择 Revenue 查询，然后单击 Employee 列。

(4) 使用"联接种类"下拉框，选择你想让 Power Query 使用的一种连接。在本例中，默认的"左外部"就可以。

(5) 选中"使用模糊匹配执行合并"。"合并"对话框应该如图 37-18 所示。

(6) 单击"模糊匹配选项"旁边的箭头，显示可用的配置选项。

图 37-18　选择了模糊匹配选项的"合并"对话框

在继续操作之前，我们先来看看有哪些模糊匹配选项。

相似性阈值：相似性阈值告诉 Power Query，两个值要相似到什么程度才能匹配。留空时将应用默认值。默认值是 0.80，大致相当于 80% 的相似度。在"相似性阈值"选项中输入 1，意味着两个值需要 100% 匹配，才能被视为匹配。可以输入的最小值是 0，但这会导致所有值彼此匹配。为这个选项填入的数字取决于你使用的数据。大部分情况下，默认值 0.80 很安全，因为它能够匹配相当多数量的记录，但又不会导致过多的假匹配。

忽略大小写："忽略大小写"选项指定了字母的大小写形式在匹配记录时起到什么作用。默认行为是不区分大小写，这意味着在匹配值时将不考虑大小写。如果需要在匹配值时考虑大小写，则取消选中"忽略大小写"选项。

通过合并文本部分进行匹配：可以告诉 Power Query，在进行匹配时，将每条记录的文本部分合并起来。例如，如果一个表中包含值"star light"，另一个表中包含值"starlight"，Power Query 会试图匹配"starlight"和"star light"。也就是说，除了标准匹配算法之外，它还会合并文本并再次尝试匹配。

最大匹配数：这个选项定义了为每条记录返回的最大匹配行数。例如，如果对于每条记录，只想找到一个匹配行，就会指定值 1。默认行为是返回全部匹配。

转换表：有些时候，你已经有了一个映射表，其中包含你认为应该自动匹配的两个值(分别包含在不同的列中)。可以把这种映射表导入到另外一个查询中，然后在"转换表"选项中指向该查询。

继续我们的练习，执行下面的操作。

(1) 输入.60 即 0.60 作为相似性阈值。因为我们处理的是唯一程度相当高的名称，所以使用比默认值更低的相似性阈值没有太大的风险。

(2) 输入 1 作为最大匹配数。这将确保每个员工只得到一个匹配。

(3) 单击"确定"按钮执行合并，这会启动 Power Query 编辑器。

(4) 单击 Revenue 列旁边的"展开"图标，选择想要包含在最终输出中的列。在本例中，只需要 Revenue 列。

(5) 单击"关闭并上载"命令，将结果输出到工作簿中。

> **提示：**
> 在"合并"对话框的底部，Power Query 显示了基于选定的唯一标识符，下方查询中有多少条记录匹配上方的查询。当使用模糊查询功能时，尝试不同的相似性阈值来获得更多匹配，通常是很有用的。你会发现，为了在匹配尽可能多的记录和不包含太多假匹配之间取得平衡，需要反复试验。

第38章

提高 Power Query 的生产率

本章要点

- 组织查询
- 节省时间
- 配置 Power Query 选项
- 避免 Power Query 的性能问题

本章针对如何组织查询和更高效地使用 Power Query 提供了一些实用的提示。另外，本章还针对如何优化查询的性能给出了一些建议。

38.1　关于如何提高 Power Query 生产率的一些提示

Microsoft 为 Power Query 添加了大量功能。它已经真正成为一个丰富的工具集，能够用多种方式执行你能想到的几乎任何数据转换操作。功能上的增长催生了许多有助于更高效地使用 Power Query 模型的提示。

38.1.1　快速获取关于查询的信息

在"查询&连接"任务窗格中，可查看当前工作簿中的所有 Power Query 查询。选择"数据" | "查询和连接"命令可激活该窗格。

在"查询&连接"任务窗格中，通过在查询上悬停鼠标，可快速获得关于该查询的一些信息。你能够看到查询的数据源和上一次刷新该查询的时间，还能够预览查询内的数据。你甚至可以单击列的超链接来查看特定的列。

38.1.2　将查询组织成组

随着你在工作簿中添加更多的查询，"查询&连接"窗格会开始变得杂乱。通过为查询创建组，可以使之变得更有条理。

你可以为数据处理的特定阶段创建组，可以为将外部数据库作为源的查询创建组，也可以为存储小引用表的查询创建组。每个组都是可折叠的，所以能够整洁地将当前不使用的查询折叠起来。

通过在"查询&连接"窗格中右击一个查询，然后选择"移至组"|"新建组"命令，可以创建一个组。

要将查询移动到现有的组中，可以在"查询&连接"窗格中右击查询，然后在"移至组"选项上悬停光标，选择想要把该查询移动到的组。右击组名称将显示用于管理组自身的一些选项。

38.1.3　更快速地选择查询中的列

当在 Power Query 编辑器中使用一个包含几十列的大型表时，找到并选择正确的列来进行处理很麻烦。通过在 Power Query 编辑器的"主页"选项卡中选择"选择列"命令，能够避免来回滚动。

激活"选择列"对话框后，将会显示所有可用的列，包括你添加的自定义列。在这里，能够很方便地找到并选择需要的列。

38.1.4　重命名查询步骤

每次在 Power Query 编辑器中应用一个操作时，就会在"查询设置"窗格中添加一个新条目。查询步骤作为一种审计跟踪，记录了你对数据执行的所有操作。

查询步骤将被自动分配一个通用名称，如"大写的文本"或"合并的列"。为什么不花一些时间来更清楚地说明每个步骤做了什么？通过右击每个步骤并选择"重命名"命令，可以重命名该步骤。

38.1.5　快速创建引用表

在一个数据集中总是有一些列适合作为引用表。例如，如果数据集的一列中包含产品分类列表，那么使用该列中的所有唯一值创建一个引用表将会很有用。引用表常常用于映射数据、提供菜单选择项、提供查找值等。

在 Power Query 编辑器中，确定想要使用某列创建引用表后，右击该列并选择"作为新查询添加"命令，如图 38-1 所示。这将创建一个新查询，使用刚刚提取数据的表作为源。Power Query 编辑器将显示刚才选中的列。然后，就可以使用 Power Query 编辑器来清理重复项、删除空值等。

图 38-1　从现有列创建新查询

38.1.6　复制查询来节省时间

在任何时候，如果能够重用以前的工作，那么重用这些工作是聪明的做法。如果"查询&连接"中已经包含能够重用的查询，何必再重复劳动？

通过复制工作簿中的查询，能够节省时间。为此，激活"查询&连接"窗格，右击想要复制的查询，然后选择"复制"命令。

38.1.7　查看查询依赖项

在 Power Query 编辑器窗口的"视图"选项卡中，可以找到"查询依赖项"命令。单击此命令将激活"查询依赖项"对话框，如图 38-2 所示。在该对话框中，有一个图显示了工作簿中的每个查询。如果两个查询之间存在依赖关系，将显示一条线把它们连接起来。

图 38-2　"查询依赖项"对话框

这个功能的有用性有限。你可以改变图的缩进和布局，但无法移动对象。如果想打印，就只能借助屏幕截图，因为 Power Query 没有提供打印功能。

38.1.8　设置默认加载行为

如果你大量使用 Power Pivot 和 Power Query，那么很有可能在大部分时间中，你都是将 Power Query 查询加载到内部数据模型中。如果你也属于这种总是加载到数据模型的分析人员，那么可以调整 Power Query 选项，以自动加载到数据模型。

选择"数据"|"获取和转换数据"|"获取数据"|"查询选项"命令，打开如图 38-3 所示的对话框。在"全局"标题下选择"数据加载"选项卡，然后选择"指定自定义默认加载设置"选项。此时将启用两个选项，可用来指定默认加载到工作表或加载到数据模型。

38.1.9　防止数据类型自动更改

Power Query 的近期版本增加了一项功能，能够自动检测数据类型并主动更改数据类型。

这种类型检测功能最常用于在查询中引入新数据的时候。

图 38-3　使用"全局"|"数据加载"选项来设置默认加载行为

　　要注意导入一个文本文件后的查询步骤和"更改的类型"步骤。Power Query 将通过其类型检测功能自动执行这个步骤。

　　虽然 Power Query 在猜测应该使用什么数据类型方面表现得还不错，但是自动更改数据类型可能导致意外的问题。坦白说，Power Query 的一些老用户觉得类型检测功能很烦人。如果需要改变数据类型，他们希望由自己来做出这个决定。

　　如果你想自己处理数据类型更改，不想借助 Power Query 的类型检测功能，那么可以关闭该功能。选择"数据"|"获取和转换数据"|"获取数据"|"查询选项"命令，打开如图 38-4 所示的对话框。选择"当前工作簿"标题下的"数据加载"选项卡，然后取消选中"检测未结构化源的列类型和标题"复选框。

图 38-4　禁用类型检测功能

38.2　避免 Power Query 的性能问题

因为 Power Query 本身为处理大量数据铺平了道路，但是没有施加太严格的限制，所以最终得到的查询可能慢到令人难以忍受。

当处理几千条记录时，查询性能不是问题。但是，当导入并计算几十万条记录时，性能就会成为问题。数据量越大，查询的运行速度就越慢，这是绕不开的事实。虽然如此，可以采取一些步骤来优化查询的性能。

38.2.1　使用视图而不是表

当连接到外部数据库时，Power Query 允许导入视图和表。视图本质上是服务器中的预定义查询。

虽然表更透明，使你能看到所有原始的未筛选数据，但是它们包含全部可用的列和行，而不管你是否需要它们。这常常迫使你采取额外的步骤，使用额外的处理功能来删除列和筛选掉不需要的数据。

视图不只提供了更干净、对用户更友好的数据，而且能够限制导入的数据量，从而帮助简化数据模型。

38.2.2　让后台数据库服务器完成一些计算

大部分新接触 Power Query 的 Excel 分析人员倾向于从外部数据库服务器的表中直接提取出原数据。当把原数据加载到 Power Query 中后，他们根据需要执行转换和聚合步骤。

明明可以让后台服务器处理这些转换，为什么还要让 Power Query 做这些工作呢？事实上，在调整、聚合、清理和转换数据时，后台数据库系统(如 SQL Server)比 Power Query 的效率高得多。为什么不在把数据导入 Power Query 前利用后台数据库系统的强大能力操纵和调整数据？

不要提取原表数据，而应该考虑利用服务器端函数和存储过程来执行尽可能多的数据转换和聚合工作。这会降低 Power Query 需要执行的处理量，所以自然会提高性能。

38.2.3　升级到 64 位 Excel

如果执行上面的步骤后，仍然遇到性能问题，那么可以考虑使用性能更好的计算机。在这里，意味着改为使用安装了 64 位 Excel 的 64 位计算机。

64 位版本的 Excel 能够访问计算机的更多 RAM，保证了它能够使用自己需要的系统资源来计算更大的数据集。事实上，如果要使用的数据模型包含几百万行数据，Microsoft 建议使用 64 位 Excel。

但是，在你准备安装 64 位 Excel 之前，需要考虑几个问题：

- **你是否已经安装了 64 位 Excel？** 为了确认这一点，选择“文件”|“账户”|“关于 Excel”命令。这将激活一个对话框，在屏幕顶部显示 Excel 是 32 位或 64 位版本。
- **你的数据模型足够大吗？** 除非你在使用很大的数据模型，否则改为 64 位版本可能不会对你的工作产生明显的影响。多大算大呢？经验指出，如果工作簿使用内部数据模型，并且文件大小超过 50MB，那么升级版本肯定能够提供帮助。

- **你的计算机上是否安装了 64 位操作系统？** 在 32 位操作系统上无法安装 64 位 Excel。通过在搜索引擎中搜索 My PC 64-bit or 32-bit，能够找到方法判断自己使用的是不是 64 位操作系统。许多网站用详细的步骤说明了如何确定操作系统的版本。
- **其他加载项会失效吗？** 如果你使用了其他加载项，需要注意，其中有一些可能与 64 位 Excel 不兼容。你肯定不想在安装了 64 位 Excel 后发现自己常用的加载项不再工作。联系加载项提供商，确认这些加载项与 64 位 Excel 是否兼容。这包括所有 Office 产品的加载项，并不只是针对 Excel 自己。当把 Excel 升级到 64 位版本时，需要同时升级整个 Office 套件。

38.2.4　通过禁用隐私设置来提高性能

当组织的数据与其他源的数据组合在一起时，Power Query 中的隐私级别设置能够保护组织的数据。当你创建一个查询，并且同时使用外部数据源和内部数据源时，Power Query 将询问你如何归类每个数据源的数据隐私级别。

大部分分析人员只处理组织的数据，对他们来说，隐私级别设置只会减慢查询并导致困惑。幸好，有一个选项能够忽略隐私级别。

选择"数据"|"获取和转换数据"|"获取数据"|"查询选项"命令，打开如图 38-5 所示的对话框。选择"当前工作簿"标题下的"隐私"选项卡，然后选择忽略隐私级别的选项。

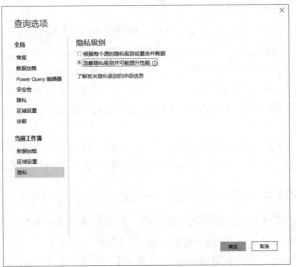

图 38-5　禁用隐私级别设置

38.2.5　禁用关系检测

当构建查询并选择"关闭并上载"选项作为输出时，Power Query 在默认情况下将尝试检测查询之间的关系并在内部数据模型中创建这些关系。查询间的关系主要由定义的查询步骤驱动。例如，如果要合并两个查询，然后把结果上载到数据模型中，就会自动创建一个关系。

在包含几十个表的大数据模型中，Power Query 的关系检测会影响性能，增加数据模型的上载时间。通过禁用关系检测，能够避免这些麻烦，甚至能够获得性能提升。

选择"数据"|"获取和转换数据"|"获取数据"|"查询选项"命令，打开如图 38-6 所

示的"查询选项"对话框。选择"当前工作簿"标题下的"数据加载"选项卡，然后取消选中"在首次添加到数据模型时，创建表之间的关系"复选框。

图 38-6　禁用表关系的自动检测

第 **VI** 部分

Excel 自动化

VBA(Visual Basic for Applications)是 Excel 中内置的一种强大的编程语言，可以用来自动执行一些例行的或者重复的任务，创建自定义工作表公式，或者为其他用户开发基于 Excel 的应用。

本部分内容

第**39**章

VBA 简介

本章要点

- VBA 宏简介
- 创建 VBA 宏
- 录制 VBA 宏
- 编写 VBA 代码
- 深入了解 VBA

本章将介绍 VBA 宏语言，它对于那些需要自定义和自动化 Excel 的用户来说是一个非常关键的组件。本章将教你如何录制宏和创建简单的宏程序。后面的章节将对本章中的各主题进行扩展。

39.1 VBA 宏简介

宏是一组指令，可使 Excel 自动执行某些操作，从而使你能够更有效地工作并减少错误的发生。例如，你可以创建一个宏，用于设置月末销售报表的格式并打印此报表。在编写出这个宏之后，每个月就可以执行这个宏。这不仅避免了每个月重复执行设置格式的步骤，还能够确保应用完全相同的格式设置。

你不必成为具有专业知识的用户就能创建和使用简单的 VBA 宏。了解一些基础知识后，普通用户可以直接打开 Excel 宏录制器。宏录制器将会记录你的操作并将它们转换成 VBA 宏。当执行录制的宏时，Excel 会再次执行这些操作。一旦掌握了录制宏的窍门，就可以从头开始编写宏，包括编写一些代码来告诉 Excel 执行某些无法录制的任务。例如，可以写一段程序来显示自定义对话框、在一系列工作簿中处理数据，甚至创建特殊用途的加载项。

> **VBA 的用途**
>
> VBA 是一种极其丰富的编程语言，具有成千上万种用途。下面只列出了可以使用 VBA 宏完成的其中一些任务(本书并不介绍所有任务)。
>
> - **插入样本文本。**如果需要在多个单元格中输入标准文本，那么可以创建一个宏来帮助完成输入操作。

- 自动执行需要频繁执行的过程。例如，可能需要准备月末汇总报表。如果这个任务很简单，就可以开发一个宏来完成此任务。
- 自动执行重复操作。如果需要在 12 个不同的工作簿中执行同样的操作，则可以在第一次执行任务时录制宏，然后让该宏在其他工作簿中执行这些重复的操作。
- 创建自定义命令。例如，可以将几个 Excel 命令组合起来，这样只需要按下一次按键或单击一次鼠标就可以执行这些命令。
- 为不十分熟悉 Excel 的用户创建简化的"前端"。例如，可以建立一个非常简单的数据输入模板。
- 开发新的工作表函数。虽然 Excel 包括很多种类的内置函数，但是仍可以创建自定义函数，用于简化公式。
- 创建完整的宏驱动应用。Excel 宏可以显示自定义的对话框，并且可以对添加到功能区中的新命令做出响应。
- 为 Excel 创建自定义的加载项。加载项是扩展 Excel 功能的程序。

39.2 显示"开发工具"选项卡

如果要使用 VBA 宏，就需要在 Excel 功能区中显示"开发工具"选项卡。"开发工具"选项卡在默认情况下不会显示，其包含了一些对 VBA 用户有用的命令(见图 39-1)。要显示该选项卡，可以执行如下操作：

(1) 右击任意功能区控件，然后从快捷菜单中选择"自定义功能区"命令。这将显示"Excel 选项"对话框的"自定义功能区"选项卡。

(2) 在右边的列表框中，选中"开发工具"复选框。

(3) 单击"确定"按钮返回 Excel。

图 39-1 "开发工具"选项卡

39.3 宏安全性简介

宏功能可能会对你的计算机造成严重的损害，如删除文件或安装恶意软件。因此，微软增加了一些宏安全性功能，以帮助防止与宏有关的问题发生。

图 39-2 显示了"信任中心"对话框的"宏设置"部分。要显示该对话框，可以选择"开发工具"|"代码"|"宏安全性"命令。

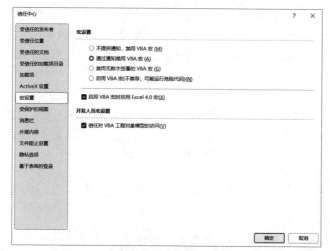

图 39-2　"信任中心"对话框的"宏设置"部分

默认情况下，Excel 会使用"通过通知禁用 VBA 宏"选项。在使用该设置时，如果打开一个包含宏的工作簿(并且文件还没有被信任)，那么宏将被禁用，而且 Excel 会在编辑栏的上方显示安全警告(见图 39-3)。如果确信工作簿来自可信的源，则单击安全警告区域中的"启用内容"按钮，宏将被启用。Excel 会记住你的决定，如果启用了宏，则在下次打开该文件时将不会显示安全警告。

图 39-3　当工作簿中包含宏时，Excel 会显示安全警告

> **注意**
> 在打开包含宏的工作簿时，如果 Visual Basic 编辑器(Visual Basic Editor，VBE)窗口处于打开状态，则 Excel 不会在编辑栏的上方显示安全警告，而是显示一个含有两个按钮("启用宏"和"禁用宏")的对话框。

为了不单独地处理每个工作簿，你可以指定一个或多个文件夹作为"信任位置"。打开信任位置中的任何工作簿时，都会自动启用宏。可以在"信任中心"对话框的"受信任位置"部分指定信任文件夹的位置。

39.4　保存含有宏的工作簿

如果要在工作簿中保存一个或多个 VBA 宏，那么在保存文件时就必须使用.xlsm 扩展名。

在保存含有宏(甚至是一个空的 VBA 模块)的工作簿时，默认的文件格式是.xlsm 格式。如果试图以.xlsx 格式来保存包含宏的工作簿，Excel 将显示如图 39-4 所示的警告。这时，需要单击"否"按钮，然后在"另存为"对话框的"保存类型"下拉列表中选择"Excel 启用宏的工作簿(*.xlsm)"选项。

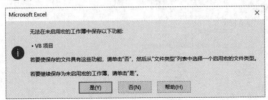

图 39-4　如果工作簿中包含宏并且试图将其保存为普通 Excel 文件，则 Excel 将发出警告

> **注意**
> 也可以将工作簿保存为旧的 Excel 97-2003 格式(使用.xls 扩展名)或新的 Excel 二进制格式(使用.xlsb 扩展名)。这两种文件格式都可以包含宏。

39.5　两种类型的 VBA 宏

VBA 宏(也称为过程)通常是以下两种类型之一：子过程和函数。接下来的两节将讨论这两者的区别。

> **VBE 中有新功能吗？**
> 没有新功能。VBE 至今仍保持原状，它看上去像是一个过时的软件。VBA 语言已经过更新，包含了大部分新的 Excel 功能，但 VBE 中并没有增加新功能，其工具栏和菜单的工作方式没有发生任何变化。

39.5.1　VBA 子过程

可将子过程看成一个新命令，它既可以被用户执行，也可以被其他宏执行。一个 Excel 工作簿中可以含有任意数量的子过程。图 39-5 显示了一个简单的 VBA 子过程。当执行这段代码时，VBA 会将当前日期插入活动单元格中，同时应用数字格式，使单元格内的字体为粗体形式，将文本颜色设置为白色，将背景色设置为黑色并调整列宽。

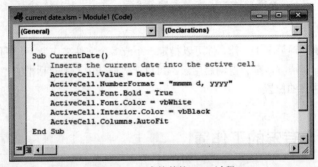

图 39-5　一个简单的 VBA 过程

配套学习资源网站

可在配套学习资源网站 www.wiley.com/go/excel365bible 中找到包含此宏的工作簿，文件名为 current date.xlsm。此工作簿还包含一个按钮，使得可以很容易地执行该宏。

　　子过程始终以关键字 Sub 开始，之后是宏的名称(每个宏必须具有唯一的名称)，然后在一对括号中包含一个参数列表。即使过程不使用参数(像本例这样)，也必须提供一对括号，如图 39-5 所示。End Sub 语句标志过程的结束。Sub 和 End Sub 之间的各行组成了该过程的代码。

　　CurrentDate 宏还包含一条注释。注释是编码者给自己提供的一些提示信息，VBA 会忽略这些信息。注释行以一个单引号开始。注释也可与语句位于同一行中。换句话说，当 VBA 遇到单引号时，就会忽略本行中引号后面的文本。

　　可以用下列任意一种方法执行 VBA 子过程：

- 选择"开发工具"|"代码"|"宏"命令(或按 Alt + F8 快捷键)以显示"宏"对话框。然后从列表中选择过程名称并单击"执行"按钮。
- 将宏分配给快速访问工具栏或功能区的一个控件。
- 按过程的快捷键(如果该过程有快捷键)。
- 单击已被分配宏的按钮或其他形状。
- 如果 VBE 处于活动状态，那么可将光标移到代码内的任意位置并按 F5 键。
- 通过在其他 VBA 过程中调用该过程来执行它。
- 在 VBE 的"立即窗口"中输入过程的名称。

39.5.2　VBA 函数

　　第二种类型的 VBA 过程是函数。函数始终会返回单个值(正如工作表函数总是会返回单个值)。VBA 函数既可以由其他 VBA 过程执行，也可以在工作表公式中使用，如同使用 Excel 内置的工作表函数一样。

　　图 39-6 显示了一个自定义的工作表函数。此函数名为 CubeRoot，它需要一个参数。CubeRoot 函数用于计算其参数的立方根并返回结果。函数过程看起来与子过程很类似，但是请注意，它是以关键字 Function 开头并以 End Function 语句结束的。

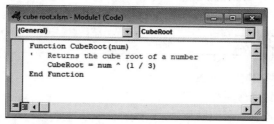

图 39-6　这个 VBA 函数返回其参数的立方根

配套学习资源网站

可在配套学习资源网站 www.wiley.com/go/excel365bible 中找到包含该函数的工作簿，文件名为 cube root.xlsm。

> **注意**
> 通过创建在工作表公式中使用的 VBA 函数，不但能简化公式，而且可以执行一些在其他情况下无法执行的计算。第 40 章将详细讨论 VBA 函数。

> **一些定义**
> 刚开始学习 VBA 的用户可能会觉得其中的术语很难懂。下面集中说明了一些重要定义，以帮助您更好地理解相关术语。这些术语涵盖了 VBA 和用户窗体(自定义对话框)，它们是用于自定义 Excel 的两个重要元素。
>
> - **代码**：当录制宏时存储在模块中的 VBA 指令，也可以手动输入 VBA 代码。
> - **控件**：用户窗体(或工作表)中的对象，供用户交互使用，如按钮、复选框和列表框。
> - **函数**：可以创建的两种 VBA 宏之一(另一种是子过程)。函数返回单个值。可在其他 VBA 宏或工作表中使用 VBA 函数。
> - **宏**：一组 VBA 指令。
> - **方法**：在对象上执行的动作。例如，在 Range 对象上使用 Clear 方法将会清除单元格的内容与格式。
> - **模块**：VBA 代码的容器。
> - **对象**：使用 VBA 处理的元素，如区域、图表、绘图对象等。
> - **过程**：宏的另一个名称。VBA 过程既可以是一个子过程，也可以是一个函数过程。
> - **属性**：对象的特定方面，例如，Range 对象具有 Height、Style 和 Name 等属性。
> - **子过程**：可以创建的两种 VBA 宏之一。另一种 VBA 宏是函数。
> - **用户窗体**：一个容器，其中包含自定义对话框的各控件以及处理这些控件的 VBA 代码。
> - **VBA**：一种能在 Excel 和其他 Microsoft Office 应用程序中使用的宏语言。
> - **VBE**：用于创建 VBA 宏和用户窗体的窗口(独立于 Excel)。可以使用 Alt+F11 快捷键在 Excel 和 VBE 之间进行切换。

> **交叉引用**
> 第 41 章和第 42 章深入介绍了用户窗体。

39.6　创建 VBA 宏

Excel 提供了两种创建宏的方法：
- 打开宏录制器并录制动作。
- 直接在 VBA 模块中输入代码。

下面几节将分别描述这些方法。

39.6.1　录制 VBA 宏

本节将描述用于录制 VBA 宏的基本步骤。在多数情况下，可以将动作以宏的形式录制下来，然后即可非常方便地重放宏；不需要查看自动生成的代码。如果只需要录制和重放宏，则不必考虑 VBA 语言本身(但是对其工作原理有基本的了解会有帮助)。

1. 录制动作并创建 VBA 代码：基本要素

Excel 的宏录制器可将你的动作转换成 VBA 代码。要启动宏录制器，请选择"开发工具" |
"代码" | "录制宏"命令(或单击状态栏左侧的"录制宏"图标)。Excel 将显示"录制宏"对
话框，如图 39-7 所示。

图 39-7　"录制宏"对话框

"录制宏"对话框中包含如下几个选项。

- **宏名**：宏的名称。Excel 将默认使用宏 1、宏 2 等通用名称。
- **快捷键**：可指定一个用于执行该宏的按键组合。该按键组合始终使用 Ctrl 键，也可
  在输入字母时按 Shift 键。例如，在按下 Shift 键的同时输入字母 H 可得到快捷键
  Ctrl+Shift+H。

> **警告**
> 分配给宏的快捷键要优先于内置的快捷键。例如，如果你为一个宏指定了 Ctrl+S 快捷键，
> 那么在该宏可用时，将不能使用此快捷键来保存你的工作簿。

- **保存在**：宏的保存位置。可供选择的项有：当前工作簿、个人宏工作簿(参见本章后
  面"在个人宏工作簿中存储宏"一节的内容)或新工作簿。
- **说明**：宏的说明信息(可选项)。

单击"确定"按钮，即可开始录制动作。你在 Excel 中所做的动作将被转换为 VBA 代码。
当完成录制宏时，可选择"开发工具" | "代码" | "停止录制"命令(或单击状态栏中的"停
止录制"按钮)。在录制宏的过程中，此按钮将取代"开始录制"按钮。

> **注意**
> 录制动作时总是会产生一个新的子过程。不能使用宏录制器创建函数过程。函数过程必
> 须手动创建。

2. 录制宏：一个简单示例

本示例演示了如何录制一个简单的宏，该宏用于将你的姓名插入活动单元格中。

要创建此宏，首先创建一个新的工作簿并执行以下步骤：

(1) **激活一个空单元格。**

(2) 选择"开发工具"|"代码"|"录制宏"命令。Excel 将显示"录制宏"对话框(见图 39-7)。

(3) 为宏输入一个新的名称，以代替默认的名称"宏 1"。例如，输入 MyName 作为名称。

(4) 在"快捷键"字段中输入大写字母 N，为该宏指定 Ctrl+Shift+N 快捷键。

(5) 在"保存在"字段中选择"当前工作簿"选项。

(6) 单击"确定"按钮，关闭"录制宏"对话框，开始录制动作。

(7) 在选定的单元格中输入你的姓名，然后按 Enter 键。

(8) 选择"开发工具"|"代码"|"停止录制"命令(或单击状态栏中的"停止录制"按钮)。

3. 检验宏

宏将被录制在一个名为 Module1 的新模块中。要查看此模块中的代码，必须激活 VBE。有两种方法可用于激活 VBE：

● 按 Alt+F11 快捷键。

● 选择"开发工具"|"代码"|Visual Basic 命令。

在 VB 编辑器中，"工程"窗口将显示一个包含全部已打开工作簿和加载项的列表。该列表显示为树状图，可以展开或折叠该树中的元素。之前录制的代码保存在当前工作簿的"模块"文件夹下的 Module1 中。当双击 Module1 时，该模块中的代码将显示在"代码"窗口中。

图 39-8 在"代码"窗口中显示了刚才录制好的宏。

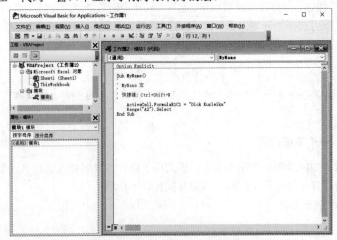

图 39-8　MyName 过程由 Excel 宏录制器生成

此宏将与如下所示的内容类似(使用你的姓名取代这里的姓名)：

```
Sub MyName()
'
' MyName Macro
'
' Keyboard Shortcut: Ctrl+Shift+N
'
    ActiveCell.FormulaR1C1 = "Dick Kusleika"
    Range("A2").Select
End Sub
```

所录制的宏是一个名为 MyName 的子过程。这些语句告诉 Excel 在执行宏时应该做什么。

注意，Excel 在过程的顶部插入了一些注释。这些注释基于"录制宏"对话框中显示的一些信息。这些注释行(以单引号开始)并不是必需的，如果删除它们，对宏的运行并无影响。如果忽视这些注释，则会看到该过程只包含两条 VBA 语句：

```
ActiveCell.FormulaR1C1 = "Dick Kusleika"
Range("A2").Select
```

第一条语句将你在录制宏时输入的姓名插入活动单元格中。FormulaR1C1 部分是 Range 对象的一个属性，后面将会讲到。在单元格中按 Enter 键时，Excel 将下移一个单元格(除非你修改了默认行为)。从这段代码可以猜出，当录制宏时，活动单元格为 A1。

4. 测试宏

在录制该宏之前，曾经设置过一个选项，用于为宏指定快捷键 Ctrl+Shift+N。要测试宏，可以通过如下两种方法返回到 Excel：

- 按 Alt+F11 快捷键。
- 单击 VBE 工具栏上的"视图 Microsoft Excel"按钮。

当激活 Excel 时，同时也激活了一个工作表(这个工作表既可以位于包含 VBA 模块的工作簿中，也可以位于其他任意工作簿中)。选择一个单元格并按 Ctrl+Shift+N 快捷键。这样，宏就会立即将姓名输入单元格中并选中单元格 A2。

5. 编辑宏

在录制宏之后，还可以对它进行修改(但是你必须清楚自己要做什么)。例如，假设你不想选择单元格 A2，而是想选择活动单元格下方的单元格。按 Alt+F11 快捷键激活 VBE 窗口，然后激活 Module1，将第二条语句修改为如下所示：

```
ActiveCell.Offset(1, 0).Select
```

编辑之后的宏如下所示：

```
Sub MyName()
'
' MyName Macro
'
' Keyboard Shortcut: Ctrl+Shift+N
'
    ActiveCell.FormulaR1C1 = "Dick Kusleika"
    ActiveCell.Offset(1, 0).Select
End Sub
```

测试这个新宏，将会看到它的执行结果与预期的一样。

6. 绝对录制和相对录制

在使用所录制的宏之前，首先需要了解绝对录制和相对录制模式的概念。前面的示例中显示，即使是一个简单的宏，都可能会因为不正确的录制模式而导致失败。

通常，当录制宏时，Excel 会存储对所选单元格的准确引用(即执行绝对录制)。如果在单元格 A1 中按 Enter 键，活动单元格将向下移动一个单元格，录制的宏将显示你选择了单元格 A2。类似地，如果在录制宏时选择区域 B1:B10，则 Excel 会录制：

```
Range("B1:B10").Select
```

该 VBA 语句的确切意思是"选择区域 B1:B10 内的单元格"。当调用含有该语句的宏时，无论活动单元格的位置如何，都将总是选择相同的单元格。

功能区的"开发工具"|"代码"组中有一个名为"使用相对引用"的控件。当单击该控件时，Excel 会将其录制模式从绝对录制(默认)改为相对录制。当在相对模式下进行录制时，所选的单元格区域会随活动单元格位置的不同而被解释为不同的含义。例如，如果以相对模式进行录制且单元格 A1 是活动的，则选择区域 B1:B10 将生成下列语句：

```
ActiveCell.Offset(0, 1).Range("A1:A10").Select
```

该语句可以解释为"从活动单元格开始，下移 0 行，右移 1 列，然后将此新单元格作为 A1。现在，选择 A1 到 A10。"换言之，以相对模式录制的宏将首先使用活动单元格作为它的基准，然后保存对该单元格的相对引用。因此，根据活动单元格位置的不同，会获得不同的结果。当重放该宏时，所选中的单元格取决于活动单元格。该宏选择的区域为 10 行 1 列，相对于活动单元格的偏移量为 0 行和 1 列。

当 Excel 以相对模式录制宏时，"使用相对引用"控件将显示背景色。要返回绝对录制模式，只需要再次单击"使用相对引用"控件即可(该控件将显示为普通状态，没有背景色)。

7. 另一个示例

在第一个示例中，宏在输入姓名后会选择单元格 A2，所以看上去行为有些奇怪。这种奇怪的行为并没有造成危害，也没有导致宏不正确地执行。本示例将演示选择错误的录制模式可能导致宏不正确地工作。你将录制一个宏，将当前日期和时间插入活动单元格。要创建该宏，请执行下列步骤：

(1) 激活一个空单元格。

(2) 选择"开发工具"|"代码"|"录制宏"命令。Excel 将显示"录制宏"对话框。

(3) 为宏输入一个新的名称，以代替默认名称"宏 1"。推荐使用名称 TimeStamp。

(4) 在"快捷键"字段中输入大写字母 T，为该宏指定快捷键 Ctrl+Shift+T。

(5) 在"保存在"字段中选择"当前工作簿"选项。

(6) 单击"确定"按钮，以关闭"录制宏"对话框。

(7) 在选定的单元格中输入如下公式：

```
=NOW()
```

(8) 在选中日期单元格的情况下，单击"复制"按钮(或按 Ctrl+C 快捷键)将单元格复制到剪贴板中。

(9) 选择"开始"|"剪贴板"|"粘贴"|"值"命令。该步骤会使用静态文本代替公式，从而使得在计算工作表时不更新日期和时间。

(10) 按 Esc 键取消"复制"模式。

(11) 选择"开发工具"|"代码"|"停止录制"命令(或单击状态栏中的"停止录制"按钮)停止录制宏。

8. 运行宏

激活一个空单元格，然后按 Ctrl+Shift+T 快捷键执行该宏。该宏很可能无法工作！

在该宏中录制的 VBA 代码取决于"Excel 选项"对话框的"高级"选项卡中的一项设置，即"按 Enter 键后移动所选内容"。如果启用此设置(默认启用)，则所录制的宏将不会按预期工作，因为当你按 Enter 键时活动单元格已被改变。即使在录制过程中(在步骤(7)中)重新激活了日期单元格，该宏仍然会失败。

9. 检验宏

激活 VBE 并观察所录制的代码。图 39-9 为所录制的宏在"代码"窗口中的显示。

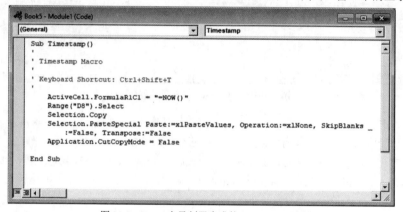

图 39-9　Excel 宏录制器生成的 TimeStamp 过程

该过程包含 5 条语句。第一条语句将 NOW()公式插入活动单元格中；第二条语句选择了单元格 D8——如果在步骤(7)中，活动单元格移到了下一个单元格，那么必须在步骤(8)中重新选择活动单元格。确切的单元格地址取决于录制宏时活动单元格的位置。

第三条语句用于复制单元格。第四条语句分两行显示(下画线字符意味着语句将在下一行中继续)，用于将剪贴板的内容(作为值)粘贴到当前所选的单元格中。第五条语句用于取消选定区域周围的虚线边框。

问题在于，宏被硬编码为选择单元格 D8。如果在另一个单元格是活动单元格时执行此宏，则在复制该单元格之前，代码始终会选择单元格 D8，而这并不是你本来的意图，它会导致宏失败。

> **注意**
> 你还会注意到，宏会录制一些你没有做过的动作。例如，它为 PasteSpecial 操作指定了几个选项。记录这些动作是 Excel 在将动作翻译成代码时产生的副作用。

10. 重新录制宏

可以使用几种方法来解决宏的上述问题。如果你了解 VBA，那么可以编辑代码，以便使它能够正确工作。或者，也可以使用相对引用来重新录制宏。

激活 VBA 编辑器，删除现有的 TimeStamp 过程并重新录制。在开始录制之前，请单击"开发工具"选项卡的"代码"组中的"使用相对引用"命令。

图 39-10 显示的是使用相对引用所录制的新宏。

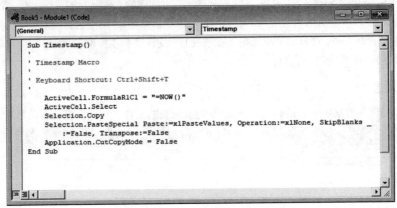

图 39-10　此 TimeStamp 宏可正确工作

注意，第二行现在使用 ActiveCell.Select，而不是具体的单元格地址。这就解决了复制和粘贴错误单元格的问题，但是为什么要选择一个已经被选中的单元格呢？这是录制宏的一个奇怪的地方。当你选择单元格时，例如在输入公式后按 Enter 键时，录制器会尽职尽责地记录每个选择。在本例中，当在步骤(7)中按下 Enter 键时，录制器将录制下面的这行代码：

```
ActiveCell.Offset(1, 0).Range("A1").Select
```

因为你在该单元格中什么也没做，所以并没有保存该代码。当你重新选择包含日期的单元格时，就会将上面的一行代码替换为你在宏中看到的代码。

11. 测试宏

打开 Excel 后，激活一个工作表(这个工作表既可以位于含有 VBA 模块的工作簿中，也可以位于其他任意工作簿中)。选择一个单元格并按 Ctrl+Shift+T 快捷键。宏会立即将当前日期和时间输入单元格中。你可能要加宽列，这样才能看到日期和时间。

如果宏的执行结果需要更多的人工干预，则表明可以改进该宏。要自动加大列宽，只需要将下面的语句添加到宏的末尾 (在 End Sub 语句前)：

```
ActiveCell.EntireColumn.AutoFit
```

39.6.2　关于录制 VBA 宏的更多信息

如果学习了前面的示例，则你应该对如何录制宏有了较深入的了解，同时也对宏(甚至是很简单的宏)中可能出现的问题有了较好的理解。如果你对 VBA 代码感到困惑，也别担心。只要所录制的宏能够正常工作，就不必担心 VBA 代码。如果宏无法正常工作，则重新录制宏会比编辑代码更为容易。

一种用于了解录制内容的好方法是调整屏幕窗口，以便能够看到在 VBE 窗口中生成的代码。要实现上述操作，需要确保 Excel 窗口未最大化；然后对 Excel 窗口和 VBE 窗口进行排列，使两者都可见。在录制动作时，一定要确保 VBE 窗口显示的是在其中录制代码的模块(可能需要在工程资源管理器中双击模块名称)。

1. 在个人宏工作簿中存储宏

用户创建的大多数宏都是为了用于某个特定的工作簿，但有时也可能需要在多个工作簿中使用一些宏。此时，可以将这些通用的宏存储在个人宏工作簿中，以便随时使用。个人宏工作簿会在启动 Excel 时被载入。这个名为 personal.xlsb 的文件原本是不存在的，但当你在将个人宏工作簿用作目标录制宏时，就会创建该文件。

要将宏录制到个人宏工作簿中，请在开始录制之前，在"录制宏"对话框中选择"个人宏工作簿"选项。该选项位于"保存在"下拉框中。

如果将宏存储在个人宏工作簿中，那么当载入一个使用宏的工作簿时，不必打开个人宏工作簿。如果要退出，则 Excel 会询问是否要将更改保存到个人宏工作簿中。

2. 为宏指定快捷键

当开始录制宏时，可以使用"录制宏"对话框为宏设置快捷键。如果要更改快捷键或者为没有快捷键的宏指定快捷键，可执行下列步骤：

(1) 选择"开发工具" | "代码" | "宏"命令(或按 Alt+F8 快捷键)，以显示"宏"对话框。

(2) 从列表中选择宏名称。

(3) 单击"选项"按钮。Excel 会显示"宏选项"对话框(见图 39-11)。

(4) 指定快捷键。既可以使用单个字母(生成"Ctrl+字母"快捷键)，也可以在按住 Shift 键的同时输入一个大写字母(生成"Ctrl+Shift+字母"快捷键)。

(5) (可选)输入描述信息。

(6) 单击"确定"按钮返回"宏"对话框。

(7) 单击"取消"按钮关闭"宏"对话框。

图 39-11 使用"宏选项"对话框添加或更改宏的快捷键

3. 将宏指定给一个按钮

录制并测试宏后，你或许想要将宏指定给一个位于工作表中的按钮。执行以下步骤即可实现该目的：

(1) 如果宏是计划要用于多个工作簿的通用宏，就需要确保将该宏保存到个人宏工作簿中。

(2) 选择"开发工具" | "控件" | "插入"命令，然后单击被标识为"按钮(窗体控件)"的图标。图 39-12 显示了一个控件列表。将把鼠标指针移到图标上，将看到一条用于说明该控件的屏幕提示。

图 39-12　在工作表中添加一个用于执行宏的按钮

(3) 单击工作表并拖动以绘制按钮。当松开鼠标时，将显示"指定宏"对话框。

(4) 从列表中选择宏。

(5) 单击"确定"按钮关闭"指定宏"对话框。

(6) (可选)修改显示在按钮上的文本，使其更具有描述性。为此，右击按钮，从快捷菜单中选择"编辑文本"命令并进行更改。

执行上述步骤后，单击该按钮即可执行所指定的宏。

4. 将宏添加到快速访问工具栏

也可以为快速访问工具栏上的按钮指定宏：

(1) 右击快速访问工具栏，从快捷菜单中选择"自定义快速访问工具栏"命令。这将显示"Excel 选项"对话框的"快速访问工具栏"选项卡。

(2) 从左侧的下拉列表中选择"宏"选项。

(3) 在右侧列表的顶部，选择"用于所有文档"。也可以选择包含宏的工作簿。如果这样做，当任何其他工作簿处于活动状态时，"快速访问工具栏"工具将被隐藏。

(4) 选择宏并单击"添加"按钮。

(5) 要更改图标或显示的文本，请单击"修改"按钮，从符号列表中选择图标或输入新名称，然后单击"确定"按钮。

(6) 单击"确定"按钮，关闭"Excel 选项"对话框。

执行这些步骤之后，快速访问工具栏上将显示用于执行宏的按钮。

39.6.3　编写 VBA 代码

如前面各节所示，创建一个简单的宏最容易的方法是录制动作。然而，要想开发更复杂的宏，则需要手工输入 VBA 代码，也就是编写程序。为了节省时间和帮助学习，通常可以从录制的宏开始并对其进行编辑。

在开始编写 VBA 代码之前，必须很好地理解对象、属性和方法等主题。此外，还必须熟悉一些常用的编程结构(如循环语句和 If-Then 语句)。

本节将介绍 VBA 编程，如果要编写(而不是录制)VBA 宏，则必须掌握这些内容。本节并非完整的指南。另一本书 *Excel 2019 Power Programming with VBA*(Wiley，2019)中涵盖了有关 VBA 和高级电子表格应用程序开发的所有方面。

1. 基础：输入和编辑代码

在输入代码之前，必须在工作簿中插入一个 VBA 模块。如果工作簿中已有 VBA 模块，则可将现有模块工作表用于编写新代码。

执行以下步骤以插入新的 VBA 模块：

(1) **按 Alt+F11 快捷键，激活 VBE 窗口。**"工程"窗口显示了所有已打开的工作簿和加载项的列表。

(2) **在"工程"窗口中找到并选择要在其中工作的工作簿。**

(3) **选择"插入"|"模块"命令。**VBA 会在工作簿中插入一个新的(空)模块并将其显示在"代码"窗口中。

VBA 模块显示在一个单独的窗口中，其行为类似于文本编辑器。你可以在工作表内移动，还可以执行选择和插入文本、复制、剪切和粘贴等操作。

VBA 编码技巧

当在模块工作表中输入代码时，可以自由使用缩进和空行使代码更具可读性。事实上，这是一个很好的编码习惯。

在输入一行代码(按 Enter 键)后，系统将评估此行是否有语法错误。如果没有发现错误，则会重新设置此代码行的格式，为关键字和标识符加上颜色。这种自动重设格式的过程将会添加一致的空格(例如，在等号的前后会加上空格)并删除不需要的空格。如果发现语法错误，则会弹出一个消息框，并以不同的颜色显示此行(默认为红色)。在执行宏之前，需要更正所有错误。

语句可以是你需要的任何长度。但是，可以将语句拆分成两行或更多行。为此，只需要插入一个空格和一个下画线(_)即可。下面的代码虽然编写在两行中，但实际上是一个 VBA 语句：

```
Sheets("Sheet1").Range("B1").Value = _
  Sheets("Sheet1").Range("A1").Value
```

可以在 VBA 代码中插入注释。注释信息的指示符是一个单引号字符(')。单引号后面的任何文本都会被忽略。注释既可以单独成行，也可以直接插入在语句后面。下面的示例显示了这两种注释：

```
' Assign the values to the variables
Rate = .085 'Rate as of November 16
```

---

2. Excel 对象模型

VBA 是一种被设计用来操纵对象的语言。一些对象包含在语言本身中，但是在为 Excel 编写 VBA 时将会用到的大部分对象都来自 Excel 对象模型。

在这个对象模型的最顶端是 Application 对象。该对象代表 Excel 自身，其他所有对象在对象层次中都位于这个对象的下方。可以把编写代码视为询问要修改哪个对象以及哪个属性或方法控制着该对象。例如，如果想要强制用户使用编辑栏输入数据，而不是直接在单元格中输入数据，可以修改 Application 对象的 EditDirectlyInCell 属性。

如果不知道要修改哪个对象或属性(刚开始编写 VBA 时这很正常)，那么可以使用宏录制器。录制一个宏并进行修改。然后查看录制器生成了什么。如果录制一个宏并选择"文件"|"选项"|"高级"选项，并且取消选中"允许直接在单元格内编辑"复选框，将看到如下录制的宏：

```
Sub Macro1()
'
' Macro1 Macro
'
'
    Application.EditDirectlyInCell = False
End Sub
```

现在，你知道这项设置保存在 Application 对象的 EditDirectlyInCell 属性中，并且可以在自己的代码中使用该属性。

3. 对象和集合

除了 Application 对象，在代码中还可以使用其他几百个对象，如 Ranges(区域)、Charts(图表)和 Shapes(形状)等。这些对象以分层的形式组织，Application 对象位于层次结构的最顶端。

相同类型的对象包含在集合中(集合也是对象)。集合对象使用它们包含的对象的复数形式来命名。每个打开的工作簿是一个 Workbook 对象，所有打开的工作簿包含在 Workbooks 集合对象中。类似地，Shapes 集合对象包含类型为 Shape 的所有对象。

在一些地方，复数形式的集合命名约定没有得到遵守。Range 对象就是一个重要的例外情况，本章后面将会讨论。

可通过遍历层次结构来引用具体的对象。要引用单元格 A1，可以使用如下所示的代码：

```
Application.Workbooks.Item("MyBook.xlsx").Worksheets.Item(1). Range("A1")
```

幸运的是，VBA 提供了一些快捷写法。因为 Application 是最顶端的对象，所以可以省去该对象，VBA 会知道你的意图。VBA 还为一些对象提供了默认属性。所有集合对象都有一个名为 Item 的默认属性，用于访问集合中的一个对象。可以将前面的代码简写为：

```
Workbooks("MyBook.xlsx").Worksheets(1).Range("A1")
```

当访问一个集合的 Item 时，可以按名称或按编号来访问。对于 Workbooks 集合，我们传递了想要访问的工作簿的名称，它将返回具有该名称的 Workbook 对象。但是，对于 Worksheets 集合，我们请求访问集合中的第一个 Worksheet 对象，而不管它的名称是什么。

4. 属性

对象都有一些属性，可以将属性视为对象的特征。例如，Range 对象有 Column、Row、Width 和 Value 等属性。Chart 对象有 Legend 和 ChartTitle 等属性。ChartTitle 也是一个对象，它有 Font、Orientation 和 Text 等属性。Excel 有很多对象，每个对象都有自己的属性集。可以通过编写 VBA 代码实现如下功能：

● 检查对象当前的属性设置并基于此设置执行一些动作。

- 更改对象的属性设置。

通过在对象名称之后插入句点和属性名称，可以在 VBA 代码中引用该属性。例如，使用下面的 VBA 语句可将一个名为 frequency 的区域的 Value 属性设为 15(即该语句可以使数字 15 显示在此区域的单元格中)。

```
Range("frequency").Value = 15
```

你可能已经注意到，我们在前一节使用句点运算符来遍历对象层次结构，此处使用它来访问属性。这并不是偶然。属性可以包含许多不同的值，也可以包含其他对象。当使用 Application.Workbooks("MyBook.xlsx")时，我们实际上访问了 Application 对象的 Workbooks 属性。该属性返回一个 Workbooks 集合对象。

有些属性是只读属性，这意味着可以查看该属性，但不能改变该属性。对于单一单元格的 Range 对象来说，Row 和 Column 属性是只读属性：即可以确定单元格的位置(即确定在哪行哪列)，但不能通过更改这些属性来更改单元格的位置。

Range 对象还有一个 Formula 属性，该属性不是只读属性，即可以通过更改单元格的 Formula 属性在单元格中插入公式。以下语句可以通过更改单元格 A12 的 Formula 属性，从而在此单元格中插入一个公式：

```
Range("A12").Formula = "=SUM(A1:A10)"
```

> **注意**
>
> 可能与你认为的相反，Excel 中没有 Cell(单元格)对象。如果要处理一个单元格，需要使用 Range 对象(其中只包含一个单元格)。

Application 对象包含如下几个有用的属性，它们指出了用户在程序中的位置。

- **Application.ActiveWorkbook**：返回 Excel 中的活动工作簿(Workbook 对象)。
- **Application.ActiveSheet**：返回活动工作簿中的活动工作表(Sheet 对象)。
- **Application.ActiveCell**：返回活动窗口中的活动单元格(Range 对象)。
- **Application.Selection**：返回当前在 Application 对象的活动窗口中选中的对象。这些对象可以是 Range、Chart、Shape 或其他可选的对象。

在很多情况下，可以使用多种方法引用同一个对象。假设有一个名为 Sales.xlsx 的工作簿，而且它是唯一打开的工作簿。此外，假设该工作簿有一个名为 Summary 的工作表。VBA 代码可以使用下列任意一种方式引用 Summary 工作表：

```
Workbooks("Sales.xlsx").Worksheets("Summary")
Workbooks(1).Worksheets(1)
Workbooks(1).Sheets(1)
Application.ActiveWorkbook.ActiveSheet
ActiveWorkbook.ActiveSheet
ActiveSheet
```

所使用的方法取决于你对工作空间的了解程度。例如，如果已打开多个工作簿，则第二种和第三种方法就不可靠。如果要使用活动工作表(不管是哪个工作表)，则最后的 3 种方法都可以完成任务。如果必须要确保引用特定工作簿中的特定工作表，则第一种方法是最好的选择。

5. 方法

对象也具有方法。可以将方法视为在对象上执行的动作。一般来说，方法用来与 Excel

应用程序外部的计算机功能交互，或者一次性修改多个属性。例如，Range 对象有一个 Clear 方法。下面的 VBA 语句可以清除一个区域，此动作等同于选中一个区域，然后选择"开始" | "编辑" | "清除" | "全部清除"命令：

```
Range("A1:C12").Clear
```

Clear 方法将一次性更改 Range 对象的多个属性，包括将 Value 属性设为 Empty(清空其内容)，将 Font 对象的 Bold 属性设为 False(清除所有格式)，以及将 Comments 属性设为 Nothing(删除单元格的批注)。它还会执行其他一些操作。

如果你的代码与磁盘上的文件、打印机或 Excel 外部的其他计算机功能交互，那么很可能需要使用方法。每个 Workbook 对象都有一个只读的 Name 属性。不能像下面这样通过直接设置值的方式来更改 Name 属性：

```
Workbooks(1).Name = "xyz.xlsx"
```

这种方式将会失败。但是，可以使用 SaveAs 方法来更改 Workbook 的名称：

```
Workbooks(1).SaveAs "xyz.xlsx"
```

除了更改 Name 属性，SaveAs 方法还可以更改其他一些属性，并且会把文件写入硬盘。

在 VBA 代码中，方法与属性类似，因为它们都使用一个"点"与对象相连。但是，方法和属性是两个不同的概念。

6. Range 对象

Range 对象很特殊。它在 Excel 对象模型中处于核心位置。工作簿和工作表存在的目的就是保存单元格。虽然 Worksheets 集合包含一组 Worksheet 对象，Shapes 集合包含一组 Shape 对象，但是 Range 对象的工作方式却与它们不同。

一个单元格是一个 Range 对象，一个单元格区域也是一个 Range 对象，而不是 Ranges 集合对象。Range 对象是少数几个不遵守集合的复数命名约定的对象之一。

大部分集合对象都有一个默认的 Item 属性，这允许你编写下面这样的代码：

```
Workbooks(1)
```

而不必写成这样：

```
Workbooks.Item(1)
```

一般来说，如果一个对象有 Item 属性，它就是默认属性。对于不是集合的对象，如果它们有 Value 属性，那么 Value 属性就是默认属性。例如，下面的两行 VBA 代码是等效的，因为 Value 是 Checkbox 对象的默认属性：

```
If Sheet1.CheckBox1.Value = True Then

If Sheet1.CheckBox1 = True Then
```

Range 对象既有 Item 属性，也有 Value 属性。在一些上下文中，Item 属性是默认属性，而在另一些上下文中，Value 属性是默认属性。好消息是 VBA 在选择正确的属性方面表现得很不错。

7. 变量

与所有编程语言一样，VBA 允许使用变量。在 VBA 中(与某些语言不同)，不需要在代码使用变量之前显式地声明变量(虽然这么做无疑是一个很好的做法)。

> **注意**
>
> 如果 VBA 模块在模块的顶部包含一个 Option Explicit 语句，就必须在模块中声明所有变量。未声明的变量将导致编译错误，并且过程将不会运行。

下面的示例可以将 Sheetl 中单元格 Al 的值赋给变量 Rate：

```
Rate = Worksheets("Sheet1").Range("A1").Value
```

执行该语句后，可以在 VBA 代码的其他部分使用变量 Rate。

8. 控制执行

VBA 使用了可以在大多数其他编程语言中找到的许多结构。这些结构可用于控制流程的执行。本节将介绍一些常用的编程结构。

If-Then 结构

VBA 中最重要的控制结构之一是 If-Then 结构，该结构为应用程序赋予了决策的能力。If-Then 结构的基本语法如下所示：

```
If condition Then statements [Else elsestatements]
```

该结构的意思是，如果条件为真，则执行一组语句。如果包含 Else 子句，则会在条件不为真时执行另一组语句。

以下是一个示例(本例没有使用可选的 Else 子句)。该过程可以检查一个活动单元格。如果单元格包含一个负值，则将单元格的字体颜色变为红色，否则不变。

```
Sub CheckCell()
If ActiveCell.Value < 0 Then ActiveCell.Font.Color = vbRed
End Sub
```

下面是该过程的另一个多行版本，但这次使用了一个 Else 子句。因为它使用了多行，所以必须包含 End If 语句。如果单元格中是负值，则该过程将使用红色显示活动单元格文本。如果是其他值，则显示绿色。

```
Sub CheckCell()
  If ActiveCell.Value < 0 Then
    ActiveCell.Font.Color = vbRed
  Else
    ActiveCell.Font.Color = vbGreen
  End If
End Sub
```

For-Next 循环

可以使用 For-Next 循环多次执行一个或多个语句。以下是一个 For-Next 循环示例：

```
Sub SumSquared()
  Total = 0
  For Num = 1 To 10
    Total = Total + (Num ^ 2)
  Next Num
  MsgBox Total
End Sub
```

本例在 For 语句和 Next 语句之间只有一个语句。该语句被执行了 10 次。变量 Num 的值依次为 1、2、3、…、10。变量 Total 存储了 Num 的平方与上一个 Total 值的和。最后的结果是前 10 个整数的平方和。该结果显示在一个消息框中。

Do 循环

For-Next 循环将一组语句执行特定的次数。Do 循环将一直执行一组语句，直到特定的条件存在或者不再存在。

```
Sub SumSquaredTo500()
  Total = 0
  num = 0
  Do
    num = num + 1
    Total = Total + (num ^ 2)
  Loop Until Total >= 500
  MsgBox num & Space(1) & Total
End Sub
```

这个过程将一直计算平方和，直到总和为 500 或者大于 500。使用 Do 循环时，可以在 Do 行或 Loop 行检查条件，但不能同时在这两行检查条件。可用的 4 个选项为：

- Do Until
- Do While
- Loop Until
- Loop While

With-End With 结构

有时，在录制宏时会碰到的一个结构是 With-End With 结构。该结构是用于处理同一个对象的多个属性或方法的一种捷径。以下是一个示例：

```
Sub AlignCells()
  With Selection
    .HorizontalAlignment = xlCenter
    .VerticalAlignment = xlCenter
    .WrapText = False
    .Orientation = xlHorizontal
  End With
End Sub
```

下面的宏执行的是完全相同的操作，但没有使用 With-End With 结构：

```
Sub AlignCells()
  Selection.HorizontalAlignment = xlCenter
  Selection.VerticalAlignment = xlCenter
  Selection.WrapText = False
  Selection.Orientation = xlHorizontal
End Sub
```

Select Case 结构

Select Case 结构用于在两个或多个选项中做出选择。以下示例演示了 Select Case 结构的用法。本例中将检查活动单元格，如果其值小于 0，则将单元格的颜色变为红色；如果等于 0，则颜色变为蓝色；如果其值大于 0，则颜色变为黑色。

```
Sub CheckCell()
  Select Case ActiveCell.Value
    Case Is < 0
      ActiveCell.Font.Color = vbRed
    Case 0
      ActiveCell.Font.Color = vbBlue
    Case Is > 0
      ActiveCell.Font.Color = vbBlack
  End Select
End Sub
```

每条 Case 语句下面可以有任意数量的语句，在该 Case 为真时，这些语句都将被执行。

9. 无法录制的宏

下面的 VBA 宏不能被录制，因为它使用了必须手动输入的编程概念。该宏将创建一个活动工作表上的所有公式的列表。此列表存储在一个新工作表中。

```
Sub ListFormulas()
' Create a range variable
 Set InputRange = ActiveSheet.UsedRange
' Add a new sheet and save in a variable
 Set OutputSheet = Worksheets.Add
' Variable for the output row
 OutputRow = 1
' Loop through the range
 For Each cell In InputRange
   If cell.HasFormula Then
     OutputSheet.Cells(OutputRow, 1) = "'" & cell.Address
     OutputSheet.Cells(OutputRow, 2) = "'" & cell.Formula
     OutputRow = OutputRow + 1
   End If
 Next Cell
End Sub
```

配套学习资源网站

可在配套学习资源网站 www.wiley.com/go/excel365bible 中找到含有此示例的工作簿，文件名为 list formulas.xlsm。

虽然这个宏看起来很复杂，但将其拆分开来看则相当简单。以下是它的工作原理：

(1) 此宏创建一个名为 InputRange 的对象变量。该变量对应于在活动工作表上使用的区域(不必检查每个单元格)。

(2) 然后添加一个新的工作表，并将工作表分配给一个名为 OutputSheet 的对象变量。OutputRow 变量被设为1。该变量将在稍后递增。

(3) For-Next 循环检查 InputRange 中的每个单元格。如果某单元格含有公式，则将此单元格的地址和公式写入 OutputSheet 中。同时 OutputRow 变量将被递增。

图 39-13 显示了运行该宏的部分结果——工作表中所有公式的方便列表。

	A	B	C	D
1	$G$2	=B9/2		
2	$A$8	=SUM(A2:A7)		
3	$B$8	=SUM(B2:B7)		
4	$C$8	=SUM(C2:C7)		
5	$D$8	=SUM(D2:D7)		
6	$A$9	=AVERAGE(A2:A7)		
7	$B$9	=AVERAGE(B2:B7)		
8	$C$9	=AVERAGE(C2:C7)		
9	$D$9	=AVERAGE(D2:D7)		
10	$E$9	=AVERAGE(E2:E7)		
11	$A$15	=RANDBETWEEN(1,1000)		
12	$B$15	=RANDBETWEEN(1,1000)		
13	$C$15	=RANDBETWEEN(1,1000)		
14	$D$15	=RANDBETWEEN(1,1000)		
15	$E$15	=RANDBETWEEN(1,1000)		
16	$A$16	=RANDBETWEEN(1,1000)		
17	$B$16	=RANDBETWEEN(1,1000)		
18	$C$16	=RANDBETWEEN(1,1000)		
19	$D$16	=RANDBETWEEN(1,1000)		
20	$E$16	=RANDBETWEEN(1,1000)		

图 39-13　ListFormulas 宏可创建一个工作表中所有公式的列表

就宏来说，本例还是不错的，但并不完美。它不是很灵活，也没有包含错误处理能力。例如，如果工作簿结构是受保护的，则试图添加一个新工作表将导致错误。

39.7　学习更多知识

本章简要介绍了可使用 VBA 执行的工作。如果这是你第一次使用 VBA，则可能会觉得对象、属性和方法等概念有些难以理解。当你知道自己想做什么，但是不知道应该使用什么对象、属性和方法来实现自己的目的时，会产生挫败感。幸运的是，你可以使用以下一些很好的方法来学习有关对象、属性和方法的知识。

- **阅读本书的其余部分**。本部分后面的其余章节包含了其他一些有用的信息和更多示例。
- **录制自己的动作**。熟悉 VBA 的最好方法是打开宏录制器并录制自己在 Excel 中执行的动作。然后检查代码，以进一步理解对象、属性和方法。
- **使用帮助系统**。有关 Excel 对象、方法和过程的详细信息的主要来源是 VBA 帮助系统。此帮助系统非常全面，而且访问起来很简单。当你在 VBA 模块中工作时，只需要将光标移到一个属性或方法上，然后按 F1 键，这样就可以得到详细说明光标所在文字的帮助内容。所有 VBA 帮助信息都以联机形式提供，所以必须连接到 Internet 才能使用帮助系统。
- **参阅其他书籍**。参阅其他有关如何在 Excel 中使用 VBA 的专著。本书作者编著的 *Excel 2019 Power Programming with VBA*(Wiley，2019)就是其中之一。

第 40 章

创建自定义工作表函数

本章要点

- VBA 函数概述
- 函数过程简介
- 关注函数过程参数
- 调试自定义函数
- 粘贴自定义函数

正如在第 39 章中提到的，你可以创建两种类型的 VBA 过程：子过程和函数过程。本章将主要讨论函数过程。

40.1 VBA 函数概述

使用 VBA 编写的函数过程功能非常灵活。可以在下面两种情形下使用这些函数：

- 可以从不同的 VBA 过程调用函数。
- 可以在工作表中创建公式中使用的函数。

本章将重点介绍如何创建用于公式中的函数。

Excel 包含超过 450 个预定义的工作表函数。因为可供选择的函数非常多，所以你可能会好奇为什么还要开发其他函数。主要原因在于，创建自定义函数可以显著地缩短公式，这样不仅大大简化了公式，而且简短的公式也更易于阅读和使用。例如，通常可以使用单个函数代替某个复杂的公式。另一个原因在于可以通过编写函数完成其他方法不能完成的操作。

注意

学习本章内容的前提是你已经熟悉如何在 VBE 中输入和编辑 VBA 代码。

交叉引用

相关的具体内容请参见第 39 章对 VBE 的概述。

40.2　查看一个简单示例

在了解 VBA 之后，创建自定义函数的过程就变得相对比较简单。下面请查看一个 VBA 函数过程示例。该函数存储在一个 VBA 模块中，可以通过 VBE 访问该模块。

40.2.1　创建自定义函数

这个示例函数名为 NumSign，它使用了一个参数。该函数可以在其参数大于 0 时返回文本字符串 Positive，在其参数小于 0 时返回文本字符串 Negative，在其参数等于 0 时则返回文本字符串 Zero。如果参数为非数值，该函数将返回一个空字符串。NumSign 函数如图 40-1 所示。

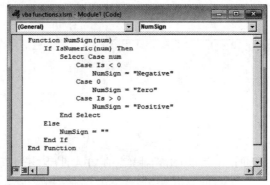

图 40-1　一个简单的自定义工作表函数

当然，也可以通过以下工作表公式实现同样的目的，此公式使用的是嵌套的 IF 函数：

```
=IF(ISNUMBER(A1),IF(A1=0,"Zero",IF(A1>0,"Positive","Negative")),"")
```

许多人都认为自定义函数解决方案要比理解和编辑工作表公式更简单。

40.2.2　在工作表中使用函数

如果输入一个使用了 NumSign 函数的公式，则 Excel 将执行该函数以获得结果。这个自定义函数与其他任何内置工作表函数的工作方式相同。要将其插入公式中，可以选择"公式"|"函数库"|"插入函数"命令，这样将显示"插入函数"对话框(自定义函数列在"用户定义"类别中)。当从列表中选择函数之后，即可使用"函数参数"对话框为函数指定参数，如图 40-2 所示。你也可以嵌套自定义函数，并将其与公式中的其他元素结合在一起使用。

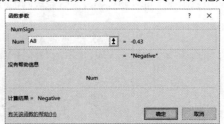

图 40-2　创建一个使用自定义函数的工作表公式

40.2.3 分析自定义函数

本节将对 NumSign 函数进行说明。以下是该函数的代码:

```
Function NumSign(num)
  If IsNumeric(num) Then
    Select Case num
      Case Is < 0
        NumSign = "Negative"
      Case 0
        NumSign = "Zero"
      Case Is > 0
        NumSign = "Positive"
    End Select
  Else
    NumSign = ""
  End If
End Function
```

注意,这个过程以关键字 Function 开始,后跟函数名(NumSign)。该自定义函数使用了一个参数(num),这个参数的名称括在圆括号内。num 参数代表要处理的单元格或值。当该函数用于工作表中时,此参数既可以是一个单元格引用(如 A1),也可以是一个文字值(如-123)。当该函数用于其他过程中时,参数可以是数字变量、文字值或从单元格中获得的值。

函数内的第一个语句是 If 语句,它代表后面是一个 If 块。If 块由一个 If 语句、一个 End If 语句、一个或多个可选的 Else If 语句和一个可选的 Else 语句构成。前面的代码使用了缩进,使得能够明显看出函数底部的 Else 和 End If 语句对应于函数顶部的 If 语句。缩进是可选的,但是你会发现,如果进行缩进,代码将更容易阅读。

If 语句包含内置的函数 IsNumeric,如果其参数是数字,则该函数返回 True,否则返回 False。每当一个内置函数以 Is 或 Has 开头时,都将返回 True 或 False(一个布尔值)。

NumSign 函数使用了 Select Case 结构(请参见第 39 章),根据 num 的值来执行不同的操作。如果 num 小于 0,则 NumSign 得到的值为文本 Negative。如果 num 等于 0,则 NumSign 得到的值为 Zero。如果 num 大于 0,则 NumSign 得到的值为 Positive。函数的返回值总是被分配给函数名。

使用 VBA 时,通常有不同的方法能够实现相同的目的。如果不使用 Select Case 结构,则可以使用 If 块。下面的代码将返回与原函数相同的结果,但是这个版本使用了带 Else If 语句的 If 块。注意,缩进使得更容易看出哪些语句属于哪个 If 块:

```
Function NumSignIfBlock(num)
  If IsNumeric(num) Then
    If num = 0 Then
      NumSign = "Zero"
    ElseIf num > 0 Then
      NumSign = "Positive"
    Else
      NumSign = "Negative"
    End If
  Else
    NumSign = ""
  End If
End Function
```

40.3　函数过程简介

自定义函数与子过程有很多共同点。但是，函数过程与子过程之间也存在一些重要的区别。其中，最关键的一点也许在于函数返回一个值(如一个数字、日期或文本字符串)。函数的返回值是在函数执行完毕时分配给该函数名的值。

要创建自定义函数，请执行下列步骤：

(1) 激活 VBE(按 Alt+F11 快捷键)。

(2) 在工程资源管理器中选择工作簿(如果看不到工程资源管理器，则选择"视图"|"工程资源管理器"命令)。

(3) 选择"插入"|"模块"命令插入一个 VBA 模块，或者也可以使用现有模块。但是，它必须是标准的 VBA 模块。

(4) 输入关键字 Function，后面加上函数名，然后再在括号内输入参数列表(如果有)。如果函数不使用参数，则 VBE 将添加一对空括号。

(5) 插入用于执行工作的 VBA 代码——必须要确保对应于函数名的变量在函数结束时具有合适的值。此值即为函数返回的值。

(6) 使用 End Function 语句结束函数。当输入 Function 语句时，VBE 将自动添加 End Function 语句。

注意

第(3)步非常重要。如果在 ThisWorkbook 或一个工作表(如 Sheet1)的代码模块中添加一个函数过程，则工作表中的公式将无法识别该函数。Excel 将会显示#NAME?错误。把函数过程放到错误类型的代码模块中是一种常见的错误。

在工作表公式中使用的函数名必须与变量名遵循同样的命名规则。

函数不能执行的工作

几乎所有人在开始使用 VBA 创建自定义工作表函数时都会犯一个严重的错误：试图让函数完成它不能完成的工作。

工作表函数将返回一个值，而且它必须是完全"被动"的。换句话说，函数不能对工作表执行任何改动。例如，无法开发可更改单元格格式的工作表函数(所有 VBA 程序员都曾尝试过此操作，但没有一个人成功)。如果所编写的函数试图执行其无法完成的操作，则函数将返回错误。

虽然如此，上一段信息并不完全正确。在少数情况下，在公式中使用的 VBA 函数可以产生效果。例如，可以创建用于添加或删除单元格批注的自定义工作表函数。但是，在大多数情况下，在公式中使用的函数必须是被动的。

不能在工作表公式中使用的 VBA 函数可完成普通子过程可以完成的任何工作，包括更改单元格的格式。

40.4　执行函数过程

可以使用很多方法执行子过程，但用于执行函数过程的方法只有两种：

- 从其他 VBA 过程中对其进行调用。
- 在工作表公式中使用。

40.4.1　从过程中调用自定义函数

可像调用内置 VBA 函数一样从一个 VBA 过程中调用自定义函数。例如，在定义了名为 CalcTax 的函数后，可以输入下面的语句：

```
Tax = CalcTax(Amount, Rate)
```

该语句使用 Amount 和 Rate 作为参数执行 CalcTax 自定义函数。此函数的结果被赋值给 Tax 变量。

40.4.2　在工作表公式中使用自定义函数

在工作表公式中使用自定义函数与使用其他内置函数一样。但是必须保证 Excel 可以找到该函数。如果函数过程位于同一个工作簿中，则不需要执行任何特殊操作。如果函数是在不同的工作簿中定义的，则必须告诉 Excel 如何找到该函数。下面是实现此目标的 3 种方法。

- **在函数名称前面加上文件引用**。例如，如果要使用在工作簿 MyFunctions 中定义的函数 CountNames，可以使用如下引用：

```
=MyFunctions.xlsm!CountNames(A1:A1000)
```

如果工作簿名称中含有空格，则需要为工作簿名称加上单引号。例如：

```
='My Functions.xlsm'!CountNames(A1:A1000)
```

如果使用"插入函数"对话框插入函数，则会自动插入工作簿引用。

- **设置一个工作簿引用**。如果自定义函数是在一个引用的工作簿中定义的，则不需要在函数名前加上工作簿名称。可以通过选择"工具"|"引用"命令(在 VBE 中)建立指向其他工作簿的引用。这时将显示一个包含所有打开工作簿的引用的列表。选中含有自定义函数的工作簿的复选框即可(如果工作簿未打开，则单击"浏览"按钮)。
- **创建加载项**。当从含有函数过程的工作簿中创建加载项时，如果在公式中使用函数，则不必使用文件引用，但是必须安装加载项。

交叉引用

第 45 章介绍了加载项。

注意

由于不能直接执行函数，所以函数过程不会出现在"宏"对话框中。因此，如果要在开发函数时测试这些函数，则需要执行一些额外的前期工作。一种方法是创建一个简单的子过程来调用函数。如果函数被设计为用于工作表公式中，则可以在开发函数时输入一个简单的公式进行测试。

40.5 使用函数过程参数

请记住下列有关函数过程参数的以下要点：

- 参数可以是变量(包括数组)、常量、文字或表达式。
- 有些函数不需要使用参数。
- 有些函数使用固定数目(1～60)的必需参数。
- 有些函数使用必需参数和可选参数的组合。

下面各节将列举一系列示例，说明如何在函数中有效地使用参数。可选参数不在本书的讨论范围之内。

> **配套学习资源网站**
> 本章中的示例可在配套学习资源网站 www.wiley.com/go/excel365bible 中找到。文件名为 vba functions.xlsm。

40.5.1 创建无参数的函数

大多数函数使用参数，但这并不是必需的。例如，Excel 中的一些内置工作表函数就不使用参数，如 RAND、TODAY 和 NOW。

下面是一个无参数函数的简单示例。此函数返回 Application 对象的 UserName 属性，即出现在"Excel 选项"对话框的"通用"选项卡中的"个性化"部分的姓名。该函数非常简单，但是非常有用，因为没有内置函数能返回用户的姓名。

```
Function User()
' Returns the name of the current user
  User = Application.UserName
End Function
```

当在工作表单元格中输入以下公式时，单元格将显示当前用户名：

```
=User()
```

与 Excel 的内置函数一样，在使用无参数的函数时，必须包含一对空括号。

40.5.2 创建有一个参数的函数

下面的函数只接收一个参数并去掉任何非数字的字符。

```
Function NumbersOnly(txt)
  Dim i As Long
  For i = 1 To Len(txt)
    If IsNumeric(Mid(txt, i, 1)) Then
      NumbersOnly = NumbersOnly & Mid(txt, i, 1)
    End If
  Next i
End Function
```

该函数的一个应用是从发票编号中去掉字母字符。下面的公式返回 759426，因为该函数仅返回传递给它的文本中的数字字符。

```
=NumbersOnly("INV759426")
```

该函数另一个应用是将数字与从外部得到的句子隔离开来。例如，如果从网页上复制了"Net income for the quarter was $15,267"这句话，并将其粘贴到单元格 A1 中，就可以使用以下公式提取这些数字，并将它们用于其他计算：

```
=NumbersOnly(A1)
```

40.5.3　创建另一个有一个参数的函数

本节包含了一个更复杂的函数，它可以被销售经理用于计算销售人员的佣金。佣金率以销售额为基础——销售额越高，佣金率就越高。此函数可以根据销售额返回佣金额(销售额是该函数唯一且必需的参数)。本示例中的计算根据表 40-1 进行。

表 40-1　销售额和对应的佣金率

月销售额	佣金率
0～$9,999	8.0%
$10,000～$19,999	10.5%
$20,000～$39,999	12.0%
$40,000+	14.0%

可以使用几种不同的方法为输入工作表中的不同销售额计算佣金。可编写如下公式：

```
=IF(AND(A1>=0,A1<=9999.99),A1*0.08,IF(AND(A1>=10000,
A1<=19999.99),A1*0.105,IF(AND(A1>=20000,
A1<=39999.99),A1*0.12,IF(A1>=40000,A1*0.14,0))))
```

由于以下两个原因，该方法并不是最好的方法。首先，这个公式过于复杂，难以理解。其次，数值被硬编码到公式中，这使得在佣金结构发生变化时很难修改公式。

一个更好的解决方案是使用查找表函数来计算佣金，例如：

```
=VLOOKUP(A1,Table,2)*A1
```

在使用 VLOOKUP 函数时，需要在工作表中创建一个佣金率表。

另一个方法是创建一个自定义函数，如下所示：

```
Function Commission(Sales)
' Calculates sales commissions
  Tier1 = 0.08
  Tier2 = 0.105
  Tier3 = 0.12
  Tier4 = 0.14
  Select Case Sales
    Case 0 To 9999.99
      Commission = Sales * Tier1
    Case 10000 To 19999.99
      Commission = Sales * Tier2
    Case 20000 To 39999.99
      Commission = Sales * Tier3
    Case Is >= 40000
      Commission = Sales * Tier4
  End Select
End Function
```

在 VBA 模块中定义 Commission 函数之后，就可以在工作表公式中使用该函数。在单元格中输入以下公式，将生成结果 3000(25 000 的销售额将使用的佣金率为 12%)。

```
=Commission(25000)
```

如果销售额位于单元格 D23 中，则此函数的参数将是一个单元格引用，如下所示：

```
=Commission(D23)
```

40.5.4　创建有两个参数的函数

本示例以前面的函数为基础。假设销售经理要执行一项新政策：销售人员在公司每多工作一年，得到的佣金总额将递增 1%。在本示例中，已对自定义的 Commission 函数(在上一节中定义的)进行了修改，它现在使用两个必需的参数。将这个新函数命名为 Commission2：

```
Function Commission2(Sales, Years)
' Calculates sales commissions based on years in service
  Tier1 = 0.08
  Tier2 = 0.105
  Tier3 = 0.12
  Tier4 = 0.14
  Select Case Sales
    Case 0 To 9999.99
      Commission2 = Sales * Tier1
    Case 10000 To 19999.99
      Commission2 = Sales * Tier2
    Case 20000 To 39999.99
      Commission2 = Sales * Tier3
    Case Is >= 40000
      Commission2 = Sales * Tier4
  End Select
  Commission2 = Commission2 + (Commission2 * Years / 100)
End Function
```

所做的修改相当简单。第二个参数(Years)被添加到 Function 语句中，并且在退出函数前添加了另一个用于调整佣金额的计算步骤。

下面的示例演示了如何使用这个函数来编写公式。假设销售额位于单元格 Al 中，销售人员的工作年数位于单元格 Bl 中。

```
=Commission2(A1,B1)
```

40.5.5　创建有一个区域参数的函数

本小节中的示例将演示如何使用工作表区域作为参数。实际上这并不十分困难，Excel会在后台处理所有细节。

假设要计算一个名为 Data 的区域中的 5 个最大值的平均值。Excel 中没有用于进行此计算的函数，所以你可以编写以下公式：

```
=(LARGE(Data,1)+LARGE(Data,2)+LARGE(Data,3)+
LARGE(Data,4)+LARGE(Data,5))/5
```

此公式使用了 Excel 的 LARGE 函数，该函数将返回区域中第 n 大的数值。上面的公式对 Data 区域中最大的 5 个数值求和，然后将结果除以 5。虽然利用这个公式可得到正确结果，但并不完美。而且，如果要计算前 6 大数值的平均值，该怎么办呢？你将不得不重写该公式，并且确保公式的所有副本都得到更新。

如果 Excel 有一个名为 TopAvg 的函数，那么此工作不就变得简单得多？例如，可以使用下面的函数(并不真的存在)来计算平均值：

```
=TopAvg(Data,5)
```

这就是自定义函数如何使事情变得简单的示例。下面是一个名为 TopAvg 的自定义 VBA函数，它将返回一个区域中前 n 大数值的平均值：

```
Function TopAvg(Data, Num)
' Returns the average of the highest Num values in Data
  Sum = 0
  For i = 1 To Num
```

```
     Sum = Sum + WorksheetFunction.Large(Data, i)
   Next i
   TopAvg = Sum / Num
End Function
```

这个函数使用了两个参数：Data(表示工作表中的一个区域)和 Num(表示要参加平均值计算的数值个数)。代码首先将 Sum 变量初始化为 0。然后，使用 For-Next 循环来计算区域中前 *n* 大的数值的和(请注意，在循环中使用了 Excel 的 LARGE 函数)。如果在函数前加上 WorksheetFunction 和一个句点，就可以在 VBA 中使用 Excel 工作表函数。最后，将 Sum 除以 Num 的结果赋值给 TopAvg。

可以在 VBA 过程中使用所有 Excel 工作表函数，但那些在 VBA 中有等效函数的函数除外。例如，VBA 中有一个返回随机数的 Rnd 函数，因此不能在 VBA 过程中使用 Excel 的 RAND 函数。

40.5.6 创建一个简单但有用的函数

有用的函数并不一定是复杂的函数。本节中所述的函数实质上是一个名为 Split 的内置 VBA 函数的包装器。利用 Split 函数可以很容易地提取一个分隔字符串中的元素。本节中所介绍的该函数被命名为 ExtractElement：

```
Function ExtractElement(Txt, n, Separator)
' Returns the nth element of a text string, where the
' elements are separated by a specified separator character
  ExtractElement = Split(Application.Trim(Txt), Separator)(n -1)
End Function
```

ExtractElement 函数有 3 个参数。

- TXT：带分隔符的文本字符串或含带分隔符的文本字符串的单元格引用。
- n：字符串中的元素数目。
- Separator：表示分隔符的单个字符。

下面是一个使用 ExtractElement 函数的公式：

```
=EXTRACTELEMENT("123-45-678",2,"-")
```

该公式将返回 45，该数值是以连字符分隔的字符串中的第二个元素。

分隔符也可以是空格符。下面的公式可提取单元格 A1 中的姓名的名：

```
=EXTRACTELEMENT(A1,1," ")
```

40.6 调试自定义函数

调试函数过程要比调试子过程更具挑战性。如果开发了一个用于工作表公式的函数，则函数过程中的错误只会导致在公式单元格中显示错误信息(通常是#VALUE!)。换言之，不会接收到任何有助于定位出错语句的运行时错误消息。

在调试工作表公式时，最好是在工作表中只使用一个函数实例。下面是可以在调试过程中使用的 3 种方法：

- **在重要位置插入 MsgBox 函数来监控特定变量的值。**幸运的是，函数过程中的消息框将在过程被执行时弹出。但是，需要确保工作表中只有一个公式使用函数，否则将为计算的每个公式弹出消息框。

- **通过从子过程中调用函数过程来测试该过程。**运行时错误会正常显示出来，而且既可以修复问题(如果知道是什么问题)，也可以直接进入调试器。
- **在函数中设置一个断点，然后使用 Excel 调试器逐步调试该函数。**按 F9 键，光标处的语句将变为一个断点。代码将停止执行，然后可以逐行运行代码(按 F8 键)。有关使用 VBA 调试工具的更多信息，可查询帮助系统。

40.7　插入自定义函数

　　Excel 的"插入函数"对话框可以很容易地识别函数并将其插入公式中。该对话框也将显示 VBA 编写的自定义函数。在选择一个函数之后，"函数参数"对话框会提示用户输入该函数的参数。

> **注意**
> 　　使用 Private 关键字定义的函数过程不会出现在"插入函数"对话框中。因此，如果创建的是一个仅由其他 VBA 过程使用的函数，则应通过使用 Private 关键字来声明此函数。

　　你也可以在"插入函数"对话框中显示对自定义函数的说明。为此，可以执行以下步骤：

(1) 使用 VBE 在模块中创建函数。

(2) 激活 Excel。

(3) 选择"开发工具" | "代码" | "宏"命令。Excel 将显示"宏"对话框。

(4) 在"宏名"字段中输入函数名。请注意，函数通常不会显示在该对话框中，所以必须自己输入函数名。

(5) 单击"选项"按钮。Excel 将显示"宏选项"对话框，如图 40-3 所示。

图 40-3　为自定义函数输入说明信息。这些说明信息会出现在"插入函数"对话框中

(6) 输入函数说明信息并单击"确定"按钮。快捷键字段不适用于函数。

　　输入的说明信息会显示在"插入函数"对话框中。

　　另一种用于为自定义函数提供说明信息的方法是执行将使用MacroOptions方法的VBA语句。MacroOptions方法还可以用于将函数分配到特定的类别，甚至可以提供参数的说明信息。参数说明信息显示在"函数参数"对话框中。在"插入函数"对话框中选择函数后即会出现"函数参数"对话框。

　　图 40-4 显示了"函数参数"对话框，用于提示用户输入自定义函数(TopAvg)的参数。此函数将出现在函数类别 3("数学与三角函数")中。这里，通过执行以下子过程加入了说明信

息、类别和参数说明信息：

```
Sub CreateArgDescriptions()
  Application.MacroOptions Macro:="TopAvg", _
    Description:= _
    "Calculates the average of the top n values in a range", _
    Category:=3, _
    ArgumentDescriptions:= _
    Array("The range that contains the data", "The value of n")
End Sub
```

类别编号可在 VBA 帮助系统中找到。只需要执行此过程一次。在执行它之后，说明、类别和参数说明将被存储在文件中。

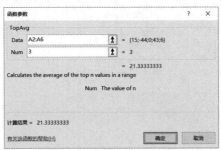

图 40-4　使用"函数参数"对话框插入自定义函数

40.8　学习更多知识

本章只是简要介绍了如何创建自定义函数。然而，对于那些对此主题感兴趣的读者，这些内容已经足以入门。

> **交叉引用**
>
> 第 44 章将提供更多有用的 VBA 函数的示例。你既可以直接使用那些示例，也可以对其加以修改，从而使其满足自己的需要。

第**41**章

创建用户窗体

本章要点

- 理解为什么要创建用户窗体
- 用户窗体的替代方法
- 创建用户窗体：概述
- 查看一些用户窗体示例
- 有关创建用户窗体的更多信息

你不可能长时间使用 Excel 而不用到对话框。与大多数 Windows 程序一样，Excel 会通过使用各种对话框来获取信息、指定命令和显示信息。如果开发 VBA 宏，则可以创建工作方式与 Excel 内置对话框非常相似的自定义对话框。这些对话框即被称为用户窗体。

41.1   理解为什么要创建用户窗体

某些宏在每次执行时都执行同样的操作。例如，你可能会开发一个用于将销售区域列表输入工作表区域的宏。该宏总是生成相同的结果，并且不要求进行其他用户输入。然而，还可以开发其他一些宏，用于在不同环境下执行不同的操作或对用户提供某些选项。这种情况下，宏就能受益于使用自定义的对话框。

下面的代码是一个简单的宏示例，用于将选中区域中的每个单元格内容转换为大写字符(但跳过包含公式的单元格)。该过程使用了 VBA 内置的 StrConv 函数。

```
Sub ChangeCase()
  For Each cell In Selection
    If Not cell.HasFormula Then
      cell.Value = StrConv(cell.Value, vbUpperCase)
    End If
  Next Cell
End Sub
```

这个宏很有用，不过还可以对其进行改进。例如，如果可以将单元格内容变为小写字符或适当的大小写(只有每个单词的第一个字母是大写的)，则该宏将更有用。此修改并不困难，但如果要对宏进行此更改，则需要以某种方式询问用户要对单元格执行的更改类型。一种解决方法是显示一个如图 41-1 所示的对话框。该对话框是一个使用 VBE 创建的用户窗体，并且通过 VBA 宏进行显示。

另一种方法是开发 3 个宏，其中每个宏分别用于一种文本大小写转换类型。然而，将这 3 个操作组合到一个宏中并使用用户窗体是一种更有效的方法。本章将讨论这样的一个示例，包括如何创建用户窗体，相关内容将在本章后面的 41.5 节中讨论。

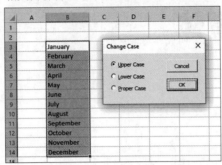

图 41-1　要求用户选择一个选项的用户窗体

41.2　用户窗体的替代方法

在熟悉并掌握相关的内容之后，开发用户窗体的任务并不难。但有时使用 VBA 的内置工具可能会更容易一些。例如，VBA 包含两个函数(InputBox 和 MsgBox)，使用这两个函数能够显示一个简单的对话框，而不需要在 VBE 中创建用户窗体。可以通过一些方法自定义这些对话框，但它们无法提供用户窗体中的某些可用选项。

41.2.1　使用 InputBox 函数

InputBox 函数可用于从用户那里获得单个输入。此函数语法的简化版本如下所示：

```
InputBox(prompt[,title][,default])
```

这些元素的定义如下。

● prompt (必需)：显示在输入框中的文本。
● title (可选)：显示在输入框的标题栏中的文本。
● default (可选)：显示在输入框的文本区域中的默认值。

下面是一个有关如何使用 InputBox 函数的示例：

```
CName = InputBox("Customer name?","Customer Data")
```

当执行这个 VBA 语句时，Excel 会显示如图 41-2 所示的对话框。请注意，本例只使用了 InputBox 函数的前两个参数，而没有提供默认值。当输入一个值并单击 OK 按钮时，该值就会被赋给变量 CName。然后，VBA 代码即可使用此变量。

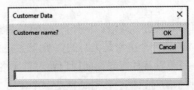

图 41-2　此对话框由 VBA 的 InputBox 函数显示

41.2.2　使用 MsgBox 函数

VBA 的 MsgBox 函数是一种用于显示信息并请求用户输入简单信息的实用方法。在本书的很多示例中，都使用了 VBA 的 MsgBox 函数来显示变量值。MsgBox 语法的简化版本如下所示：

```
MsgBox(prompt[,buttons][,title])
```

这些元素的定义如下。

- **prompt**(必需)：显示在消息框中的文本。
- **buttons**(可选)：要显示在消息框中的按钮的代码。
- **title** (可选) ：显示在消息框的标题栏中的文本。

既可以直接使用 MsgBox 函数，也可以将它的结果赋给某个变量。如果直接使用该函数，那么请不要在参数周围加上括号。以下示例只是显示了一条消息，但不返回结果：

```
Sub MsgBoxDemo()
  MsgBox "Click OK to continue"
End Sub
```

图 41-3 显示了该消息框。

图 41-3　一个使用 VBA 的 MsgBox 函数显示的简单消息框

要从消息框中得到响应，可将 MsgBox 函数的结果赋给一个变量。下面的代码使用了一些内置常量(在表 41-1 中进行了说明)，这样可以更加方便地处理 MsgBox 函数所返回的值：

```
Sub GetAnswer()
  Ans = MsgBox("Continue?", vbYesNo)
  Select Case Ans
    Case vbYes
'      ...[code if Ans is Yes]...
    Case vbNo
'      ...[code if Ans is No]...
  End Select
End Sub
```

当执行此过程时，Ans 变量包含一个对应于 vbYes 或 vbNo 的值。Select Case 语句根据 Ans 的值确定要执行的操作。

由于 buttons 参数很灵活，因此可以很轻易地自定义消息框。表 41-1 列出了可用于 buttons 参数的常用内置常量。可以指定要显示的按钮、是否显示图标以及默认的按钮。

表 41-1　在 MsgBox 函数中使用的常量

常量	值	说明
vbOKOnly	0	显示 OK 按钮
vbOKCancel	1	显示 OK 和 Cancel 按钮
vbAbortRetryIgnore	2	显示 Abort、Retry 和 Ignore 按钮

(续表)

常量	值	说明
vbYesNoCancel	3	显示 Yes、No 和 Cancel 按钮
vbYesNo	4	显示 Yes 和 No 按钮
vbRetryCancel	5	显示 Retry 和 Cancel 按钮
vbCritical	16	显示 Critical Message 图标
vbQuestion	32	显示 Query 图标(一个问号)
VBExclamation	48	显示 Warning Message 图标
vbInformation	64	显示 Information Message 图标
vbDefaultButton1	0	第一个按钮作为默认按钮
vbDefaultButton2	256	第二个按钮作为默认按钮
vbDefaultButton3	512	第三个按钮作为默认按钮

以下示例使用了一个常量组合,以显示一个带 Yes 按钮、No 按钮(vbYesNo)和问号图标(vbQuestion)的消息框。第二个按钮(No 按钮)被指定为默认按钮(vbDefaultButton2),此按钮即为用户按下回车键时执行的按钮。为简单起见,这些常量首先被赋给变量 Config,然后 Config 又被用作 MsgBox 函数的第二个参数。

```
Sub GetAnswer()
  Config = vbYesNo + vbQuestion + vbDefaultButton2
  Ans = MsgBox("Process the monthly report?", Config)
  If Ans = vbYes Then RunReport
  If Ans = vbNo Then Exit Sub
End Sub
```

图 41-4 显示了当执行 GetAnswer 过程时是如何显示该消息框的。如果用户单击 Yes 按钮,则例程将执行名为 RunReport 的过程(这里没有显示)。如果用户单击 No 按钮(或按回车键),则该过程将结束,不执行任何操作。因为 title 参数在 MsgBox 函数中被忽略,所以 Excel 使用的是默认的标题(Microsoft Excel)。

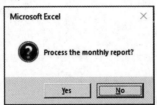

图 41-4   MsgBox 函数的第二个参数决定了消息框中显示的内容

下面的子过程是另一个使用 MsgBox 函数的示例:

```
Sub GetAnswer2()
  Msg = "Do you want to process the monthly report?"
  Msg = Msg & vbNewLine & vbNewLine
  Msg = Msg & "Processing the monthly report will take approximately "
  Msg = Msg & "15 minutes. It will generate a 30-page
  report for all "
  Msg = Msg & "sales offices for the current month."
  Title = "XYZ Marketing Company"
  Config = vbYesNo + vbQuestion
  Ans = MsgBox(Msg, Config, Title)
  If Ans = vbYes Then RunReport
  If Ans = vbNo Then Exit Sub
End Sub
```

本例演示了一种在消息框中指定长消息的有效方法。一个变量(Msg)和连接运算符(&)用于将一系列语句创建为一条消息。vbNewLine 是一个表示换行符的常量(使用两个换行符来插入一个空行)。title 参数用于在消息框中显示不同的标题。Config 变量存储的常量用于生成 Yes 和 No 按钮，以及问号图标。图 41-5 显示了在执行过程时是如何显示该消息框的。

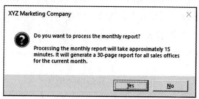

图 41-5　含有较长消息和标题的消息框

41.3　创建用户窗体：概述

InputBox 和 MsgBox 函数在很多情况下已足以满足要求，但是如果需要获得更多信息，就需要创建用户窗体。

以下是创建一个用户窗体的一般步骤：

(1) 明确了解对话框的用途以及要将其插入 VBA 宏的什么地方。

(2) 激活 VBE 并插入一个新的用户窗体。

(3) 在用户窗体中添加合适的控件。

(4) 创建 VBA 宏以显示用户窗体。该宏应位于普通的 VBA 模块中。

(5) 创建事件处理程序 VBA 过程，用于在用户操作控件(例如单击 OK 按钮)时执行。这些过程应位于用户窗体的代码模块中。

下面详细讲述了如何创建用户窗体。

41.3.1　使用用户窗体

要创建一个对话框，必须首先在 VBE 窗口中插入一个新的用户窗体。要激活 VBE，请选择"开发工具"|"代码"|Visual Basic 命令(或按 Alt+F11 键)。确保在"工程"窗口中选中正确的工作簿，然后选择"插入"|"用户窗体"命令。VBE 将显示一个空的用户窗体，如图 41-6 所示。当激活用户窗体时，VBE 将显示工具箱，用于在用户窗体中添加控件。

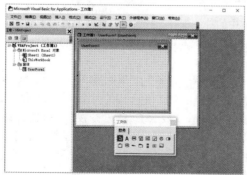

图 41-6　空的用户窗体

41.3.2 添加控件

在如图 41-6 所示的工具箱中包含多个可添加到用户窗体中的 ActiveX 控件。如果工具箱未显示，可选择"视图"|"工具箱"命令。

当把鼠标移到工具箱中的控件上时，将显示控件名称。要添加控件，需要在工具箱中选择该控件，然后在窗体中单击鼠标来创建默认大小的控件，或者在窗体上进行拖动来创建期望大小的控件。添加控件后，可以移动并改变它的大小。

表 41-2 列出了工具箱中的控件。

表 41-2　工具箱中的控件

控件	说明
选定对象	允许通过拖动来选择其他控件
标签	添加标签(文本的容器)
文本框	添加文本框，允许用户输入文本
复合框	添加复合框(下拉列表)
列表框	添加列表框，允许用户从列表中选择条目
复选框	添加复选框，用于控制布尔选项
选项按钮	添加选项按钮，允许用户从多个选项中选择
切换按钮	添加切换按钮，用于控制布尔选项
框架	添加框架(其他对象的容器)
命令按钮	添加命令按钮(可单击的按钮)
TabStrip	添加标签条(其他对象的容器)
多页	添加多页控件(其他对象的容器)
滚动条	添加滚动条，允许用户通过拖动条形来指定值
旋转按钮	添加旋转按钮，允许用户通过单击向上或向下箭头来指定值
图像	添加可包含图像的控件

交叉引用

也可以直接在工作表中放置其中的一些控件。详细信息参见第 42 章。

41.3.3 更改控件属性

每个添加到用户窗体中的控件都有一些属性，这些属性决定了控件的外观和行为。可以通过单击和拖动控件的边框来更改其中一些属性(如高度和宽度)。要改变其他属性，需要使用"属性"窗口。

要显示"属性"窗口，请选择"视图"|"属性窗口"命令(或按 F4 键)。"属性"窗口显示了选定控件的属性列表(每个控件都有一组不同的属性)。如果单击的是用户窗体，那么"属性"窗口将显示窗体的属性。图 41-7 显示了一个命令按钮控件的"属性"窗口。

要更改某个属性，只需要在"属性"窗口中选择此属性，然后输入新值即可。某些属性(如BackColor)允许从列表中选择一个属性。"属性"窗口的顶端有一个下拉列表，其中包含窗体上的所有控件。可单击某个控件以选中它，同时显示其属性。

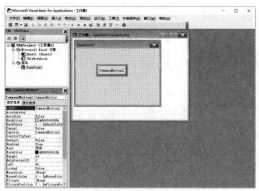

图 41-7　一个命令按钮控件的"属性"窗口

当使用"属性"窗口设置属性时，实际上是在设计时设置属性。你也可以在显示用户窗体时(即在运行时)使用 VBA 来改变控件的属性。

有关所有属性的完整说明不在本书的讨论范围之内——实际上这些内容阅读起来很乏味。要查找有关特定属性的具体内容，请在"属性"窗口中选择该属性并按 Fl 键获取帮助。

41.3.4　处理事件

当插入用户窗体时，窗体也会包含 VBA 子过程，用来处理用户窗体所生成的事件。当用户操作某个控件时，会引发事件。例如，单击一个按钮会引起一个事件，在列表框控件中选择一项也会触发一个单击事件以及一个更改事件。要使用户窗体更加实用，则必须编写 VBA 代码，以便在事件发生时执行某些操作。

事件处理程序过程的名称是通过将控件和事件结合在一起形成的。这些名称的一般形式是控件名后跟一个下画线，然后是事件名。例如，当单击一个名为 MyButton 的按钮时，所执行的过程为 MyButton_Click。不过，你不需要记住事件处理程序是如何命名的。只需要右击控件，然后选择"查看代码"命令。这将自动插入 Private Sub 和 End Sub 关键字，并且创建好控件的某个事件的正确名称。使用代码窗格顶部的下拉列表将默认事件改为其他事件。

图 41-8 显示了右击名为 CommandButton1 的控件并选择"查看代码"命令的结果。命令按钮的默认事件 Click 被插入代码模块中。该图还显示了代码窗格下拉列表中的其他一些可用事件。

图 41-8　显示命令按钮的 Click 事件的代码窗格和列出其他可用事件的下拉列表

41.3.5 显示用户窗体

你还需要编写一个过程来显示用户窗体。可以使用 UserForm 对象的 Show 方法来实现上述功能。下列过程将显示一个名为 UserForml 的用户窗体:

```
Sub ShowDialog()
  UserForm1.Show
End Sub
```

该过程应存储在一个常规的 VBA 模块中(而不是用户窗体的代码模块中)。如果 VB 项目没有常规的 VBA 模块,那么可以选择"插入"|"模块"命令进行添加。

当执行 ShowDialog 过程时,将会显示用户窗体。接下来发生什么将取决于所创建的事件处理程序过程。

41.4 查看用户窗体示例

诚然,上一节所讲述的是有关创建用户窗体的最基本的知识。本节将详细地演示如何开发用户窗体。这个示例很简单。用户窗体将向用户显示一条消息——使用 MsgBox 函数可以更容易地完成此操作。然而,用户窗体为你提供了更大的灵活性来设置消息的格式和布局。

配套学习资源网站

此工作簿可在配套学习资源网站 www.wiley.com/go/excel365bible 中找到,文件名为 show message.xlsm。

41.4.1 创建用户窗体

在计算机中打开一个新的工作簿,然后依次执行以下步骤:

(1) 选择"开发工具"|"代码"|Visual Basic 命令(或按 Alt+F11 快捷键)。这将显示 VBE 窗口。

(2) 在工程资源管理器中单击工作簿的名称以激活它。

(3) 选择"插入"|"用户窗体"命令。VBE 将添加一个名为 UserForm1 的空窗体并显示工具箱。

(4) 按 F4 键显示"属性"窗口,然后更改 UserForm 对象的下列属性(如表 41-3 所示)。

表 41-3 更改 UserForm 对象的属性

属性	更改为
Name	AboutBox
Caption	About This Workbook

(5) 使用工具箱在用户窗体中添加一个标签对象。如果工具箱未显示,则选择"视图"|"工具箱"命令。

(6) 选择此标签对象。在"属性"窗口中,将 Name 属性改为 lblMessage,并为 Caption 属性输入所需的文本信息。

(7) 在"属性"窗口中单击 Font 属性并调整字体。可以改变字型、大小等。所做的更改会显示在窗体中。图 41-9 显示了一个已设置格式的标签控件的示例。在这个示例中,TextAlign

属性被设置为对文本执行居中对齐的代码。

```
2 - fmTextAlignCenter
```

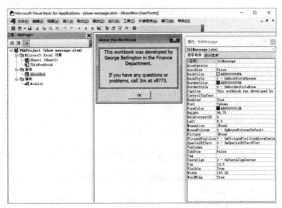

图 41-9　更改字体属性之后的标签控件

(8) 使用工具箱在用户窗体中添加一个命令按钮对象，并且使用"属性"窗口更改命令按钮的下列属性(如表 41-4 所示)。

表 41-4　更改命令按钮的属性

属性	更改为
Name	OKButton
Caption	OK
Default	True

(9) **做一些调整，使窗体更加美观。**可以更改窗体的大小、移动控件或改变控件的大小。

41.4.2　测试用户窗体

此时，用户窗体已包含了所有必需的控件。所缺少的是如何显示用户窗体。当开发用户窗体时，可以按 F5 键显示它并查看其外观。要关闭用户窗体，请单击对话框标题栏上的关闭按钮(X)。

本节将说明如何编写一个 VBA 过程，在激活 Excel 时显示用户窗体。

(1) 选择"插入"|"模块"命令，插入一个 VBA 模块。

(2) 在空模块中输入以下代码：

```
Sub ShowAboutBox()
    AboutBox.Show
End Sub
```

(3) 按 Alt+F11 快捷键激活 Excel。

(4) 选择"开发工具"|"代码"|"宏"命令(或按 Alt+F8 快捷键)。这将显示"宏"对话框。

(5) 从宏列表中选择 ShowAboutBox 并单击"运行"按钮。这样会显示该用户窗体。

请注意，如果单击 OK 按钮，则并不会像你期望的那样关闭用户窗体。要在单击时执行任何功能，则必须为该按钮添加事件处理程序过程。要关闭用户窗体，可以单击标题栏中的

"关闭"按钮(X)。

交叉引用

你可能更希望在工作表中通过单击一个命令按钮来显示用户窗体。第 42 章将详细介绍如何在工作表命令按钮上附加宏。

41.4.3　创建事件处理程序过程

当事件发生时，将会执行事件处理程序过程。在本例中，将需要一个过程来处理在用户单击 OK 按钮时所产生的 Click 事件。

(1) 按 Alt+F11 快捷键激活 VBE。

(2) 在"工程"窗口中双击 AboutBox 用户窗体的名称以激活此用户窗体。

(3) 双击命令按钮控件。VBE 将激活此用户窗体的代码模块，并为按钮的单击事件插入 Sub 和 End Sub 语句，如图 41-10 所示。

(4) 在 End Sub 语句前插入下列语句：

```
Unload Me
```

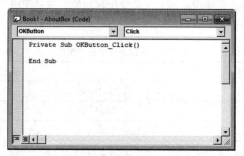

图 41-10　用户窗体的代码模块

该语句使用 Unload 语句关闭了用户窗体。此时，完整的事件处理程序过程如下所示：

```
Private Sub OKButton_Click()
    Unload Me
End Sub
```

添加事件过程后，单击 OK 按钮将关闭窗体。

注意

在用户窗体的代码模块中，Me 关键字是指代用户窗体自身的快捷方式。其效果与编写 Unload AboutBox 相同，但是在更改窗体的名称后，使用 Me 关键字的代码仍然能够工作。

41.5　查看另一个用户窗体示例

本节中的示例是本章开始部分的 ChangeCase 过程的增强版。该宏的最初版本用于将选定单元格中的文本改为大写字符。这个经过修改的版本将询问用户要执行什么样的大小写更改：大写、小写或适当的大小写(首字母大写)。

41.5.1　创建用户窗体

这个用户窗体需要一条来自用户的信息：对文本执行的更改类型。因为只能选择一个选项，所以使用选项按钮控件很合适。从一个空工作簿开始并按以下步骤创建用户窗体：

(1) 按 Alt+F11 快捷键激活 VBE 窗口。

(2) 在 VBE 中选择"插入"｜"用户窗体"命令。VBE 将添加一个名为 UserForm1 的空窗体并显示工具箱。

(3) 按 F4 键显示"属性"窗口，然后更改用户窗体对象的以下属性(如表 41-5 所示)。

表 41-5　更改用户窗体对象的属性

属性	更改为
Name	UChangeCase
Caption	Change Case

(4) 在用户窗体中添加一个命令按钮对象，然后更改该命令按钮的下列属性(如表 41-6 所示)。

表 41-6　更改命令按钮的属性

属性	更改为
Name	OKButton
Caption	OK
Default	True

(5) 添加另一个命令按钮对象，然后更改其下列属性(如表 41-7 所示)。

表 41-7　更改另一个命令按钮的属性

属性	更改为
Name	CancelButton
Caption	Cancel
Cancel	True

(6) 添加一个选项按钮控件，然后更改其下列属性(如表 41-8 所示)。该选项是默认选项，因此它的 Value 属性应设为 True。

表 41-8　更改第一个选项按钮的属性

属性	更改为
Name	OptionUpper
Caption	Upper Case
Value	True

(7) 添加第二个选项按钮控件，然后更改其下列属性(如表 41-9 所示)。

表 41-9　更改第二个选项按钮的属性

属性	更改为
Name	OptionLower
Caption	Lower Case

(8) 添加第三个选项按钮控件，然后更改其下列属性(如表 41-10 所示)。

表 41-10　更改第三个选项按钮的属性

属性	更改为
Name	OptionProper
Caption	Proper Case

(9) 调整控件和窗体的大小和位置，直到用户窗体看起来如图41-11所示。一定要确保控件没有重叠。

> **提示**
>
> VBE 提供了几个有用的命令，用于帮助设置控件大小和对齐控件。例如，可以使一组选定控件具有相同的大小，或者移动它们使它们都靠左对齐。方法是选择要使用的控件，然后从 "格式" 菜单中选择一个命令。这些命令都比较容易理解，并且帮助系统对其提供了完整的说明。

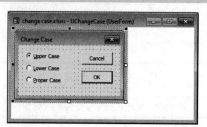

图 41-11　添加控件并调整一些属性后的用户窗体

41.5.2　创建事件处理程序过程

下一步是创建两个事件处理程序过程：一个用于处理 CancelButton 命令按钮的 Click 事件；另一个用于处理 OKButton 命令按钮的 Click 事件。选项按钮控件的事件处理程序不是必需的。VBA 代码能够确定这 3 个选项按钮中哪一个已被选中，但是它只是在单击 OK 或 Cancel 按钮时做出反应；当选项变化时，它不需要做出反应。

事件处理程序过程存储在用户窗体的代码模块中。要创建一个过程来处理 CancelButton 的 Click 事件，请执行以下步骤：

(1) 在 "工程" 窗口中双击 UserForm1 的名称，以激活此窗体。

(2) 双击 CancelButton 控件。VBE 将激活用户窗体的代码模块并插入一个空过程。

(3) 在 End Sub 语句之前插入如下语句：

```
Unload Me
```

这就是要执行的全部操作。以下是附加到 CancelButton 的 Click 事件的完整过程:

```
Private Sub CancelButton_Click()
    Unload Me
End Sub
```

此过程将在单击 CancelButton 按钮时执行。该过程由用于卸载 UserForm1 窗体的单个语句组成。

下一步是添加用于处理 OKButton 控件的 Click 事件的代码。请执行以下步骤:

(1) 从模块顶部的下拉列表中选择 OKButton 或重新激活用户窗体, 然后双击 OKButton 控件。VBE 将创建一个名为 OKButton_Click 的新过程。

(2) 输入以下代码。其中的第一条语句和最后一条语句已经被 VBE 添加到过程中。

```
Private Sub OKButton_Click()
' Exit if a range is not selected
  If TypeName(Selection) <> "Range" Then Exit Sub

' Upper case
  If Me.OptionUpper.Value Then
    For Each cell In Selection
      If Not cell.HasFormula Then
        cell.Value = StrConv(cell.Value, vbUpperCase)
      End If
    Next cell
  End If
' Lower case
  If Me.OptionLower.Value Then
    For Each cell In Selection
      If Not cell.HasFormula Then
        cell.Value = StrConv(cell.Value, vbLowerCase)
      End If
    Next cell
  End If
' Proper case
  If Me.OptionProper.Value Then
    For Each cell In Selection
      If Not cell.HasFormula Then
        cell.Value = StrConv(cell.Value, vbProperCase)
      End If
    Next cell
  End If

  Unload Me
End Sub
```

此宏将首先检查所选内容的类型。如果没有选择区域, 则过程结束。过程的剩余部分由 3 个独立的块组成。根据所选中的选项按钮, 只有一个程序块会被执行。选中的选项按钮的 Value 值为 True。最后, 用户窗体被卸载(关闭)。

41.5.3　显示用户窗体

此时, 用户窗体已包含所有必需的控件和事件过程, 所缺少的是如何显示这个用户窗体。本节将说明如何编写一个 VBA 过程来显示该用户窗体。

(1) 确保 VBE 窗口已激活。

(2) 选择"插入"|"模块"命令, 插入一个模块。

(3) 在空模块中输入以下代码:

```
Sub ShowUserForm()
    UChangeCase.Show
End Sub
```

(4) 选择"运行"|"运行子过程/用户窗体"命令(或按 F5 键)。这时，Excel 窗口被激活并显示新的用户窗体，如图 41-12 所示。

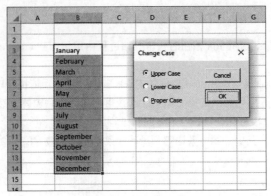

图 41-12　显示用户窗体

41.5.4　测试用户窗体

可执行以下步骤在 Excel 中测试用户窗体：

(1) 激活 Excel。

(2) 在一些单元格中输入文本。

(3) 选择有文本的区域。

(4) 选择"开发工具"|"代码"|"宏"命令(或按 Alt+F8 快捷键)。这将显示"宏"对话框。

(5) 从宏列表中选择 ShowUserForm，然后单击"执行"按钮。这样将显示该用户窗体。

(6) 选择所需的选项并单击 OK 按钮。

可尝试更多选择(包括不连续的单元格)。请注意，如果单击 Cancel 按钮，将关闭用户窗体，而且不执行任何更改。

但是，该代码存在一个问题：如果你选择一个或多个整列，该过程将处理每一个单元格，此过程可能需要很长的时间。配套学习资源网站上的工作簿版本通过处理与该工作簿所用区域相交的所选内容的子集更正了此问题。

41.5.5　从工作表按钮执行宏

此时，所有元素都可以正常工作了。然而，现在还没有一种用于执行宏的简捷方法。一种好方法是从工作表中的按钮执行宏。可以执行以下步骤：

(1) 选择"开发工具"|"控件"|"插入"命令，并且在"表单控件"组中单击"按钮"控件。

(2) 在工作表中单击并拖放以创建按钮。这将显示"指定宏"对话框。

(3) 选择 ShowUserForm 宏并单击"确定"按钮。

(4) (可选)此时，按钮仍处于被选中的状态，因此可以更改文本，使其更具描述性。也可以在任何时候右击按钮以更改文本。

执行完上述步骤以后，单击按钮将执行宏并显示用户窗体。

> **交叉引用**
>
> 本例中的按钮来自"表单控件"组。Excel 还在"ActiveX 控件"组中提供了一个按钮。有关"ActiveX 控件"组的更多信息，请参见第 42 章。

41.5.6　从快速访问工具栏中执行宏

如果想在其他工作簿被激活的状态下使用这个宏，可以在快速访问工具栏中添加一个按钮。为此，可以执行下列步骤：

(1) 确保含有宏的工作簿处于打开状态。

(2) 右击功能区中的任何位置，然后从快捷菜单中选择"自定义快速访问工具栏"命令。这样将显示"Excel 选项"对话框的"快速访问工具栏"部分。

(3) 从左侧的"从下列位置选择命令"下拉菜单中选择"宏"选项。这样将显示你所创建的宏。

(4) 选择宏的名称并单击"添加"按钮，将该条目添加到右侧的列表中。

(5) (可选)如果要更改图标，则单击"修改"按钮并选择一个新图像，然后单击"确定"按钮。你也可以更改"显示名称"。

(6) 单击"确定"按钮，关闭"Excel 选项"对话框。执行上述步骤以后，此新图标将出现在快速访问工具栏中。

41.6　增强用户窗体

创建用户窗体可使宏具有更大的灵活性。可以创建自定义命令来显示一些对话框，并且使这些对话框看起来与 Excel 所使用的对话框一样。本节包含了其他一些信息，有助于开发出与 Excel 内置对话框具有类似行为的对话框。

41.6.1　添加热键

所有 Excel 对话框都同时支持鼠标和键盘，这是因为每个控件都有一个关联的热键。可以通过同时按下 Alt 键和热键来使用特定的对话框控件。

你的自定义对话框也应该为所有控件设置热键。可以通过在"属性"窗口中为 Accelerator 属性输入一个字符来添加热键。

热键可以是任何字母、数字或标点符号，无论该字符是否在控件的标题中出现。但是，使用在控件标题中出现的字母是一个好主意，因为此时该字母将带有下画线，能够给用户提供视觉提示(图 41-12 中的选项按钮就具有热键)。另一种常用的约定是使用控件标题的首字母。但是，不能重复使用热键。如果首字母已经被占用，则需要使用一个不同的字符，最好是一个很容易与该单词联系起来的字母(如一个硬辅音)。如果设置了重复的热键，那么热键将作用于用户窗体 Tab 键顺序中的下一个控件，再次按热键将再作用于下一个控件。

某些控件(如文本框)没有 Caption 属性，另一些控件(如标签)不能获得焦点。可以为用于描述文本框等控件的标签设置一个热键，并把该标签放到 Tab 键顺序中的目标控件的前面。按一个不能获得焦点的控件的热键将激活 Tab 键顺序中的下一个控件。

41.6.2　控制 Tab 键顺序

上面提到了用户窗体的 Tab 键顺序。当使用用户窗体时，可以按 Tab 键和 Shift+Tab 快捷键循环选择对话框中的各个控件。在创建用户窗体时，应确保 Tab 键顺序是正确的。通常，这意味着 Tab 键应按逻辑顺序在控件中切换。

要查看或更改用户窗体中的 Tab 键顺序，请选择"视图"|"Tab 顺序"命令以显示"Tab 键顺序"对话框(见图 41-13)。然后可以从列表中选择一个控件；使用"上移"和"下移"按钮即可改变选中控件的 Tab 键顺序。

图 41-13　调整用户窗体的 Tab 键顺序

41.7　学习更多知识

多实践是掌握用户窗体的各种用法的必然要求。应仔细研究 Excel 所使用的对话框，以了解这些对话框是如何设计的。你可以模仿 Excel 所使用的许多对话框。

使用 VBA 帮助系统是学习更多有关创建对话框的知识的最佳方法。按 F1 键可快速显示帮助窗口。

第 **42** 章

在工作表中使用用户窗体控件

本章要点

- 理解为什么要在工作表中使用控件
- 使用控件
- "控件工具箱"控件

第 41 章简要介绍了用户窗体。如果你希望使用对话框控件，但却不愿意创建自定义的对话框，那么本章可帮助你实现目的。本章介绍了如何利用按钮、列表框、选项按钮等交互式控件来增强工作表的功能。

42.1 理解为什么要在工作表中使用控件

在工作表中使用控件的主要原因是为了方便用户输入内容。例如，如果需要创建一个使用一个或多个输入单元格的模型，那么可以创建一些控件以允许用户选择输入单元格的值。

在工作表中添加控件要比创建对话框容易得多。此外，由于可将控件链接到工作表单元格，因此不必创建任何宏。例如，如果在工作表中插入一个复选框控件，则可以将其链接到特定的单元格。当此复选框被选中时，所链接的单元格将显示 TRUE。如果复选框没被选中，则所链接的单元格将显示 FALSE。

图 42-1 显示了一个使用了以下 3 类控件的示例：复选框、两组选项按钮和滚动条。用户选择的内容用于在另一个工作表中显示贷款摊销表。这个工作簿具有交互能力，但它未使用宏。

配套学习资源网站

该工作簿可以在配套学习资源网站 w ww.wiley.com/go/excel365bible 中找到，文件名为 Ch42 mortgage loan.xlsx。

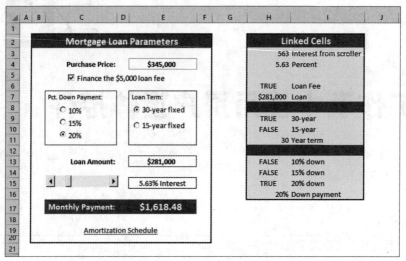

图 42-1　此工作表使用用户窗体控件

由于 Excel 提供了两组不同的控件，因此在工作表中添加控件时可能会引起一些混淆。通过选择"开发工具"|"控件"|"插入"命令可访问这两组控件。

- **表单控件**：这些控件是 Excel 独有的。
- **ActiveX 控件**：这些控件是可用于用户窗体的控件的子集。

当选择"开发工具"|"控件"|"插入"命令时，将显示如图 42-2 所示的控件。当把鼠标指针移到控件上时，Excel 会显示用于说明控件的工具提示。

图 42-2　Excel 的两组工作表控件

因为许多控件同时出现在两组控件中，所以会造成一些混淆。例如，名为"列表框"的控件既出现在表单控件中，也出现在 ActiveX 控件中。然而，这是两个完全不同的控件。通常，表单控件更易于使用，而 ActiveX 控件则提供了更大的灵活性。

注意

本章将重点介绍 ActiveX 控件。如果在功能区中看不到"开发工具"选项卡，可右击任意功能区控件，从快捷菜单中选择"自定义功能区"命令，打开"Excel 选项"对话框的"自定义功能区"选项卡。在右边的列表中，选中"开发工具"复选框。单击"确定"按钮，返回 Excel。

表 42-1 对各 ActiveX 控件进行了说明。

表 42-1　ActiveX 控件

按钮	用途
命令按钮	插入一个命令按钮控件(可单击的按钮)
组合框	插入一个组合框控件(下拉列表)
复选框	插入一个复选框控件(用于控制布尔选项)
列表框	插入一个列表框控件(允许用户从列表中选择一项)
文本框	插入一个文本框控件(允许用户输入文本)
滚动条	插入一个滚动条控件(通过拖动条形指定一个值)
数值调节钮	插入一个数值调节钮控件(通过单击箭头增减值)
选项按钮	插入一个选项按钮控件(允许用户从多个选项中选择)
标签	插入一个标签控件(用于显示文本)
图像	插入一个图像控件(用于显示图像)
切换按钮	插入一个切换按钮控件(用于控制布尔选项)
其他控件	显示系统上安装的其他 ActiveX 控件的列表，并非所有这些控件都可在 Excel 中使用

42.2　使用控件

在工作表中添加 ActiveX 控件的操作很容易，但在使用之前，需要了解一些有关如何使用它们的基础知识。

42.2.1　添加控件

要在工作表中添加控件，可选择"开发工具"|"控件"|"插入"命令。在"插入"图标下拉列表中单击要使用的控件，然后在工作表中拖放以创建控件。不必太在意准确的大小和位置，因为随时都可以修改这些属性。

> **警告**
> 一定要确保是从 ActiveX 控件中选择一个控件，而不是从表单控件中选择。如果插入的是一个表单控件，则本章中的相关说明将不适用。当选择"开发工具"|"控件"|"插入"命令时，ActiveX 控件出现在列表的下半部。

42.2.2　了解设计模式

当在工作表中添加控件时，Excel 将进入设计模式。在这种模式下，可以调整工作表中任何控件的属性，为控件添加或编辑宏，或者改变控件的大小或位置。

> **注意**
> 当 Excel 处于设计模式时，"开发工具"|"控件"组中的"设计模式"图标将突出显示。可单击此图标以开启和关闭设计模式。

当 Excel 处于设计模式时，控件未被启用。要测试控件，就必须通过单击"设计模式"图标退出设计模式。当使用控件时，将可能需要频繁地在设计模式和非设计模式之间进行切换。

42.2.3　调整属性

每个添加的控件都有不同的属性，这些属性决定了控件的外观和行为。只有当 Excel 处于设计模式时才能调整这些属性。在工作表中添加控件时，Excel 将自动进入设计模式。如果需要在退出设计模式后更改控件，只需要单击"开发工具"选项卡的"控件"组中的"设计模式"图标即可。

可执行如下步骤来更改控件的属性：

(1) 确保 Excel 处于设计模式。

(2) 单击控件以选择它。

(3) 如果"属性"窗口不可见，则可单击"开发工具"选项卡的"控件"组中的"属性"图标。这样将显示"Properties (属性)"窗口，如图 42-3 所示。

(4) 选择相应的属性并进行更改。

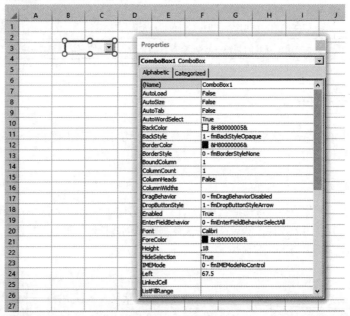

图 42-3　使用"Properties(属性)"窗口调整控件的属性(在本例中是一个组合框控件)

属性的更改方式取决于属性本身。一些属性会显示一个下拉列表，可以从此列表中选择相应的项。其他一些属性(如 Font)会提供一个按钮，当单击该按钮时将显示一个对话框。还有一些属性要求你输入属性值。当更改属性时，所做的更改会立即生效。

> **提示**
> 要了解特定属性，可在"属性"窗口中选择属性并按 F1 键。

"属性"窗口中有两个选项卡。"按字母序"选项卡会按字母顺序显示属性。"按分类序"选项卡会按分类显示属性。这两个选项卡显示的是相同的属性，只是显示顺序不同。

42.2.4　使用通用属性

每个控件都有一些自己的唯一属性。然而，许多控件也共享一些属性。本节将描述对所有或多数控件通用的一些属性，如表 42-2 所示。

> **注意**
> 某些 ActiveX 控件属性是必需的(如"名称"属性)。换言之，这些属性不能为空。如果必需的属性缺失，则 Excel 将显示错误消息。

表 42-2　多个控件共有的属性

属性	说明
AutoSize	如果为 TRUE，则该控件会自动根据其标题中的文本调整大小
BackColor	控件的背景颜色
BackStyle	背景的样式(透明或不透明)
Caption	出现在控件上的文本
Left and Top	用于确定控件位置的值
LinkedCell	包含控件当前值的工作表单元格
ListFillRange	包含在列表框或组合框控件中显示的项的工作表区域
Name	控件的名称。当添加一个控件时，Excel 将基于控件的类型为其分配一个名称。可以将名称更改为任何有效的名称。但是，每个控件的名称在工作表中必须是唯一的
Picture	用于指定要显示的图形图像
Value	控件的值
Visible	如果为 FALSE，则控件是隐藏的
Width and Height	用于确定控件的宽度和高度的值

42.2.5　将控件链接到单元格

通常，可在不使用宏的情况下在工作表中使用 ActiveX 控件。许多控件都具有 LinkedCell 属性，可以指定工作表中的哪个单元格是链接到该控件的。

例如，可以添加一个数值调节钮控件，并且指定单元格 B1 作为它的 LinkedCell 属性。执行该操作后，单元格 Bl 将包含此数值调节钮的值，单击此数值调节钮即可改变单元格 B1 中的值。当然，也可以在公式中使用包含在链接单元格中的值。

> **注意**
> 当在"属性"窗口中指定 LinkedCell 属性时，不能在工作表中"指向"链接的单元格。必须输入单元格的地址或其名称(如果有)。

42.2.6　为控件创建宏

要为控件创建宏，必须使用 VBE。宏存储在包含控件的工作表的代码模块中。例如，如果在 Sheet2 上放置一个 ActiveX 控件，则该控件的 VBA 代码就存储在 Sheet2 的代码模块中。

每个控件都可以有一个宏来处理它的任意事件。例如，命令按钮控件可以有一个宏用于处理其 Click 事件、DblClick 事件和其他各个事件。

提示

访问控件的代码模块的最简单的方法是在设计模式中双击控件。Excel 将显示 VBE 并为控件的默认事件创建一个空过程。例如，复选框控件的默认事件是 Click 事件。图 42-4 显示的是为位于 Sheet1 上名为 CheckBox1 的控件自动生成的代码。

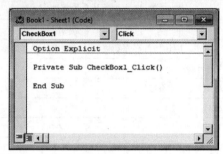

图 42-4　在设计模式下双击控件将激活 VBE 并进入一个空的事件处理程序过程

控件名称显示在代码窗口的左上角，事件显示在右上角区域中。如果要创建一个在不同事件发生时执行的宏，请从右上角区域的列表中选择相应的事件。

下面的步骤演示了如何插入一个命令按钮，并且创建一个用于在单击此按钮时显示消息的简单宏。

(1) 选择"开发工具"|"控件"|"插入"命令。

(2) 单击"ActiveX 控件"部分的"命令按钮"工具。

(3) 在工作表中单击并拖动以创建按钮。Excel 将自动进入设计模式。

(4) 双击该按钮。这将激活 VBE 窗口并为按钮的 Click 事件创建一个空过程。

(5) 在 End Sub 语句之前输入如下 VBA 语句：

```
MsgBox "Hello, it's " & Time
```

(6) 按 Alt+F11 快捷键返回 Excel。

(7) (可选)使用"属性"窗口调整命令按钮的其他任意属性。如果未显示"属性"窗口，那么可以选择"开发工具"|"控件"|"属性"命令。

(8) 单击"开发工具"|"控件"组中的"设计模式"按钮，退出设计模式。

执行上述步骤以后，单击命令按钮将在消息框中显示当前时间。

注意

必须手动输入 VBA 代码。不能使用 VBA 宏录制器为控件创建宏。但是，可以录制一个宏，然后从一个事件过程执行它。例如，如果录制了一个名为 FormatCells 的宏，就可以输入一条使用该宏的名称的语句。当执行该语句时，录制的宏就会运行。或者，可以复制录制的代码并将其粘贴到自己的事件过程中。

42.3　查看可用的 ActiveX 控件

本节将介绍可以在工作表中使用的 ActiveX 控件。

配套学习资源网站

在配套学习资源网站 www.wiley.com/go/excel365bible 中可以找到包含本节用到的所有 ActiveX 控件示例的文件，文件名为 worksheet controls.xlsm。

42.3.1　复选框控件

复选框控件用于执行二元选择：是或否、真或假、开或关等。下面说明的是对复选框控件而言最有用的属性。

- Accelerator：一个字母，用户可使用它通过键盘更改控件的值。例如，如果热键是 A，则按 Alt+A 快捷键即可改变复选框控件的值。热键字母在控件的标题中会带有下画线。
- LinkedCell：链接到复选框的工作表单元格。若该控件被选中，则此单元格将显示 TRUE；若该控件没有被选中，则此单元格将显示 FALSE。

42.3.2　组合框控件

组合框控件是文本框和列表框的组合。它类似于文本框，因为用户能够直接输入文本，就像在文本框中一样，即使他们输入的内容没有包含在列表中。它类似于列表框，因为当单击它的下拉箭头时，会显示可用选项的列表。

图 42-5 显示了一个组合框控件，该控件使用区域 D1:D12 作为 ListFillRange，使用单元格 Al 作为 LinkedCell。

图 42-5　一个组合框控件

下面说明的是对组合框控件而言最有用的属性。

- BoundColumn：如果 ListFillRange 包含多列，则该属性用于决定哪一列包含所返回的值。
- ColumnCount：列表中显示的列数。
- LinkedCell：显示所选项的工作表单元格。
- ListFillRange：包含列表项的工作表区域。

- ListRows：在下拉列表中出现的项的个数。
- ListStyle：决定列表项的外观。
- Style：决定控件的行为是与下拉列表还是与组合框相似。下拉列表不允许用户输入新值。

> **交叉引用**
> 你也可以用数据验证直接在单元格中创建下拉列表。有关详细信息，请参阅第23章。

42.3.3 命令按钮控件

命令按钮控件用于执行宏。当单击命令按钮时，它将执行一个其名称由命令按钮的名称、下画线和单词 Click 组成的事件过程。例如，如果命令按钮名为 MyButton，则单击它时将执行名为 MyButton_Click 的宏。此宏存储在包含命令按钮的工作表的代码模块中。

42.3.4 图像控件

图像控件用于显示图像。下面说明的是对图像控件而言最有用的属性。

- AutoSize：如果该属性为 TRUE，则图像控件将会自动调整其大小以适应图像。
- Picture：图像文件的路径。在"属性"窗口中单击此按钮，Excel 会显示一个可以定位图像的对话框。或者，也可以将图像复制到剪贴板，然后在"属性"窗口中选择 Picture 属性，然后再按 Ctrl+V 快捷键。
- PictureSizeMode：该属性决定了当容器大小与图像大小不同时如何修改图像。

> **提示**
> 你也可以通过选择"插入"|"插图"|"图片"命令在工作表中插入图像。

42.3.5 标签控件

标签控件只用于显示文本。与在用户窗体中相同，使用这个控件来说明其他控件。你还可以使用其 Click 事件来激活其他有热键的控件。

42.3.6 列表框控件

列表框控件可显示一系列项，用户可以从中选择一项或多项。它类似于组合框。这两者之间的主要差别在于列表框一次可以显示多个选项，并不需要单击下拉箭头。

下面说明的是对列表框控件而言最有用的属性。

- BoundColumn：如果列表包含多列，则该属性用于决定哪一列包含所返回的值。
- ColumnCount：列表中显示的列数。
- IntegralHeight：如果为 TRUE，则在列表垂直滚动时，列表框的高度将会自动调整以显示完整的文本行。如果为 FALSE，则在列表垂直滚动时，列表框只显示部分文本。
- LinkedCell：显示选定项的工作表单元格。
- ListFillRange：包含列表项的工作表区域。
- ListStyle：决定列表项的外观。
- MultiSelect：决定用户是否可以从列表中选择多项。

> **注意**
> 如果使用的是 MultiSelect 列表框，则不能指定 LinkedCell；需要编写一个宏来确定所选择的项。

42.3.7　选项按钮控件

当需要从数目很少的项中进行选择时，选项按钮控件就很有用。选项按钮控件总是至少以两个为一组使用。

下面说明的是对选项按钮控件而言最有用的属性。

- Accelerator：一个字母，它使用户可通过键盘来选择选项。例如，如果选项按钮的热键是 C，则按 Alt+C 快捷键即可选择该控件。
- GroupName：当多个选项按钮的 GroupName 属性是相同的名称时，它们彼此相关。
- LinkedCell：链接到选项按钮的工作表单元格。如果控件被选中，则单元格将显示 TRUE；如果控件未被选中，则单元格将显示 FALSE。

> **注意**
> 如果工作表中包含多组选项按钮控件，则必须确保每组选项按钮都有不同的 GroupName 属性。否则，所有选项按钮将变为同一个组的一部分。

42.3.8　滚动条控件

滚动条控件可以用于指定单元格的值。图 42-6 显示了一个包含 3 个滚动条控件的工作表。这些滚动条用于改变矩形的颜色。滚动条的值决定了矩形颜色中红、绿或蓝颜色的组成。本例使用了一些简单的宏来改变颜色。

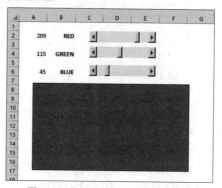

图 42-6　此工作表包含 3 个滚动条控件

下面说明的是对滚动条控件而言最有用的属性。

- Value：控件的当前值。
- Min：控件的最小值。
- Max：控件的最大值。
- LinkedCell：显示控件值的工作表单元格。
- SmallChange：单击箭头时控件值的改变量。
- LargeChange：单击滚动区域时控件值的改变量。

当需要选择很大范围内的一个值时，滚动条控件非常有用。

42.3.9　数值调节钮控件

数值调节钮控件允许用户通过单击此控件来选择一个值，该控件有两个箭头(一个用于增大值，另一个用于减小值)。数值调节钮既能水平显示也能垂直显示。

下面说明的是对数值调节钮控件而言最有用的属性。

- Value：控件的当前值。
- Min：控件的最小值。
- Max：控件的最大值。
- LinkedCell：显示控件值的工作表单元格。
- SmallChange：单击时控件值的改变量。通常，该属性被设置为 1，但是可以将其更改为任意值。

42.3.10　文本框控件

从表面上看，文本框控件好像不是很有用，毕竟它只是用于包含文本，而通常可以使用工作表单元格来获得文本输入。实际上，文本框控件作为输出控件时要比作为输入控件时更有用。因为文本框可以具有滚动条，所以可使用它在一个很小的区域内显示大量信息。

图 42-7 显示了一个含有林肯的"葛底斯堡演说"的文本框控件。请注意使用 ScrollBars 属性显示的垂直滚动条。

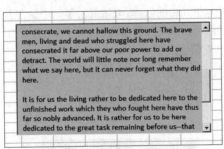

图 42-7　带有垂直滚动条的文本框控件

下面说明的是对文本框控件而言最有用的属性。

- AutoSize：决定控件是否根据文本数量自动调整其大小。
- IntegralHeight：如果为 TRUE，则在列表垂直滚动时，文本框的高度将会自动调整以显示完整的文本行；如果为 FALSE，则在列表垂直滚动时，文本框只显示部分文本。
- MaxLength：允许在文本框中显示的最大字符数。如果为 0，则表示不限制字符数。
- MultiLine：如果为 TRUE，则文本框可显示多行文本。要在 MultiLine 文本框中换行，需按 Shift+Enter 快捷键。
- TextAlign：决定文本框中文本的对齐方式。
- WordWrap：如果该属性为 TRUE 且 MultiLine 属性也为 TRUE，则长于控件宽度的行将换行。
- ScrollBars：决定此控件的滚动条类型：水平、垂直、两者都有或两者都无。

42.3.11　切换按钮控件

切换按钮控件有两种状态：开与关。单击此按钮可在这两种状态之间进行切换，而且按钮将显示不同的外观以指示当前状态。它的值分别为 TRUE(按下时)或 FALSE(未按下时)。常常可以使用切换按钮来替换复选框控件。

第43章

使用 Excel 事件

本章要点
- 了解事件
- 使用工作簿级别的事件
- 使用工作表事件
- 使用特殊应用程序事件

在前面几章中,我们给出了一些示例,演示了 ActiveX 控件的 VBA 事件处理程序过程。这些过程是使 Excel 应用程序具有交互特性的重要因素。本章将介绍 Excel 对象的事件的概念,并且包含许多可通过调整满足你的需要的示例。

43.1 了解事件

Excel 能够监控许多种事件,并且可在发生其中任何一个事件时执行相应的 VBA 代码。本章将介绍以下几类事件。
- **工作簿事件**:这些事件面向特定的工作簿发生,例如 Open(打开或创建工作簿)、BeforeSave(即将保存工作簿)和 NewSheet(添加新工作表)。对应于这些工作簿事件的 VBA 代码必须存储在 ThisWorkbook 代码模块中。
- **工作表事件**:这些事件面向特定的工作表发生,例如 Change(更改工作表上的单元格)、SelectionChange(更改工作表上的选定内容)和 Calculate(重新计算工作表)。对应于这些工作表事件的 VBA 代码必须存储在工作表的代码模块中(如名为 Sheet1 的模块)。
- **特殊应用程序事件**:最后的这个类别由两个有用的应用程序级别事件组成:OnTime 和 OnKey。这些事件与其他事件不同,因为它们的代码没有存储在类模块中。相反,需要通过调用 Application 对象的方法来设置这些事件。

许多事件同时存在于工作表级别和工作簿级别。例如,Sheet1 有一个 Change 事件,当更改 Sheet1 上的任何单元格时,就会引发该事件。工作簿有一个 SheetChange 事件,当更改任何工作表上的任何单元格时,就会引发该事件。这个事件的工作簿有一个额外的参数,指出了受影响的工作表。

43.2　输入事件处理程序的 VBA 代码

　　每个事件处理程序过程都必须存储在特定类型的代码模块中。工作簿级别事件的代码存储在 ThisWorkbook 代码模块中，工作表级别事件的代码存储在特定工作表的代码模块中(如名为 Sheetl 的代码模块)。这些模块由 Excel 自动添加到项目中。你不能添加或删除 ThisWorkbook 模块。要添加或删除工作表的模块，必须从工作簿中添加或删除该工作表。

　　此外，每个事件处理程序过程都有一个预定义名称。可以通过键入其名称来声明过程，但更好的方法是通过使用 VBE 窗口顶部的两个下拉控件，让 VBE 执行这项工作。

　　图 43-1 显示了 ThisWorkbook 对象的代码模块。可通过在"工程"窗口中双击来选择相应的代码模块。要插入过程声明，可从代码窗口左上部的对象列表中选择 Workbook。然后从右上部的过程列表中选择事件。当完成上述工作时，将得到一个包含过程声明行和 End Sub 语句的过程"shell"。

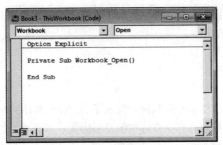

图 43-1　创建事件过程的最佳方法是让 VBE 执行该操作

　　例如，如果从对象列表中选择 Workbook 并从过程列表中选择 Open，则 VBE 将插入下列(空)过程：

```
Private Sub Workbook_Open()

End Sub
```

　　事件处理程序的 VBA 代码将置于上述两行代码之间。

　　有些事件处理程序过程包含一个参数列表。例如，你可能需要创建一个事件处理程序过程来监控工作簿的 SheetActivate 事件(当用户激活不同的工作表时将触发此事件)。如果使用前面部分所讨论的技术，则 VBE 将创建以下事件过程：

```
Private Sub Workbook_SheetActivate(ByVal Sh As Object)

End Sub
```

　　该过程使用了一个参数(Sh)，表示所激活的工作表。在此，Sh 被声明为 Object 数据类型而非 Worksheet 数据类型，因为被激活的工作表也可以是一个图表工作表。

　　当然，代码也可使用作为参数传递的信息。下面的示例就是通过访问参数的 Name 属性来显示被激活工作表的名称。此参数既可以是 Worksheet 对象，也可以是 Chart 对象。

```
Private Sub Workbook_SheetActivate(ByVal Sh As Object)
  MsgBox Sh.Name & " was activated."
End Sub
```

　　一些事件处理程序过程会使用一个名为 Cancel 的布尔参数。例如，一个工作簿的 BeforePrint 事件的声明如下所示：

```
Private Sub Workbook_BeforePrint(Cancel As Boolean)
```

传递给过程的 Cancel 值为 False。然而，代码可将 Cancel 的值设置为 True，以取消打印。下面的示例对此进行了演示：

```
Private Sub Workbook_BeforePrint(Cancel As Boolean)
  Msg = "Have you loaded the 5164 label stock?"
  Ans = MsgBox(Msg, vbYesNo, "About to print...")
  If Ans = vbNo Then Cancel = True
End Sub
```

Workbook_BeforePrint 过程在打印工作簿之前执行。此过程将显示一个消息框，用于要求用户确认是否装载了正确的纸。如果用户单击 No 按钮，则 Cancel 将被设为 True，从而不进行打印工作。

下面是使用工作簿的 BeforePrint 事件的另一个过程。该示例解决了 Excel 页眉和页脚的以下缺陷：页眉或页脚不能使用单元格的内容。当打印工作簿时，将触发这个简单的过程，在页眉处放置单元格 A1 的内容。

```
Private Sub Workbook_BeforePrint(Cancel As Boolean)
  ActiveSheet.PageSetup.CenterHeader = _
    Worksheets(1).Range("A1")
End Sub
```

43.3　使用工作簿级别的事件

工作簿级别的事件面向特定的工作簿发生。表 43-1 列出了最常用的工作簿事件及其简要说明。

表 43-1　工作簿事件

事件	触发事件的动作
Activate	激活工作簿
AfterSave	保存工作簿
BeforeClose	工作簿将被关闭
BeforePrint	将打印工作簿(或其中的任何内容)
BeforeSave	工作簿将被保存
Deactivate	禁用工作簿
NewSheet	在工作簿中创建一个新工作表
Open	打开工作簿
SheetActivate	激活工作簿中的任何工作表
SheetBeforeDoubleClick	双击工作簿中的任何工作表。此事件在默认的双击操作之前发生
SheetBeforeRightClick	右击工作簿中的任何工作表。此事件在默认的右击操作之前发生
SheetChange	用户更改工作簿中的任何工作表
SheetDeactivate	工作簿中的任何工作表被禁用
SheetSelectionChange	工作簿中任何工作表上的选择内容发生变化
WindowActivate	激活任何工作簿窗口
WindowDeactivate	禁用任何工作簿窗口

稍后将列举一些有关使用工作簿级别事件的示例。

警告

稍后的所有示例过程必须位于 ThisWorkbook 对象的代码模块中。如果将其置于任何其他类型的代码模块中，它们将不能运行，你也不会看到错误消息。

43.3.1　使用 Open 事件

一个最常被监控的事件是工作簿的 Open 事件。当工作簿打开时，该事件就会被触发并执行 Workbook_Open 过程。Workbook_Open 过程的功能非常灵活,通常可用于完成以下任务:

- 显示欢迎消息
- 打开其他工作簿
- 激活特定的工作表
- 确保满足一定的条件(例如，工作簿也许会要求安装特定加载项)。

警告

请注意，Excel 并不能保证 Workbook_Open 过程一定会执行。例如，用户可能选择了禁用宏。而且，如果用户在打开工作簿时按住 Shift 键，则工作簿的 Workbook_Open 过程将不执行。

下面是一个简单的 Workbook_Open 过程示例。它使用 VBA 的 Weekday 函数来确定是星期几。如果是星期五，那么将显示一个消息框，提醒用户执行文件备份。如果不是星期五，则不显示任何信息。

```
Private Sub Workbook_Open()
  If Weekday(Now) = 6 Then
    Msg = "Make sure you do your weekly backup!"
    MsgBox Msg, vbInformation
  End If
End Sub
```

下面的示例在打开工作簿时执行一系列动作。它可以最大化工作簿窗口，激活名为 DataEntry 的工作表，选中 A 列的第一个空单元格并将当前日期输入该单元格。如果不存在名为 DataEntry 的工作表，则代码将生成一个错误信息。

```
Private Sub Workbook_Open()
  ActiveWindow.WindowState = xlMaximized
  Worksheets("DataEntry").Activate
  Range("A1").End(xlDown).Offset(1,0).Select
  ActiveCell.Value = Date
End Sub
```

43.3.2　使用 SheetActivate 事件

当用户激活工作簿中的任一工作表时,都会执行下列过程。此代码只是会选择单元格 A1。通过包含 On Error Resume Next 语句，可使此过程忽略当所激活的工作表是图表工作表时发生的错误。

```
Private Sub Workbook_SheetActivate(ByVal Sh As Object)
  On Error Resume Next
  Range("A1").Select
End Sub
```

另一种可用于处理图表工作表情况的方法是检查工作表的类型。可以使用传递给过程的
Sh 参数进行检查。

```
Private Sub Workbook_SheetActivate(ByVal Sh As Object)
  If TypeName(Sh) = "Worksheet" Then Range("A1").Select
End Sub
```

43.3.3　使用 NewSheet 事件

将新工作表添加到工作簿时，将执行下面的过程。这个工作表作为一个参数传递给过程。
因为新工作表既可以是普通工作表，也可以是图表工作表，所以该过程将检查工作表的类型。
如果是普通工作表，则在单元格 A1 中插入一个日期和时间戳。

```
Private Sub Workbook_NewSheet(ByVal Sh As Object)
  If TypeName(Sh) = "Worksheet" Then _
    Sh.Range("A1").Value = "Sheet added " & Now()
End Sub
```

43.3.4　使用 BeforeSave 事件

在实际保存工作簿之前，将发生 BeforeSave 事件。当选择"文件" | "保存"命令时，有
时会出现"另存为"对话框——例如，如果文件从未被保存或者以只读方式打开，将发生这
种情况。

当执行 Workbook_BeforeSave 过程时，它会接收一个参数，可用于确定是否将显示"另
存为"对话框。下面的示例对此进行了演示：

```
Private Sub Workbook_BeforeSave _
  (ByVal SaveAsUI As Boolean, Cancel As Boolean)

  If SaveAsUI Then
    MsgBox "Use the new file-namingconvention."
  End If
End Sub
```

在用户试图保存工作簿时，Workbook_BeforeSave 过程将执行。如果保存操作导致"另
存为"对话框出现，则 SaveAsUI 变量的值为 True。上面的过程将检查该变量，并且只在出
现"另存为"对话框时才显示一条消息。这种情况下，该消息将会提示如何命名文件。

BeforeSave 事件过程的参数列表中还有一个 Cancel 变量。如果过程将 Cancel 参数设置为
True，则不保存文件。

43.3.5　使用 BeforeClose 事件

BeforeClose 事件在工作簿关闭之前发生。该事件通常与 Workbook_Open 事件处理程序
一起使用。例如，可以使用 Workbook_Open 过程初始化工作簿中的项，然后使用 Workbook_
BeforeClose 过程在关闭工作簿之前清除设置或将设置恢复为正常状态。

当用户尝试关闭已进行了更改的只读工作簿时，Excel 将提示用户保存该工作簿的副本。
某些情况下，这种行为是我们所希望的。但是，如果工作簿被设计为可使用而不可保存，则
忽略"另存为"对话框是一件令人烦恼的事情，并且最终可能会因为用户感到困惑而得到不
想要的工作簿副本。如以下示例所示，可以使用 BeforeClose 事件来指定工作簿已经保存(即
使尚未保存)，并避免出现该消息。

```
Private Sub Workbook_BeforeClose(Cancel As Boolean)
```

```
   Me.Saved = True
End Sub
```

　　在第 41 章中，介绍了 UserForm 的代码模块中的 Me 关键字引用 UserForm 本身。它在 ThisWorkbook 和工作表代码模块中的作用相同。在本示例中，Me 关键字引用的是包含事件过程的工作簿。

　　如果试图关闭一个未保存的工作簿，则 Excel 将显示一个提示信息，询问是否在关闭之前保存工作簿。

警告

　　对于未保存的工作簿，此事件可能会导致发生问题。当用户在工作簿关闭前看到保存文件的提示时，BeforeClose 事件已经发生。如果用户在看到保存提示后选择取消关闭操作，则工作簿仍然保持打开状态，但是你的事件代码却已经运行。

43.4　使用工作表事件

　　Worksheet 对象的事件是最有用的一些事件。你将看到，通过监控这些事件，能使应用程序执行在其他情况下无法完成的工作。

　　表 43-2 列出了一些较常用的工作表事件及相应的简要说明。请记住，必须将这些事件过程输入工作表的代码模块中。此类代码模块具有默认的名称，如 Sheet1、Sheet2 等。

表 43-2　工作表事件

事件	触发事件的动作
Activate	激活工作表
BeforeDoubleClick	双击工作表。在默认双击操作之前会发生此事件
BeforeRightClick	右击工作表。在默认右击操作之前会发生此事件
Change	用户更改了工作表上的单元格
Deactivate	工作表被禁用
FollowHyperlink	单击工作表上的超链接
SelectionChange	工作表上的选择内容发生变化

43.4.1　使用 Change 事件

　　当工作表中的任意单元格被用户更改时，将触发 Change 事件。当对公式的计算生成不同的值或者当添加对象(如图表或形状)到工作表中时，不会触发 Change 事件。

　　当执行 Worksheet_Change 过程时，它接收一个 Range 对象作为其 Target 参数。该 Range 对象对应于触发事件的被更改的单元格或区域。以下示例显示了一个消息框，该消息框显示 Target 区域的地址：

```
Private Sub Worksheet_Change(ByVal Target As Range)
  MsgBox "Range " & Target.Address & " was changed."
End Sub
```

　　要熟悉生成工作表的 Change 事件的动作类型，请将上面的过程输入一个 Worksheet 对象的代码模块中。在输入该过程后，激活 Excel，然后使用各种方法对工作表进行更改。每次发生 Change 事件时，消息框都会显示所更改的区域的地址。

令人遗憾的是，Change 事件并不总是能按期望的那样正常工作。例如：

- 更改单元格的格式不能像期望的那样触发 Change 事件，但选择"开始"|"编辑"|"清除"|"清除格式"命令却可触发该事件。
- 即使单元格开始时为空，按 Delete 键也会产生一个事件。
- 通过 Excel 命令更改单元格有时可能会触发 Change 事件，有时也可能不会。例如，排序和单变量求解操作不会触发 Change 事件，而查找和替换、使用"自动求和"按钮或向表格添加汇总行等操作却会触发该事件。
- 如果 VBA 过程更改了单元格，会触发 Change 事件。

43.4.2　监控特定区域中的更改

当工作表中的任意单元格发生变化时都会发生 Change 事件。但大多数情况下，你可能只会关心特定的单元格或区域中发生的变化。当调用 Worksheet_Change 事件处理程序过程时，它接收一个 Range 对象作为其参数。该 Range 对象对应于被更改的单元格。

假定工作表中有一个名为 InputRange 的区域，而你希望 VBA 代码只监控该区域的变化。虽然不存在针对 Range 对象的 Change 事件，但是可以在 Worksheet_Change 过程中执行快速检查。下列过程对此进行了演示：

```
Private Sub Worksheet_Change(ByVal Target As Range)
    Dim VRange As Range
    Set VRange = Me.Range("InputRange")
If Union(Target, VRange).Address = _
    VRange.Address Then

    Msgbox "The changed cell is in the input range."
  End if
End Sub
```

这个示例创建了一个名为 VRange 的 Range 对象变量，代表你希望监控其变化的工作表区域。这个过程使用 VBA 的 Union 函数来确定 VRange 是否包含 Target 区域(作为参数传递给此过程)。Union 函数返回一个由其两个参数中所有单元格组成的对象。如果区域地址与 VRange 地址相同，则说明 VRange 包含 Target，此时将显示一个消息框。否则，过程将结束，而不执行任何操作。

上面的过程存在一个缺陷。Target 也许是由一个单元格或一个区域组成的。例如，如果同时更改多个单元格，则 Target 就会成为一个多单元格区域。对于现在的过程，所有被更改的单元格都必须包含在 InputRange 中。如果你仍然想要处理 InputRange 中的单元格(即使一些更改的单元格没有包含在 InputRange 内)，则必须修改此过程，以遍历 Target 中的所有单元格。下列过程将检查每个发生更改的单元格，并且在单元格处于目标区域内时显示一个消息框：

```
Private Sub Worksheet_Change(ByVal Target As Range)
  Set VRange = Me.Range("InputRange")
  For Each cell In Target.Cells
    If Union(cell, VRange).Address = _
      VRange.Address Then

      Msgbox "The changed cell is in the input range."
    End if
  Next cell
End Sub
```

上面的过程存在的一个问题是，它为 InputRange 中的每个单元格显示一条消息。如果你更改了很多单元格，就会关闭很多消息。可以使用 Intersect 方法来获取两个区域共有的单元格，如以下过程所示。

```
Private Sub Worksheet_Change( _
  ByVal Target As Excel.Range)

  Dim VRange As Range
  Dim cell As Range
  Dim IRange As Range

  Set VRange = Me.Range("InputRange")
  Set IRange = Intersect(VRange, Target)

  If Not IRange Is Nothing Then
    MsgBox "The range " & IRange.Address & " was changed."
  End If
End Sub
```

如果这两个区域没有任何共有的单元格，则 IRange 变量将不包含任何单元格。可以使用 Is Nothing 关键字来测试该条件。当 IRange 包含单元格时，我们希望 If 语句返回 TRUE，因此使用 Not 关键字来测试与 Is Nothing 关键字相反的条件。虽然 If Not Object Is Nothing 不是最容易阅读的代码，但它经常被使用，如果你阅读别人的代码，很可能会遇到它。

配套学习资源网站
包含此例的工作簿可在配套学习资源网站 www.wiley.com/go/excel365bible 中找到，文件名为 monitor a range.xlsm。

43.4.3　使用 SelectionChange 事件

以下过程演示了 SelectionChange 事件。只要你在工作表中做出新的选择，就会执行该过程。

```
Private Sub Worksheet_SelectionChange( _
  ByVal Target As Range)

    Me.Cells.Interior.ColorIndex = xlNone
    With Target
      .EntireRow.Interior.ColorIndex = 35
      .EntireColumn.Interior.ColorIndex = 35
    End With
End Sub
```

该过程用于为选中单元格所在的行和列添加底纹，从而使它易于被识别出来。第一个语句删除所有单元格的背景色。接着，选中单元格所在的整行和整列被加上浅绿色底纹。图 43-2 显示了底纹效果。

配套学习资源网站
包含此例的工作簿可在配套学习资源网站 www.wiley.com/go/excel365bible 中找到，文件名为 selection change event.xlsm。

警告
如果你的工作表中包含背景底纹，则你不会希望使用这个过程，因为该宏将删除背景底纹。但是，如果背景底纹是为表格应用样式的结果，则该宏不会删除表格的背景底纹。

	A	B	C	D	E	F	G	H
1		Mary	Bill	Joe	Frank	Carol	Pete	Nancy
2	January	551	664	582	607	675	513	557
3	February	548	572	577	529	500	681	635
4	March	665	513	546	678	673	566	693
5	April	699	667	663	562	504	626	595
6	May	640	581	661	586	510	542	537
7	June	649	689	569	518	591	607	625
8	July	538	516	660	626	523	560	689
9	August	618	533	611	681	585	641	618
10	September	587	546	584	538	575	624	648
11	October	573	616	612	602	696	621	620
12	November	613	692	617	603	544	601	678
13	December	657	518	597	630	638	602	652
14								

图 43-2　选择单元格可以使活动单元格所在的行和列加上底纹效果

43.4.4　使用 BeforeRightClick 事件

通常，右击工作表时会出现一个快捷菜单。如果由于某些原因，想要阻止出现这个快捷菜单，可以使用 RightClick 事件。下述过程将 Cancel 参数设为 True，这将取消 RightClick 事件，因此将取消快捷菜单。相反，将出现一个消息框。

```
Private Sub Worksheet_BeforeRightClick _
  (ByVal Target As Range, Cancel As Boolean)
  Cancel = True
  MsgBox "The shortcut menu is not available."
End Sub
```

43.5　使用特殊应用程序事件

到目前为止，本章所讨论的事件都与对象(如工作表)有关。本节将讨论另外两个事件：OnTime 和 OnKey。这些事件与对象无关。相反，需要通过使用 Application 对象的方法来访问它们。

注意

与本章讨论的其他事件不同，需要使用标准的 VBA 模块对 On 事件进行编程。

43.5.1　使用 OnTime 事件

OnTime 事件在指定的时间发生。下述示例演示了如何通过对 Excel 进行编程，从而使其在下午 3 点发出“嘟”的声音并显示一条消息：

```
Sub SetAlarm()
  Application.OnTime TimeSerial(15,0,0), "DisplayAlarm"
End Sub


Sub DisplayAlarm()
  Beep
  MsgBox "Wake up. It's time for your afternoon break!"
End Sub
```

在这个示例中，SetAlarm 过程使用 Application 对象的 OnTime 方法来设置 OnTime 事件。这个方法包含两个参数：时间(使用 TimeSerial 函数能够方便地获取时间，小时部分的 15 代表下午 3 点)，以及将在此时执行的过程(本例中是 DisplayAlarm)。在本例中，在 SetAlarm 执行后，将在下午 3 点调用 DisplayAlarm 过程并显示消息。

还以使用 VBA 的 TimeValue 函数来表示时间。TimeValue 函数可以将看起来像时间的字符串转换为 Excel 能够处理的值。下面的语句显示了另一种用于在下午 3 点产生一个事件的方法：

```
Application.OnTime TimeValue("3:00:00 pm"), _
  "DisplayAlarm"
```

如果要计划一个相对于当前时间的事件(例如，从现在起 20 分钟后)，则可以编写如下两条指令之一：

```
Application.OnTime Now + TimeSerial(0, 20, 0), _
  "DisplayAlarm"
```

```
Application.OnTime Now + TimeValue("00:20:00"), _
  "DisplayAlarm"
```

也可以使用 OnTime 方法计划在特定的日期执行过程。当然，必须让计算机始终保持开启状态，且 Excel 必须一直在运行。

要取消 OnTime 事件，必须知道将会运行该事件的准确时间。然后，可以将 OnTime 的 Schedule 参数设为 False。OnTime 将在最接近的秒级别工作。如果为下午 3 点计划了某个事件，就可以使用下面的代码取消计划：

```
Application.OnTime TimeSerial(15, 0, 0), _
  "DisplayAlarm", , False
```

如果相对于当前时间计划了事件，然后想要取消该事件，就需要存储该时间。下面的代码将计划一个事件：

```
TimeToRun = Now + TimeSerial(0, 20, 0)
Application.OnTime TimeToRun, "DisplayAlarm"
```

假如 TimeToRun 变量仍然在作用域内，就可以使用该变量来取消计划：

```
Application.OnTime TimeToRun, "DisplayAlarm", , False
```

43.5.2　使用 OnKey 事件

当你工作的时候，Excel 将时刻监控你的输入内容。因此，可以设置一个按键或组合键，以便在键入它们的时候执行特定的过程。

下述示例使用 OnKey 方法设置了一个 OnKey 事件。从本质上讲，该事件是对 PgDn 和 PgUp 键进行重新分配。在 Setup_OnKey 过程执行之后，按 PgDn 键将会执行 PgDn_Sub 过程，按 PgUp 键将会执行 PgUp_Sub 过程。其效果是，按 PgDn 键下移一行，按 PgUp 键上移一行。

```
Sub Setup_OnKey()
  Application.OnKey "{PgDn}", "PgDn_Sub"
  Application.OnKey "{PgUp}", "PgUp_Sub"
End Sub

Sub PgDn_Sub()
  On Error Resume Next
  ActiveCell.Offset(1, 0).Activate
End Sub

Sub PgUp_Sub()
  On Error Resume Next
  ActiveCell.Offset(-1,0).Activate
End Sub
```

注意

按键代码括在花括号中，而不是在圆括号中。有关按键代码的完整列表，可参考 VBA 帮助系统，只需要在其中搜索 OnKey 关键字。

提示

上面的示例使用 On Error Resume Next 忽略了任何生成的错误。例如，如果活动单元格位于第一行中，则试图上移一行就会产生错误。此外，如果活动工作表是一个图表工作表，就会发生错误，因为图表工作表中不存在活动单元格。

通过执行下面的过程，可以取消 OnKey 事件，这些按键将返回它们正常的功能。

```
Sub Cancel_OnKey()
  Application.OnKey "{PgDn}"
  Application.OnKey "{PgUp}"
End Sub
```

警告

与你的预期相反，使用空字符串作为 OnKey 方法的第二个参数并不能取消 OnKey 事件，而将会导致 Excel 忽略按键，不执行任何操作。例如，下述指令将告诉 Excel 忽略 Alt+F4 快捷键(百分号代表 Alt 键):

```
Application.OnKey "%{F4}", ""
```

第 44 章

一些 VBA 示例

本章要点

- 使用区域
- 使用图表
- 修改属性
- VBA 代码加速技巧

对于如何学习编写 Excel 宏，本书一直强调要使用各种示例。经过深思熟虑想出的好示例比冗长的理论说明能更好地传达概念信息。由于篇幅限制，本书不能对 VBA 的所有方面进行讲述。因此，本书准备了很多示例。对于某些特殊的细节，可参考 VBA 的帮助系统。如果在 VBE 窗口中工作时想获得帮助，可按 F1 键。要获取上下文相关的帮助，在按 F1 键之前，可选择一个 VBA 关键字、对象名称、属性或方法。

本章由一些用于演示常用 VBA 方法的示例组成。可以直接使用其中一些示例，但在大多数情况下，需要适当地对其进行修改，才能满足你自己的需要。

44.1 使用区域

在 VBA 中执行操作大多涉及工作表区域。在使用区域对象时，请注意以下几点：

- VBA 代码无须选择区域就可对其执行操作。
- 如果代码选择了某个区域，那么该区域所在的工作表必须是活动工作表。
- 宏录制器并不总是能生成最高效的代码。通常，可以先使用宏录制器创建宏，然后对代码进行编辑，以使其更高效。
- 建议在 VBA 代码中使用命名区域。例如，Range("Total")引用要比 Range("D45")引用更好。对于后者，若在第 45 行上面增加一行，将需要修改宏。
- 当录制将要选择区域的宏时，要特别注意相对录制模式和绝对录制模式。所选择的录制模式能够决定宏是否正确工作。

交叉引用
有关录制模式的详细信息，请参见第 39 章。

- 如果创建一个遍历当前所选区域内每个单元格的宏,那么应注意用户可选择整行或整列。这种情况下,需要创建一个仅由非空单元格组成的所选内容的子集。或者也可以使用工作表已使用区域内的单元格(通过使用 UsedRange 属性实现)。
- 请注意,Excel 允许在工作表中选择多个区域。例如,可以先选择一个区域,然后按住 Ctrl 键,接着选择另一个区域。可以使用 Areas 属性在宏内对此进行测试并执行适当的操作。

下面的示例将说明上述要点。

44.1.1 复制区域

在宏中经常会涉及复制区域。当打开宏录制器(使用绝对录制模式)并将区域 A1:A5 复制到 Bl:B5 时,将得到如下所示的 VBA 宏:

```
Sub CopyRange()
  Range("A1:A5").Select
  Selection.Copy
  Range("B1").Select
  ActiveSheet.Paste
  Application.CutCopyMode = False
End Sub
```

这个宏可以正常工作,但并不是最有效的区域复制方法。可使用下面一行宏代码完成同样的工作:

```
Sub CopyRange2()
  Range("A1:A5").Copy Range("B1")
End Sub
```

该代码利用了一个事实,即复制方法可采用一个用于指定目标的参数。可在帮助系统中获得有关属性和方法的实用信息。

> **注意**
>
> 本章的大部分示例都使用了未限定的对象引用。限定对象引用指的是通过指出父对象,显式告诉 VBA 要使用的对象。例如,Range("A1")是未限定引用,因为我们没有告诉 VBA 它在哪个工作表上。完全限定的版本为 Application.Workbooks("MyBook").Worksheets("MySheet").Range("A1")。
>
> 当在标准模块中使用未限定区域引用时,VBA 假定你指的是 ActiveWorkbook 上的 ActiveSheet。如果这确实是你的意思,那么 VBA 的这种假定就能够避免你输入整个一串父对象。如果你想要或者需要明确指定父对象,则可以考虑使用本章后面的 44.4.3 节中介绍的对象变量。

本示例说明宏录制器并不是总能生成最高效的代码。可以看到,要使用对象,并不是必须选中它。注意,CopyRange2 没有选择任何区域。因此,活动单元格并没有在执行该宏时发生变化。

44.1.2 复制大小可变的区域

可能经常需要对不知道准确的行数和列数的单元格区域进行复制。

图 44-1 显示了工作表内的一个区域。该区域包含的数据每周将更新,因此行数将发生变化。因为无法确定任一时间的确切区域地址,所以不能在 VBA 代码中对该地址进行硬编码。

	A	B	C
1	Week Ending	Calls	Orders
2	4/5/2022	452	89
3	4/12/2022	546	102
4	4/19/2022	587	132
5	4/26/2022	443	65
6	5/3/2022	609	156
7	5/10/2022	592	92
8	5/17/2022	487	95
9	5/24/2022	601	105
10	5/31/2022	515	133
11	6/7/2022	540	122
12			

图 44-1　每次执行宏时，此区域内的行数可能不同

下面的宏演示了如何将该区域复制到 Sheet2(从单元格 A1 开始)。这里使用了 CurrentRegion 属性，它返回一个 Range 对象，对应于某个特定单元格周围的已使用单元格块。此宏等同于选择"开始"|"编辑"|"查找和选择"|"转到"命令并单击"定位条件"按钮，然后选择"当前区域"选项。

```
Sub CopyCurrentRegion()
  Range("A1").CurrentRegion.Copy _
    Sheets("Sheet2").Range("A1")
End Sub
```

另一种方法是使用表格存储数据。在表格中添加新行时，表格的区域地址会自动调整，所以可以使用下面的过程：

```
Sub CopyTable()
  Range("Table1[#All]").Copy Sheets("Sheet2").Range("A1")
End Sub
```

配套学习资源网站

可在配套学习资源网站 www.wiley.com/go/excel365bible 中找到含有这些宏的工作簿，文件名为 range copy.xlsm。

44.1.3　选择从活动单元格到行或列结尾的内容

你可能习惯于使用组合键，如按 Ctrl+Shift+→和 Ctrl+Shift+↓以选择从活动单元格到行或列结尾的内容。当在 Excel 中(使用相对录制模式)录制这些动作时，将发现所生成的代码可执行预期的操作。

以下 VBA 过程将选择从活动单元格开始至此列中最后一个单元格(或第一个空单元格，以先出现的为准)的区域。选择该区域后，可对其进行各种操作——复制、移动、设置格式等。

```
Sub SelectDown()
  Range(ActiveCell, ActiveCell.End(xlDown)).Select
End Sub
```

注意，Range 属性有两个参数。这些参数分别代表区域中左上角和右下角的单元格。

本例使用了 Range 对象的 End 方法，此方法可以返回一个 Range 对象。End 方法需要使用一个参数，此参数可以是以下任一常量：xlUp、xlDown、xlToLeft 或 xlToRight。

配套学习资源网站

可在配套学习资源网站www.wiley.com/go/excel365bible中找到包含该宏的工作簿，文件名为select cells.xlsm。

44.1.4 选择一行或一列

下面的宏演示了如何选择活动单元格所在的列。它使用了 EntireColumn 属性，返回由一列组成的区域。

```
Sub SelectColumn()
  ActiveCell.EntireColumn.Select
End Sub
```

正如你猜想的，也可以使用 EntireRow 属性，它将返回由一行组成的区域。

如果想对选中行或列的所有单元格执行一项操作，则无须选择该行或列。例如，当执行下列过程时，活动单元格所在行的全部单元格都将以粗体显示：

```
Sub MakeRowBold()
  ActiveCell.EntireRow.Font.Bold = True
End Sub
```

44.1.5 移动区域

移动区域实际上是先将此区域剪切到剪贴板，然后再将其粘贴到另一个区域。如果在执行移动操作时录制动作，则宏录制器将会产生如下代码：

```
Sub MoveRange()
  Range("A1:C6").Select
  Selection.Cut
  Range("A10").Select
  ActiveSheet.Paste
End Sub
```

与本章前面提到的复制操作一样(参见 44.1.1 节)，该方法并不是用于移动单元格区域的最高效的办法。事实上，使用一个 VBA 语句即可完成此操作，如下所示：

```
Sub MoveRange2()
  Range("A1:C6").Cut Range("A10")
End Sub
```

该语句利用了 Cut 方法可使用指定目标区域的参数这一事实。

> **配套学习资源网站**
> 可在配套学习资源网站 www.wiley.com/go/excel365bible 中找到包含此宏的工作簿，文件名为 range move.xlsm。

44.1.6 高效地遍历区域

很多宏会对区域中的每个单元格执行某个操作，或者也可能基于每个单元格的内容执行某些选择性的操作。这些操作通常需要用到 For-Next 循环来对区域中的每个单元格进行处理。

以下示例演示了如何遍历区域内的全部单元格。在这个示例中，区域是当前选定的内容，Cell 是一个变量名，它指向的是要处理的单元格(注意这个变量被声明为一个 Range 对象)。For-Next 循环中的单个语句用于计算单元格的值。如果为负，则将其转换为正值。

```
Sub ProcessCells()
  Dim Cell As Range
  For Each Cell In Selection.Cells
    If Cell.Value < 0 Then Cell.Value = Cell.Value * -1
  Next Cell
End Sub
```

上面的示例可以正常工作,但如果所选范围是由整列或整个区域组成,情况会怎么样呢? 这种情况经常会遇到,因为 Excel 允许对整行或整列执行操作,但这种情况下,该宏将遍历所有单元格,即使是空单元格也是如此,所以将耗费大量时间。因此,这里就需要使用一种只处理非空单元格的方法。

可以通过使用 SpecialCells 方法来完成此任务。在下面的示例中,SpecialCells 方法用于创建一个新对象,即由包含常量(而不是公式)的单元格所组成的所选范围的子集。本例将对该子集进行处理,而跳过所有空单元格和所有公式单元格。

```
Sub ProcessCells2()
  Dim ConstantCells As Range
  Dim Cell As Range
'   Ignore errors
  On Error Resume Next
'   Process the constants
  Set ConstantCells = _
    Selection.SpecialCells(xlConstants, xlNumbers)
  For Each Cell In ConstantCells
    If Cell.Value < 0 Then Cell.Value = Cell.Value * -1
  Next Cell
End Sub
```

无论所选择的内容如何,ProcessCells2 过程都可以快速完成任务。例如,可以选择区域、选择区域中的全部列、选择区域中的全部行甚至整个工作表。在所有这些情况下,只有包含常量的单元格才会在循环中得到处理。该过程是对本节前面介绍的 ProcessCells 过程的很大改进。

请注意此过程中使用了如下语句:

```
On Error Resume Next
```

该语句可以使 Excel 忽略所发生的任何错误,而继续执行下一条语句。此语句是必需的,这是因为 SpecialCells 方法会在没有符合条件的单元格时产生错误,而且如果单元格包含错误的值,数字比较操作会失败。当过程结束时,正常的错误检查将会恢复。要在过程内返回到正常的错误检查模式,可使用以下语句:

```
On Error GoTo 0
```

配套学习资源网站

可在配套学习资源网站 www.wiley.com/go/excel365bible 中找到此宏,文件名为 skip blanks while looping.xlsm。

44.1.7　提示输入单元格值

如第 41 章所述,可以使用 VBA InputBox 函数要求用户输入值。图 44-2 显示了一个示例。

可以将该值赋给变量并在过程中使用。但是,常常需要将该值放到一个单元格中。以下过程演示了如何只使用一个语句来要求用户输入值,并且将该值放到活动工作表的单元格 A1 中:

```
Sub GetValue()
  Range("A1").Value = _
    InputBox("Enter the value for cell A1")
End Sub
```

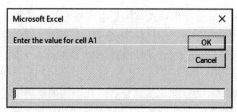

图 44-2　使用 VBA InputBox 函数从用户处获取值

但是，此过程存在一个问题：如果用户单击 Cancel 按钮，单元格 A1 的内容将被空字符串替换。下面是修改后的版本，其中的 InputBox 条目被赋给名为 UserVal 的变量。该代码将检查这个变量，并且仅当该变量不为空时才执行操作。

```
Sub GetValue()
  UserVal = InputBox("Enter the value for cell A1")
  If UserVal <> "" Then Range("A1").Value = UserVal
End Sub
```

以下是只接收数字值的变化形式。如果用户输入一个非数字的值，则 InputBox 将继续显示，直到用户输入一个数字。只有当用户输入一个数字后，代码才会退出 Do Loop 并将值输入 A1 中。循环内的另一行代码允许用户单击 Cancel 按钮退出过程。

```
Sub GetValue()

  Do
    UserVal = _
      InputBox("Enter a numeric value for cell A1")
    If UserVal = "" Then Exit Sub
  Loop Until IsNumeric(UserVal)
  Range("A1").Value = UserVal
End Sub
```

44.1.8　确定选中内容的类型

如果宏被设计为处理选中的区域，则需要确定已经实际选中了一个区域；否则，宏将很有可能会失败。以下过程可确定当前选中对象的类型：

```
Sub SelectionType()
  MsgBox TypeName(Selection)
End Sub
```

配套学习资源网站

可在配套学习资源网站 www.wiley.com/go/excel365bible 中找到包含此宏的工作簿，文件名为 selection type.xlsm。对于允许输入文本的对象，在编辑模式下将无法使用该宏。如果单击按钮，但是什么也没有发生，则需要按 Esc 键退出编辑模式。

如果选中了一个单元格或区域，则 MsgBox 将显示 Range。如果宏被设计为只用于处理区域，那么可以使用 If 语句来确保实际被选中的是一个区域。在下面的示例中，如果当前所选内容不是一个 Range 对象，就显示一条消息：

```
Sub CheckSelection()
  If TypeName(Selection) = "Range" Then
    ' ... [Other statements go here]
  Else
    MsgBox "Select a range."
  End If
End Sub
```

44.1.9　识别多重选定区域

在 Excel 中选择对象或区域时，可通过按住 Ctrl 键选择多个项目。此方法可能会对某些宏造成问题。例如，当多重选定区域由不相邻的区域组成时，将不能对其执行复制操作。下面的宏演示了如何判断用户是否选择了多个区域：

```
Sub MultipleSelection()
  If Selection.Areas.Count = 1 Then
    ' ... [Other statements go here]
  Else
    MsgBox "Multiple selections not allowed."
  End If
End Sub
```

本例使用了 Areas 属性，该属性可以返回所选范围中全部 Range 对象的集合。区域是由连续单元格组成的 Range 对象。Count 属性可以返回集合中对象的数目。

如果想要复制选定区域，那么你可能希望处理多重选定区域，而不是简单地忽略它们。此时，可以像下面这样，遍历 Range 对象的 Areas 集合：

```
Sub LoopAreas()

  Dim Area As Range

  For Each Area In Selection.Areas
    'Copy each selection 10 columns to the right
    Area.Copy Area.Offset(0, 10)
  Next Area
End Sub
```

44.1.10　对选中的单元格进行计数

可以创建一个宏来处理选中的单元格区域。使用 Range 对象的 Count 属性可以确定包含在所选区域(或任何区域)中的单元格数量。例如，下列语句显示了一个包含当前选定区域中单元格数量的消息框：

```
MsgBox Selection.Count
```

> **警告**
>
> 在 Excel 2007 中引入了更大的工作表，这导致 Count 属性可能会生成错误。Count 属性使用的是 Long 数据类型，因此它可存储的最大值是 2 147 483 647。例如，如果用户选择全部 2048 列(2 147 483 648 个单元格)，则 Count 属性将生成一个错误。不过，微软添加了一个新属性(CountLarge)，此属性使用的是 Double 数据类型，可以处理的最大值为 1.79+E^308。
>
> 有关 VBA 数据类型的更多信息，请参见本章后面的表 44-1。
>
> 绝大多数情况下，Count 属性都可以很好地完成工作。如果需要对更多的单元格(如工作表中的所有单元格)进行计数，则可以使用 CountLarge 代替 Count。

如果活动工作表包含一个名为 data 的区域，那么下列语句会将此 data 区域中的单元格数量赋值给一个名为 CellCount 的变量：

```
CellCount = Range("data").Count
```

也可以确定区域中包含多少个行或列。下列表达式可计算当前选中区域中的列数：

```
Selection.Columns.Count
```

当然，也可使用 Rows 属性确定区域中的行数。下列语句可统计名为 data 的区域中的行数，并且将此数字赋值给一个名为 RowCount 的变量：

```
RowCount = Range("data").Rows.Count
```

44.2 使用工作簿

本节的示例演示了使用 VBA 处理工作簿的各种方法。

44.2.1 保存所有工作簿

下列过程可以遍历 Workbooks 集合中的所有工作簿，并且保存之前已保存的所有文件：

```
Public Sub SaveAllWorkbooks()
  Dim Book As Workbook
  For Each Book In Workbooks
    If Book.Path <> "" Then Book.Save
  Next Book
End Sub
```

请注意 Path 属性的用法。如果工作簿的 Path 属性为空，则表示此文件从未被保存过(是一个新工作簿)。该过程将忽略此类工作簿，而仅保存具有非空 Path 属性的工作簿。

44.2.2 保存并关闭所有工作簿

以下过程可以遍历 Workbooks 集合。代码将保存并关闭所有工作簿。

```
Sub CloseAllWorkbooks()
  Dim Book As Workbook
  For Each Book In Workbooks
    If Book.Name <> ThisWorkbook.Name Then
      Book.Close SaveChanges:=True
    End If
  Next Book
  ThisWorkbook.Close SaveChanges:=True
End Sub
```

该过程在 For-Next 循环中使用 If 语句来确定工作簿中是否包含代码。之所以必须这么做，是因为关闭包含过程的工作簿将结束代码，不会影响后面的工作簿。

创建工作簿

可以使用 Workbooks 集合对象的 Add 方法创建新的工作簿，如下例所示：

```
Workbooks.Add
```

有些方法，如 Add 方法，会返回一个值。本例中的返回值是所创建的工作簿可以将返回值存储在一个变量中，并在以后的代码中使用它。以下代码声明一个变量，创建一个新工作簿并将其存储在变量中，然后使用该变量将新工作簿保存到磁盘：

```
Dim NewBook As Workbook
Set NewBook = Workbooks.Add
NewBook.SaveAs "test.xlsx"
```

因为 Add 方法返回工作簿，所以可以使用工作簿的所有属性，如 Sheets 属性。如果要创建新工作簿并与其中的第一个工作表交互，可以将工作表放在变量中，而不是放在工作簿中，如下例所示：

```
Dim NewSheet As Worksheet
Set NewSheet = Workbooks.Add.Sheets(1)
NewSheet.Range("A1").Value = Now
```

44.3 使用图表

使用 VBA 处理图表会造成一定困惑，这主要是因为其中要涉及很多对象。要了解如何使用图表，可打开宏录制器，创建一个图表并执行一些常规的图表编辑操作。你可能会对所生成的代码数量之多而感到惊讶。

然而，在了解了图表中对象的工作方式后，就可创建一些有用的宏。本节将演示几个用于处理图表的宏。当编写用于操作图表的宏时，首先要了解一些术语。嵌入工作表中的图表是 ChartObject 对象，而 ChartObject 对象包含实际的 Chart 对象。另一方面，位于图表工作表中的图表没有 ChartObject 容器。

创建图表的对象引用通常是很有用的(参见本章稍后的 44.4.3 节)。例如，下面的语句声明了一个对象变量(MyChart)，并且将活动工作表中的嵌入式图表 Chart 1 赋值给它。

```
Dim MyChart As Chart
Set MyChart = ActiveSheet.ChartObjects("Chart 1").Chart
```

44.3.1 修改图表类型

以下示例可以更改活动工作表中每个嵌入式图表的类型。它通过调整 Chart 对象的 ChartType 属性，将每个图表转变为一个簇状柱形图。内置常量 xlColumnClustered 表示的是标准柱形图。

```
Sub ChartType()
  Dim ChtObj As ChartObject
  For Each ChtObj In ActiveSheet.ChartObjects
    ChtObj.Chart.ChartType = xlColumnClustered
  Next ChtObj
End Sub
```

上面的示例使用 For-Next 循环遍历活动工作表上的所有 ChartObject 对象。在循环体内，将为图表类型赋一个新值，从而使其成为柱形图。

下面的宏可实现相同的功能，但处理的是活动工作簿中的所有图表工作表：

```
Sub ChartType2()
  Dim Cht As Chart
  For Each Cht In ActiveWorkbook.Charts
    Cht.ChartType = xlColumnClustered
  Next Cht
End Sub
```

44.3.2 修改图表属性

下面的示例可更改活动工作表中所有图表的图例字体。它使用 For-Next 循环处理全部 ChartObject 对象，并且将 HasLegend 属性设置为 True。之后，代码将会调整包含在 Legend 对象中的 Font 对象的属性：

```
Sub LegendMod()
  Dim ChtObj As ChartObject
  For Each ChtObj In ActiveSheet.ChartObjects
    ChtObj.Chart.HasLegend = True
    With ChtObj.Chart.Legend.Font
      .Name = "Arial"
```

```
      .FontStyle = "Bold"
      .Size = 8
    End With
  Next ChtObj
End Sub
```

44.3.3　应用图表格式

这个示例将几种不同的格式类型应用于指定的图表(在本示例中是活动工作表上的 Chart 1):

```
Sub ChartMods()
  With ActiveSheet.ChartObjects("Chart 1").Chart
    .ChartType = xlColumnClustered
    .ChartTitle.Text = "XYZ Corporation"
    .ChartArea.Font.Name = "Arial"
    .ChartArea.Font.FontStyle = "Regular"
    .ChartArea.Font.Size = 9
    .PlotArea.Interior.ColorIndex = 6
    .Axes(xlValue).TickLabels.Font.Bold = True
    .Axes(xlCategory).TickLabels.Font.Bold = True
  End With
End Sub
```

要了解在为图表编写代码时需要使用的对象、属性和方法,最好的方法是在创建图表或者对图表应用各种更改时录制宏。

44.4　VBA 加速技巧

VBA 的速度较快,但常常还不够快。本节演示了一些编程示例,可以使用这些示例来帮助提高宏的执行速度。

44.4.1　关闭屏幕更新

你可能已注意到,当执行一个宏时,可以观察在此宏中发生的任何操作。有时该视图很直观;但当宏正常工作后,它可能会变得非常令人厌烦,而且会降低速度。

幸运的是,可以在执行宏时禁止正常的屏幕更新。插入下列语句即可关闭屏幕更新功能:

```
Application.ScreenUpdating = False
```

如果在宏的执行过程中,希望用户能够看到宏的执行结果,则可使用下面的语句恢复屏幕更新功能:

```
Application.ScreenUpdating = True
```

当宏执行完毕后,Excel 将自动重新启用屏幕更新。

44.4.2　禁止警告消息

使用宏的一个好处在于,能自动执行一连串操作。可以启动一个宏,然后端起一杯咖啡休息,由 Excel 执行所有操作。然而,有些操作会导致 Excel 显示一条需要回应的消息。例如,如果宏要删除一张工作表,则会看到如图 44-3 所示的对话框消息。这些类型的消息意味着不能以无交互方式执行宏。

图 44-3　可以指示 Excel 在运行宏时不显示这些类型的警告

要避免这些警告消息(并自动选择默认响应)，可插入以下 VBA 语句：

```
Application.DisplayAlerts = False
```

要恢复警告消息，可使用如下语句：

```
Application.DisplayAlerts = True
```

与屏幕更新一样，当宏执行完后，Excel 将打开警告消息。

44.4.3　简化对象引用

正如你可能已发现的，对象的引用可能会相当长——尤其是当代码引用不在活动工作表或活动工作簿内的对象时更是如此。例如，对一个 Range 对象的完全限定引用如下所示：

```
Workbooks("MyBook.xlsx").Worksheets("Sheet1") _
  .Range("IntRate")
```

如果宏需要频繁地使用该区域，则可以使用 Set 命令来创建一个对象变量。例如，要将这个 Range 对象赋值给一个名为 Rate 的对象变量，可使用如下语句：

```
Set Rate = Workbooks("MyBook.xlsx") _
  .Worksheets("Sheet1").Range("IntRate")
```

当定义此变量后，就可以使用对象变量 Rate 来代替原来的冗长引用，例如：

```
Rate.Font.Bold = True
Rate.Value = .0725
```

除了简化代码，使用对象变量还可以大大加快宏的执行速度。我们已看到，在创建对象变量后，一些复杂宏的执行速度快了一倍。

44.4.4　声明变量类型

通常，并不需要考虑分配给变量的数据类型，Excel 会在后台处理所有这些细节。例如，如果有一个变量 MyVar，则可以为其分配任意类型的数字，甚至可以在过程中为它赋值一个文本字符串。

但是，如果你希望自己的过程的执行速度尽可能快，则应提前告诉 Excel 要分配给每个变量的数据类型。在 VBA 过程中，提供该信息的操作称为声明变量类型。

表 44-1 列出了 VBA 支持的全部数据类型。该表还列出了每种类型所使用的字节数，以及可能值的大致范围。

表 44-1　VBA 数据类型

数据类型	使用的字节数	值的大致范围
Byte	1	0～255
Boolean	2	True 或 False
Integer	2	−32 768～32 767
Long(长整数)	4	−2 147 483 648～2 1474 483 647

(续表)

数据类型	使用的字节数	值的大致范围
Single(单精度浮点数)	4	–3.4E38～–1.4E–45 (对于负值)；1.4E–45～4E38(对于正值)
Double (双精度浮点数)	8	–1.7E308～–4.9E–324(对于负值)；4.9E–324～.7E308(对于正值)
Currency(比例缩放整数)	8	–9.2E14～9.2E14
Longlong	8	–9.2E18～9.2E18
Decimal	14	+/–7.9E28(无小数点)
Date	8	100 年 1 月 1 日～9999 年 12 月 31 日
Object	4	任何对象引用
String(可变长度)	10+字符串长度	0～20 亿左右
String(固定长度)	字符串长度	1～65 400 左右
Variant(数字)	16	Double 类型最大值范围内的任何数值
Variant(字符)	22+字符串长度	与可变长度字符串的范围相同
User-defined(使用 Type)	元素所需的数字	每个元素的范围与其数据类型的范围相同

如果不声明变量，则 Excel 将使用 Variant 数据类型。通常，最好的方法是使用仅使用最小字节数但仍可处理为其分配的所有数据的数据类型。但执行浮点运算是一个例外。在这种情况下，最好使用 Double 数据类型(而不是 Single 数据类型)，以保持最大的精度。另一个例外情况是涉及 Integer 数据类型的操作。虽然 Long 数据类型使用更多个字节，但它通常可以得到更快的性能。

使用 VBA 处理数据时，执行速度取决于 VBA 处理的字节数。换言之，数据使用的字节数越少，VBA 访问和操作数据的速度就越快。

要声明一个变量，请在首次使用此变量之前使用 Dim 语句。例如，要声明变量 Units 为 Long 数据类型，可使用如下语句：

```
Dim Units As Long
```

要声明变量 UserName 为字符串类型，可使用如下语句：

```
Dim UserName As String
```

如果是在某个过程中声明变量，则该变量声明只在该过程内有效。如果是在所有过程的外部声明变量(但在第一个过程之前)，则该变量在模块内的所有过程中有效。

如果使用的是对象变量(在本章前面的 44.4.3 节中介绍过)，则可以将该变量声明为合适的对象数据类型。下面是一个示例：

```
Dim Rate As Range
Set Rate = Workbooks("MyBook.xlsx"). _
  Worksheets("Sheet1").Range("IntRate")
```

要强制声明自己使用的所有变量，可在模块的开始处插入以下语句：

```
Option Explicit
```

如果使用了该语句，那么 Excel 将会在碰到未声明的变量时显示一条错误消息。当习惯于正确地声明所有变量后，你会发现这不仅能够加快代码的执行速度，还有助于消除和找出错误。

第 45 章

创建自定义 Excel 加载项

本章要点

- 了解加载项
- 将工作簿转换为加载项

对于开发人员而言，Excel 中最有用的一项功能是创建加载项。本章将讨论此概念并提供一个关于创建加载项的实用示例。

45.1 加载项的概念

加载项是指能够为软件提供额外功能的对象。Excel 包括一些加载项，如"分析工具库"和"规划求解"等。在理想情况下，新增功能应该和原始界面融合得非常好，从而使其看起来就像是程序的一部分。

Excel 处理加载项的方法非常强大：任何有经验的 Excel 用户都可以从工作簿中创建加载项。本章所涉及的加载项类型基本上就是工作簿文件的另一种形式。任何 Excel 工作簿都可转换为加载项，但并非每个工作簿都适合转换为加载项。

加载项与普通的工作簿之间有什么区别呢？默认状态下，加载项的扩展名为.xlam。另外，加载项总是处于隐藏状态，因此不能显示包含在加载项中的工作表或图表工作表，但可以访问它的 VBA 过程，并且显示包含在用户窗体中的对话框。

以下是 Excel 加载项的一些典型用途：

- **存储一个或多个自定义工作表函数**。当载入加载项时，就可以像使用任何内置工作表函数那样使用其中的函数。
- **存储 Excel 实用程序**。VBA 非常适合用来创建可扩展 Excel 功能的通用工具。
- **存储专用宏**。如果不希望最终用户查看(或修改)自己的宏，则可以将它们存储在加载项中并用密码保护 VBA 工程。用户可以使用这些宏，但不能查看或更改它们，除非他们知道密码。一个额外的好处在于加载项不会显示能使人分心的工作簿窗口。

如前所述，Excel 提供了一些很有用的加载项。你也可以从第三方供应商或在线获得其他加载项。此外，Excel 还包含一些工具，你可以使用它们创建自己的加载项。本章将在后面讨论此内容(参见 45.4 节)。

注意

Excel 中有 4 种类型的加载项：VBA、COM、VSTO 和 Offfce 加载项。其中 COM 加载项是已被编译的 ActiveX DLL 文件，而不是像 VBA 那样已被脚本化的文件。创建 VSTO 加载项需要使用 Visual Studio 中一组名为 Visual Studio tools for Offfce 的开发工具。COM 和 VSTO 加载项仍然受到支持，但这两个平台尚未得到积极开发。

最新的加载项类型是 Offfce 加载项，它使用了 HTML、CSS、JavaScript 和 TypeScript 等 Web 技术。Offfce 加载项在 Excel 中的使用方式目前有限，但微软正在积极地开发和改进该平台。本章仅介绍 VBA 加载项。其他类型超出了本书的讨论范围。

45.2　使用加载项

使用加载项的最好方法是使用 Excel 加载项管理器。要显示加载项管理器，可执行以下步骤：

(1) 选择"文件" |"选项"命令。这将显示"Excel 选项"对话框。

(2) 选择"加载项"类别。

(3) 在对话框的底部，从"管理"列表中选择"Excel 加载项"选项并单击"转到"按钮。

Excel 将显示"加载项"对话框，如图 45-1 所示。该对话框中包含了 Excel 已识别的所有加载项，在不同的计算机上，这个列表中显示的加载项是不同的。已选中的加载项是当前已经打开的加载项。可以通过选中或取消选中相应的复选框，在此对话框中打开和关闭加载项。

图 45-1　"加载项"对话框

提示

按 Alt+T+I 组合键是一种用于显示"加载项"对话框的更快捷的方法。或者，如果已显示"开发工具"选项卡，则选择"开发工具" |"加载项" |"Excel 加载项"命令。

警告

也可通过选择"文件" |"打开"命令来打开大多数加载项文件。但是，在打开加载项以后，将无法选择"文件" |"关闭"命令来关闭它。移除加载项的唯一方法是退出并重新启动 Excel，或者编写宏来关闭加载项。因此，通常情况下最好使用"加载项"对话框来打开加载项。

有些加载项(包括 Excel 中的加载项)的用户界面可与功能区集成在一起。例如,当打开"分析工具库"加载项时,可以通过选择"数据"|"分析"|"数据分析"命令来访问这些工具。

注意

如果打开的是在 Excel 2007 之前版本中创建的加载项(*.xla 文件),那么通过此加载项执行的任何用户界面修改都不会像预期的那样显示。相反,必须通过选择"加载项"|"菜单命令"选项或"加载项"|"自定义工具栏"选项来访问用户界面项(菜单和工具栏)。只有当载入了一个使用老式的菜单和命令栏用户界面的加载项时,才会在功能区中显示"加载项"选项卡。

45.3 为什么要创建加载项

大多数 Excel 用户都不需要创建加载项,但是如果你要为别人开发电子表格,或者希望最大限度地利用 Excel,则可能需要深入了解此主题。

以下是你希望将 Excel 工作簿应用程序转换为加载项的一些可能原因:

- **避免混淆**。如果最终用户将你的应用程序作为一个加载项载入,则该文件在 Excel 窗口中将不可见,因此不易对新用户造成混淆和干扰。与隐藏的工作簿不同,加载项不能取消隐藏。

- **简化对工作表函数的访问**。存储在加载项中的自定义工作表函数不需要工作簿名称限定词。例如,如果有一个名为 MOVAVG 的自定义函数存储在名为 Newfuncs.xlsm 的工作簿中,那么在其他工作簿中就必须使用以下语法来使用这个函数:

```
=NEWFUNCS.XLSM!MOVAVG(A1:A50)
```

但是,如果这个函数存储在一个已打开的加载项文件中,则可以大大简化此语法,因为不必包括文件引用:

```
=MOVAVG(A1:A50)
```

- **提供更容易的访问方法**。在指定加载项的位置后,该加载项将显示在"加载项"对话框中,并且能够显示用户友好的名称及其功能说明。

- **允许更好地控制载入**。当 Excel 启动时,可以自动打开加载项,而无论它们存储在哪个目录中。

- **在卸载时忽略提示信息**。当关闭一个加载项时,用户不会看到"保存更改"之类的提示信息,因为除非专门在 VBE 窗口中保存,否则对加载项的更改不会被保存。

45.4 创建加载项

从技术角度看,可将任意工作簿转换为加载项,但是并非所有工作簿都能从该操作得到好处。事实上,只由工作表组成的工作簿(即没有宏或自定义对话框)将变得不可用,因为加载项都是隐藏的。

对于含有宏的工作簿,执行此转换是很有用的。例如,你可能有一个由常用的宏和函数组成的工作簿。该类工作簿最适合于转换为加载项。

下列步骤说明了如何从工作簿创建加载项：

(1) 开发应用程序并确保一切都能正常工作。

(2) (可选)为你的加载项添加标题和描述。选择"文件"|"信息"命令并在右侧面板的底部单击"显示所有属性"链接。在"标题"字段中输入简短的描述性标题，然后在"备注"字段中输入较长的说明信息。虽然该步骤并不是必需的，但是它可以使得加载项更易于安装和识别。

(3) (可选)锁定 VBA 工程。这个步骤可以保护 VBA 代码和用户窗体，防止它们被查看。可在 VBE 中完成这个操作；方法是选择"工具"|"<Project Name>属性"命令(其中<Project Name>是 VB 工程的名称)。在此对话框中，单击"保护"选项卡，然后选中"查看时锁定工程"复选框。如果愿意，可以指定一个密码，以防止别人查看你的代码。

(4) 选择"文件"|"另存为"命令并从"保存类型"下拉列表中选择"Excel 加载宏(*.xlam)"选项，将工作簿保存为加载项文件。默认情况下，Excel 将加载项保存在 AddIns 目录下，但可以重新设置该位置并选择任何想要的目录。

> **注意**
> 将工作簿保存为加载项以后，原始(非加载项)工作簿仍然保持为活动状态。如果你要安装加载项并进行测试，应关闭此文件以避免有两个具有相同名称的宏。

创建加载项以后，需要对其进行安装：

(1) 选择"文件"|"选项"|"加载项"命令。

(2) 从"管理"下拉列表中选择"Excel 加载项"选项，然后单击"转到"按钮。这将显示"加载项"对话框。

(3) 单击"浏览"按钮找到所创建的 XLAM 文件，该操作将安装加载项。"加载项"对话框将会使用在"显示所有属性"面板的"标题"字段中提供的描述性标题。

> **注意**
> 可以继续修改 XLAM 版本的文件中的宏和用户窗体。因为加载项不会出现在 Excel 窗口中，所以需要在 VBE 中选择"文件"|"保存"命令保存更改。

45.5　加载项示例

本节将讨论从第 41 章中的 change case.xlsm 工作簿创建一个有用加载项的所需步骤。该工作簿包含一个用户窗体，显示了用于更改选中单元格中文本字母大小写的选项(大写、小写或适当大小写)。图 45-2 显示了正在使用的该加载项。

> **配套学习资源网站**
> 该工作簿的原始版本可在配套学习资源网站 www.wiley.com/go/excel365bible 中找到，文件名为 change case.xlsm。此外，还包含将其转换为加载项后的一个版本((addin)change case.xlam)。这两个文件均未锁定，所以你可以完全访问它们的 VBA 代码和用户窗体。

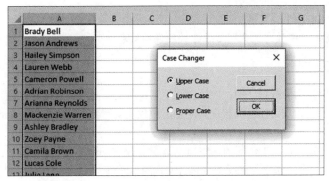

图 45-2　此对话框允许用户更改所选单元格中文本的大小写

　　该工作簿包含一个空工作表。尽管用不到这个工作表，但它必须存在，因为每个工作簿必须至少包含一个工作表。它还包含一个 VBA 模块和一个用户窗体。

45.5.1　了解 Module1

　　Module1 的代码模块中包含一个用于显示用户窗体的过程。ShowChangeCaseUserForm 过程用于检查所选对象的类型。如果选中的是某个区域，则会出现 UserForm1 中的对话框。如果选中的是除区域外的任何其他内容，则显示一个消息框。

```
Sub ShowChangeCaseUserForm ()
  If TypeName(Selection) = "Range" Then
    UserForm1.Show
  Else
    MsgBox "Select some cells."
  End If
End Sub
```

> **交叉引用**
> 　　关于如何使用 Visual Basic 编辑器的更多信息，包括如何使用工程资源管理器找到模块，请参考第 39 章。

45.5.2　关于用户窗体

　　图 45-3 显示了 UserForm1 窗体。它包含 5 个控件：3 个选项按钮控件和 2 个命令按钮控件。这些控件都具有描述性的名称并设置了 Accelerator 属性，以便使控件显示一个热键(针对键盘用户)。带有 Upper-Case 标题的选项按钮的 Value 属性被设为 TRUE，从而使其成为默认选项。

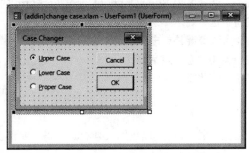

图 45-3　自定义对话框

交叉引用

请参见第 41 章介绍的有关代码工作方式的详细信息。

45.5.3　测试工作簿

在将工作簿转换为加载项之前，应该在其他工作簿处于激活状态时对它进行测试，从而模拟此工作簿作为加载项工作时的状况。注意，加载项从不会是活动工作簿，也不会显示其任何工作表。

在测试时，首先保存该工作簿的 XLSM 版本并关闭它，然后再重新打开。在工作簿打开的状态下，激活另一个工作簿并选择一些包含文本的单元格，然后按 Alt+F8 快捷键显示"宏"对话框。执行 ShowChangeCaseUserForm 宏并尝试其中的所有选项。

45.5.4　添加描述性信息

建议添加描述性信息，但该步骤并不是必需的。选择"文件"|"信息"命令并单击右侧面板底部的"显示所有属性"链接，出现如图 45-4 所示的界面。在"标题"字段中输入加载项的标题。该文本会出现在"加载项"对话框中。在"备注"字段中输入说明信息。当选中加载项时，该信息会出现在"加载项"对话框的底部。

图 45-4　添加有关加载项的描述信息

45.5.5　为加载宏创建用户界面

此时，将生成的加载项还缺少一个关键部分：执行用于显示用户窗体的宏的方法。最简单的方法是提供一个用于执行宏的快捷键。Ctrl+Shift+C 是很好的组合键。为此，可执行以下步骤：

(1) 在 Excel 中，选择"开发工具"|"代码"|"宏"命令(或按 Alt+F8 快捷键)。这将显示"宏"对话框。

(2) 在"宏名"列表中，选择名为 ShowChangeCaseUserForm 的宏。

(3) 单击"选项"按钮。这将显示"宏选项"对话框。

(4) 指定 Ctrl+Shift+C 为快捷键并单击"确定"按钮。

(5) 单击"取消"按钮关闭"宏"对话框。

在完成更改后，记得保存工作簿。

45.5.6　保护工程

某些情况下，你可能想要保护工程，以免别人查看源代码。要保护工程，请执行下列步骤：

(1) 激活 VBE。

(2) 在"工程"窗口中单击工程。

(3) 选择"工具"|"VBAProject 属性"命令。VBE 将显示其"工程属性"对话框。

(4) 选择"保护"选项卡(如图 45-5 所示)。

图 45-5　"工程属性"对话框的"保护" 选项卡

(5) 选中"查看时锁定工程"复选框。

(6) 为该工程输入密码(两次)。

(7) 单击"确定"按钮。

45.5.7　创建加载项

要将工作簿保存为一个加载项，请执行下列步骤：

(1) 切换到 Excel 窗口并激活工作簿。

(2) 选择"文件"|"另存为"命令。

(3) 从"保存类型"下拉列表中选择"Excel 加载宏(*.xlam)"选项。

(4) 为加载项文件输入名称并单击"确定"按钮。

默认情况下，Excel 会将加载项存储在 AddIns 目录下，但是可以依据需要选择其他目录。

45.5.8　安装加载项

现在，可以尝试安装加载项。确保 XLSM 版本的工作簿未打开，然后执行下列步骤：

(1) 选择"文件" |"选项"|"加载项"命令。

(2) 在"管理"下拉列表中选择"Excel 加载项"选项并单击"转到"按钮。这将显示"加载项"对话框。

(3) 单击"浏览"按钮，找到并选择新创建的 change case.xlam 加载项。单击"确定"按钮。"加载项"对话框将在其列表中显示此加载项。请注意，在"显示所有属性"面板中提供的信息将显示在这里。

(4) 单击"确定"按钮即可关闭该对话框并打开加载项。

安装该加载项后，可通过按 Ctrl+Shift+C 组合键访问它，也可选择将该加载项添加到快速访问工具栏或功能区中。

交叉引用

有关自定义 Excel 用户界面的详细信息，请参见第 8 章。

质检04